10mm钢化玻璃
铝合金刷防锈漆
10mm钢化玻璃
铝合金刷防锈漆
防腐木地板铺设
646
85
3226
2397
100
120 973 254 1846 254 973 120
4740
前视图
比例 1:35
1504
147
104
200
61
2206
2615
48
120 1210 80 1210 100 623 254 93
3790
左视图
比例 1:35
1522
1522
3843
600
1044 2543 1044
4631
俯视图
比例 1:35
透视图
比例 1:35
TJ
不要直接在图纸上量尺寸。
项目名称：
阳光房施工项目
制作日期：
10. 13. 2017
设计师：
联系电话：
图纸名称：
施工三视图
比例： 1:35
日期 审核 批准
ID-01

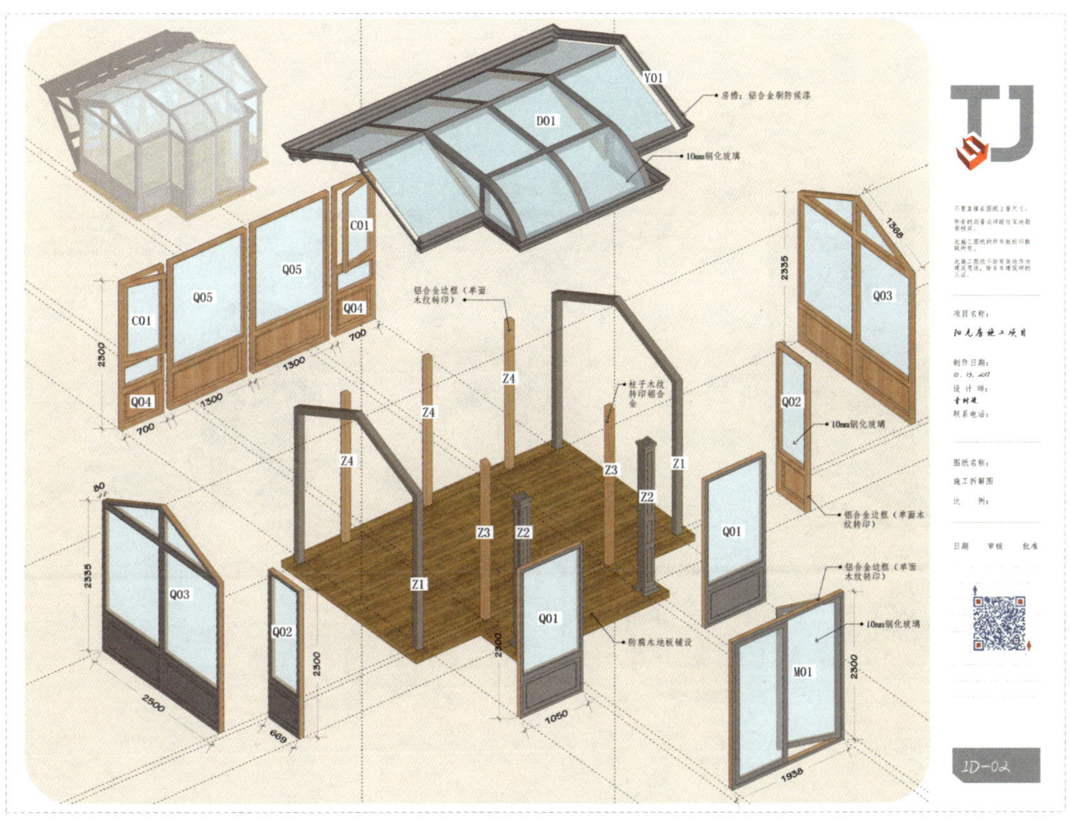

Y01
房檐：铝合金刷防锈漆
D01
10mm钢化玻璃
C01
Q05
Q05
Q04
C01
Q04
2300
700
1300
1300
700
铝合金边框（单面木纹转印）
柱子木纹转印铝合金
Z4
Z4
Z4
Z1
Z3
Z2
Z3
Z2
Z1
Q03
1368
2335
Q02
10mm钢化玻璃
铝合金边框（单面木纹转印）
Q01
铝合金边框（单面木纹转印）
10mm钢化玻璃
M01
80
2335
Q03
2500
Q02
669
2300
Q01
1050
2300
防腐木地板铺设
1938
2300
TJ
项目名称：
阳光房施工项目
制作日期：
设计师：
联系电话：
图纸名称：
施工拆解图
比例：
日期 审核 批准
ID-02

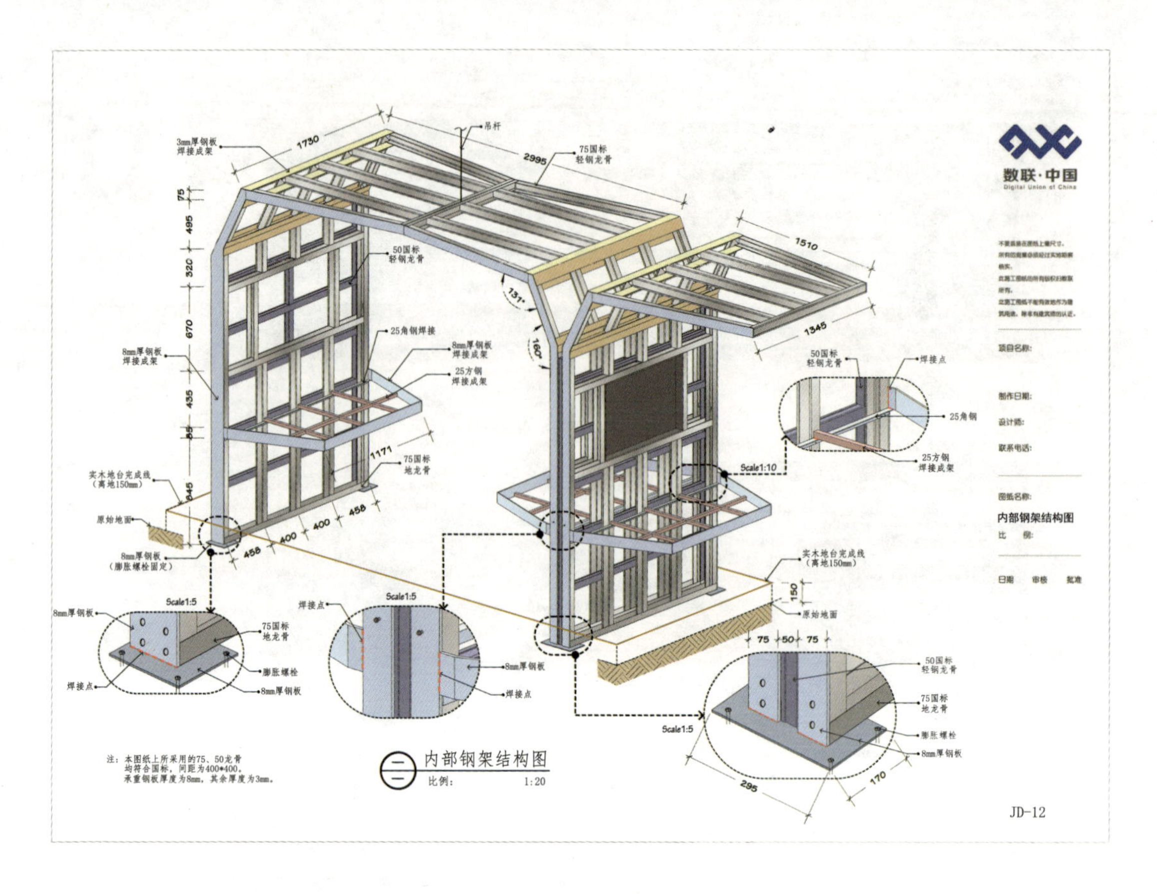
3mm厚钢板
焊接成架
1730
吊杆
2995
75国标
轻钢龙骨
1510
50国标
轻钢龙骨
131°
167°
25角钢焊接
8mm厚钢板
焊接成架
25方钢
焊接成架
8mm厚钢板
焊接成架
1345
50国标
轻钢龙骨
焊接点
25角钢
25方钢
焊接成架
Scale1:10
75
495
320
670
435
85
645
1171
75国标
地龙骨
实木地台完成线
（离地150mm）
原始地面
8mm厚钢板
（膨胀螺栓固定）
458
400
400
458
实木地台完成线
（离地150mm）
150
原始地面
Scale1:5
8mm厚钢板
75国标
地龙骨
膨胀螺栓
焊接点
8mm厚钢板
焊接点
Scale1:5
8mm厚钢板
焊接点
75
50
75
50国标
轻钢龙骨
75国标
地龙骨
膨胀螺栓
8mm厚钢板
Scale1:5
295
170
注：本图纸上所采用的75、50龙骨
均符合国标，间距为400*400，
承重钢板厚度为8mm，其余厚度为3mm。
二 内部钢架结构图
比例： 1:20
数联·中国
Digital Union of China
项目名称：
制作日期：
设计师：
联系电话：
图纸名称：
内部钢架结构图
比 例：
日期 审核 批准
JD-12

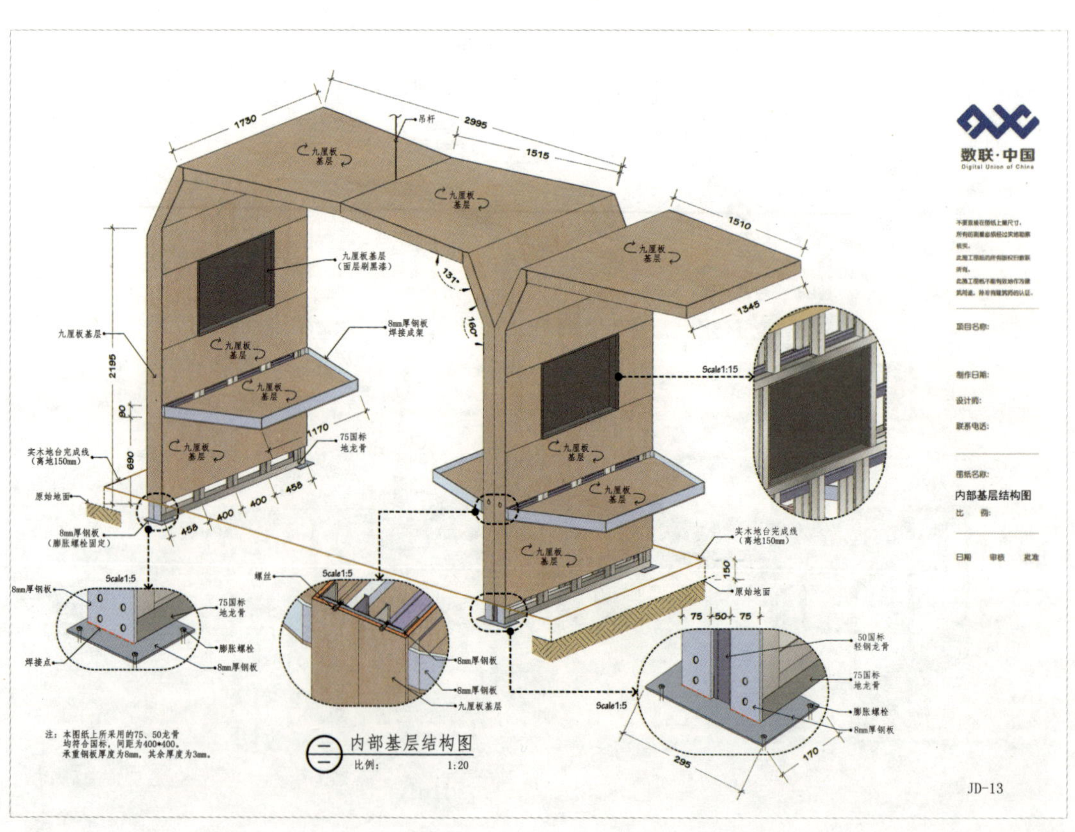
1730
吊杆
2995
1515
1510
九厘板
基层
九厘板
基层
九厘板
基层
九厘板基层
（面层刷墨漆）
131°
167°
1345
九厘板基层
8mm厚钢板
焊接成架
九厘板
基层
九厘板
基层
Scale1:15
2195
80
690
1170
75国标
地龙骨
实木地台完成线
（离地150mm）
原始地面
九厘板
基层
九厘板
基层
九厘板
基层
九厘板
基层
8mm厚钢板
（膨胀螺栓固定）
458
400
400
458
实木地台完成线
（离地150mm）
150
原始地面
Scale1:5
8mm厚钢板
75国标
地龙骨
膨胀螺栓
焊接点
8mm厚钢板
螺丝
Scale1:5
8mm厚钢板
8mm厚钢板
九厘板基层
75
50
75
50国标
轻钢龙骨
75国标
地龙骨
膨胀螺栓
8mm厚钢板
Scale1:5
295
170
注：本图纸上所采用的75、50龙骨
均符合国标，间距为400*400，
承重钢板厚度为8mm，其余厚度为3mm。
二 内部基层结构图
比例： 1:20
数联·中国
Digital Union of China
项目名称：
制作日期：
设计师：
联系电话：
图纸名称：
内部基层结构图
比 例：
日期 审核 批准
JD-13

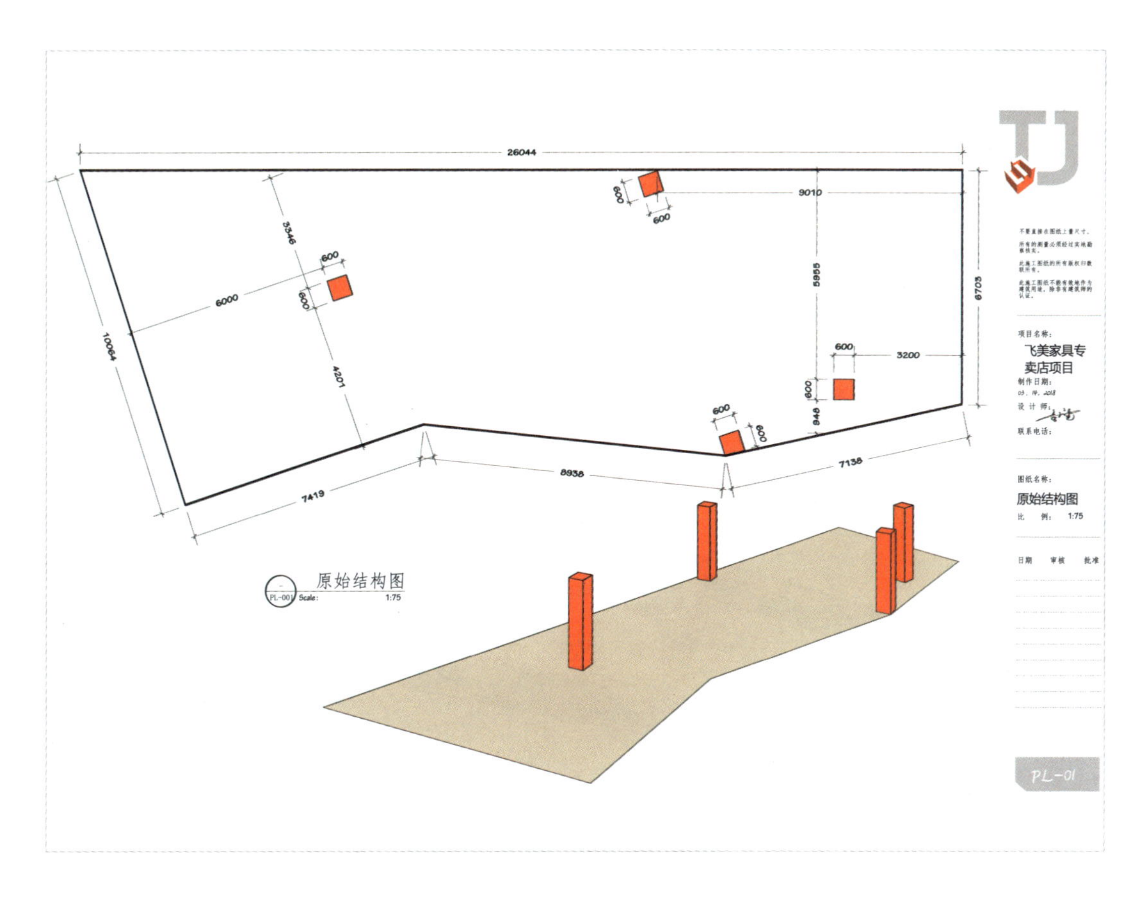
26044
9010
5955
6703
3200
3346
6000
4201
10064
7419
8938
7138
600
948
原始结构图
PL-001 Scale: 1:75
TJ
不要直接在图纸上量尺寸。
所有的测量必须经过实地勘察核实。
此施工图纸的所有版权归数联所有。
此施工图纸不能有效地作为建筑用途，除非有建筑师的认证。
项目名称：
飞美家具专卖店项目
制作日期：
03. 14. 2018
设 计 师：
联系电话：
图纸名称：
原始结构图
比 例： 1:75
日期 审核 批准
PL-01

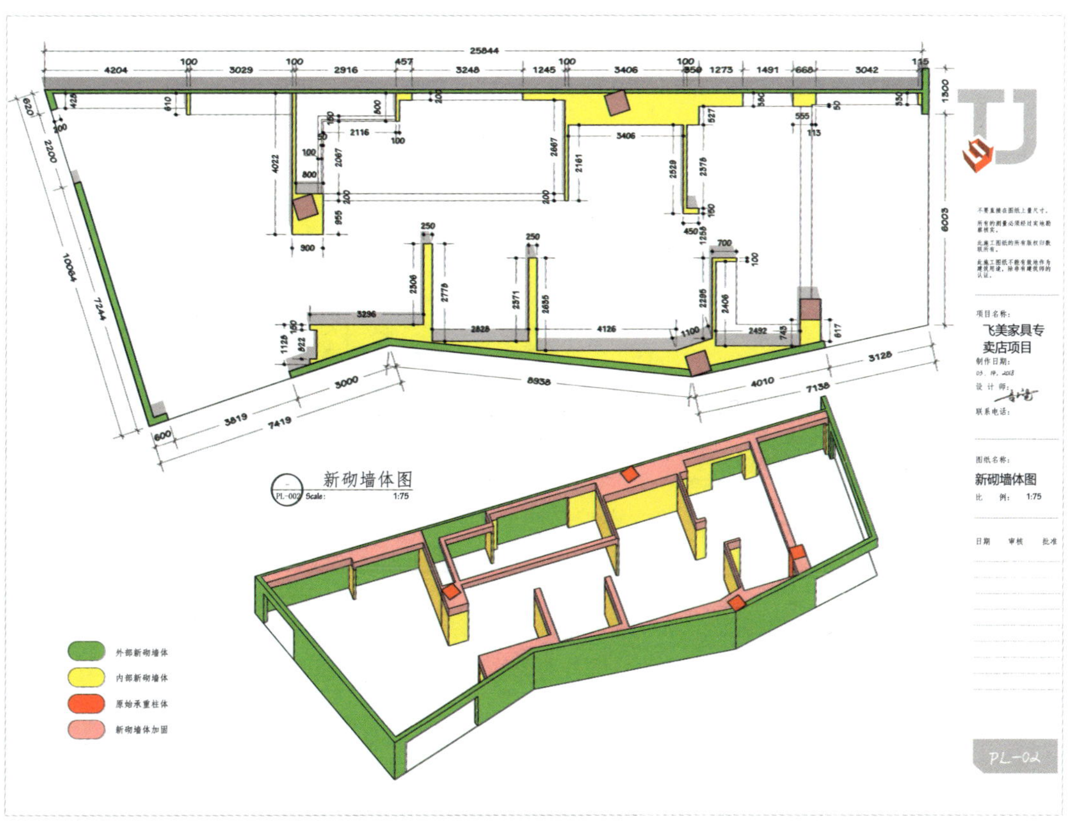
25844
4204
3029
2916
3248
1245
3406
1273
1491
3042
1300
6003
10064
7244
2200
3819
7419
3000
8938
4010
7138
3128
新砌墙体图
PL-002 Scale: 1:75
外部新砌墙体
内部新砌墙体
原始承重柱体
新砌墙体加固
TJ
不要直接在图纸上量尺寸。
所有的测量必须经过实地勘察核实。
此施工图纸的所有版权归数联所有。
此施工图纸不能有效地作为建筑用途，除非有建筑师的认证。
项目名称：
飞美家具专卖店项目
制作日期：
03. 14. 2018
设 计 师：
联系电话：
图纸名称：
新砌墙体图
比 例： 1:75
日期 审核 批准
PL-02

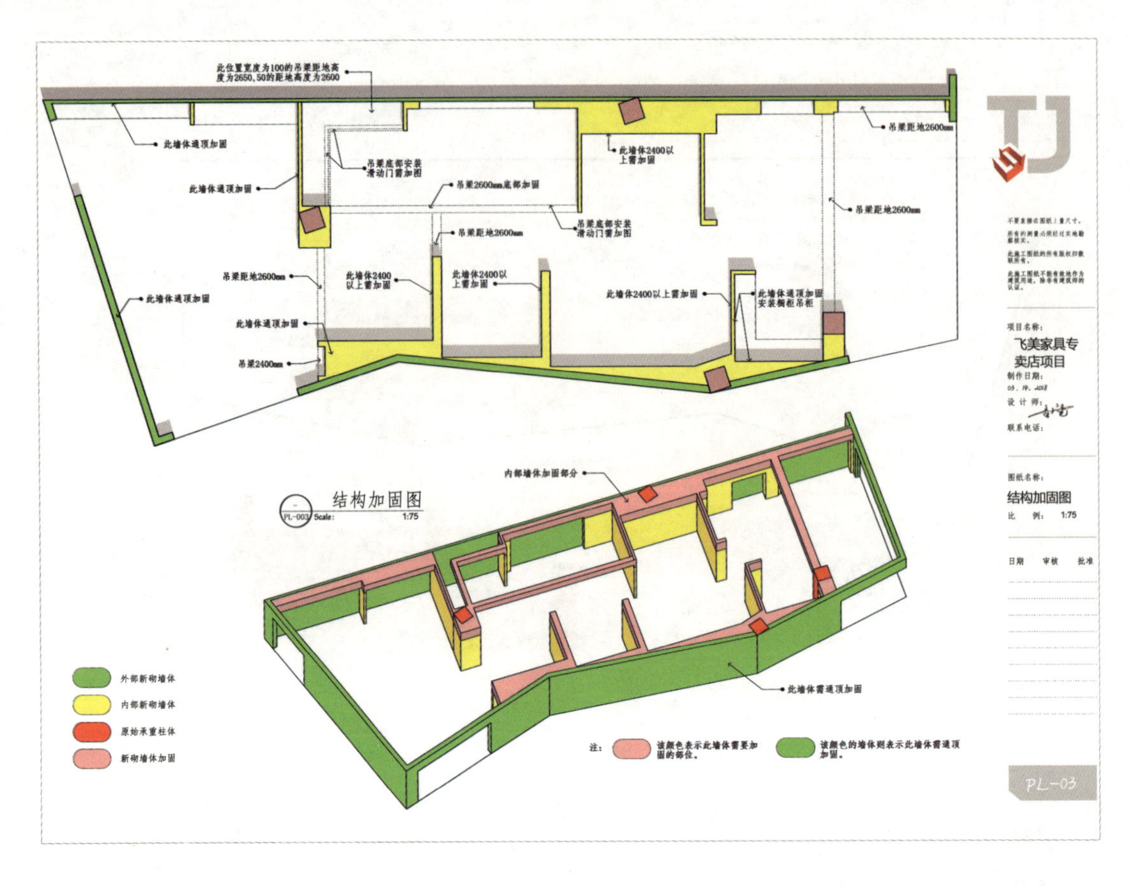
此位置宽度为100的吊梁距地高度为2650,50的距地高度为2600
此墙体通顶加固
吊梁底部安装滑动门需加固
吊梁2600mm底部加固
此墙体2400以上需加固
吊梁距地2600mm
吊梁底部安装滑动门需加固
吊梁距地2600mm
此墙体2400以上需加固
此墙体2400以上需加固
此墙体2400以上需加固
此墙体通顶加固安装橱柜吊柜
吊梁2400mm
内部墙体加固部分
结构加固图
PL-003 Scale: 1:75
外部新砌墙体
内部新砌墙体
原始承重柱体
新砌墙体加固
此墙体需通顶加固
注: 该颜色表示此墙体需要加固的部位。
该颜色的墙体则表示此墙体需通顶加固。
项目名称:
飞美家具专卖店项目
制作日期:
设计师:
联系电话:
图纸名称:
结构加固图
比 例: 1:75
日期 审核 批准
PL-03

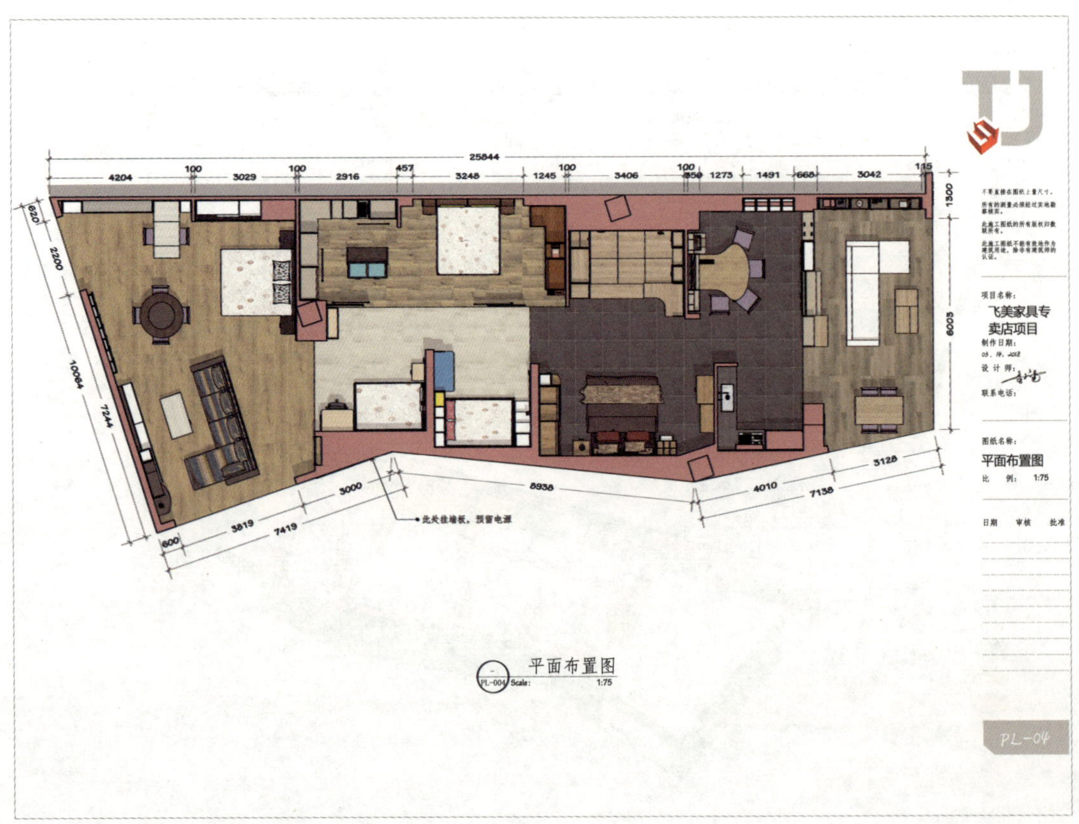
25844
4204 100 3029 100 2916 457 3248 1245 100 3406 100 350 1273 1491 668 3042 115
1300
6003
820
2200
10064
7244
600 3819 7419 3000 8938 4010 7138 3128
此处往墙板，预留电源
平面布置图
PL-004 Scale: 1:75
项目名称:
飞美家具专卖店项目
制作日期:
设计师:
联系电话:
图纸名称:
平面布置图
比 例: 1:75
日期 审核 批准
PL-04

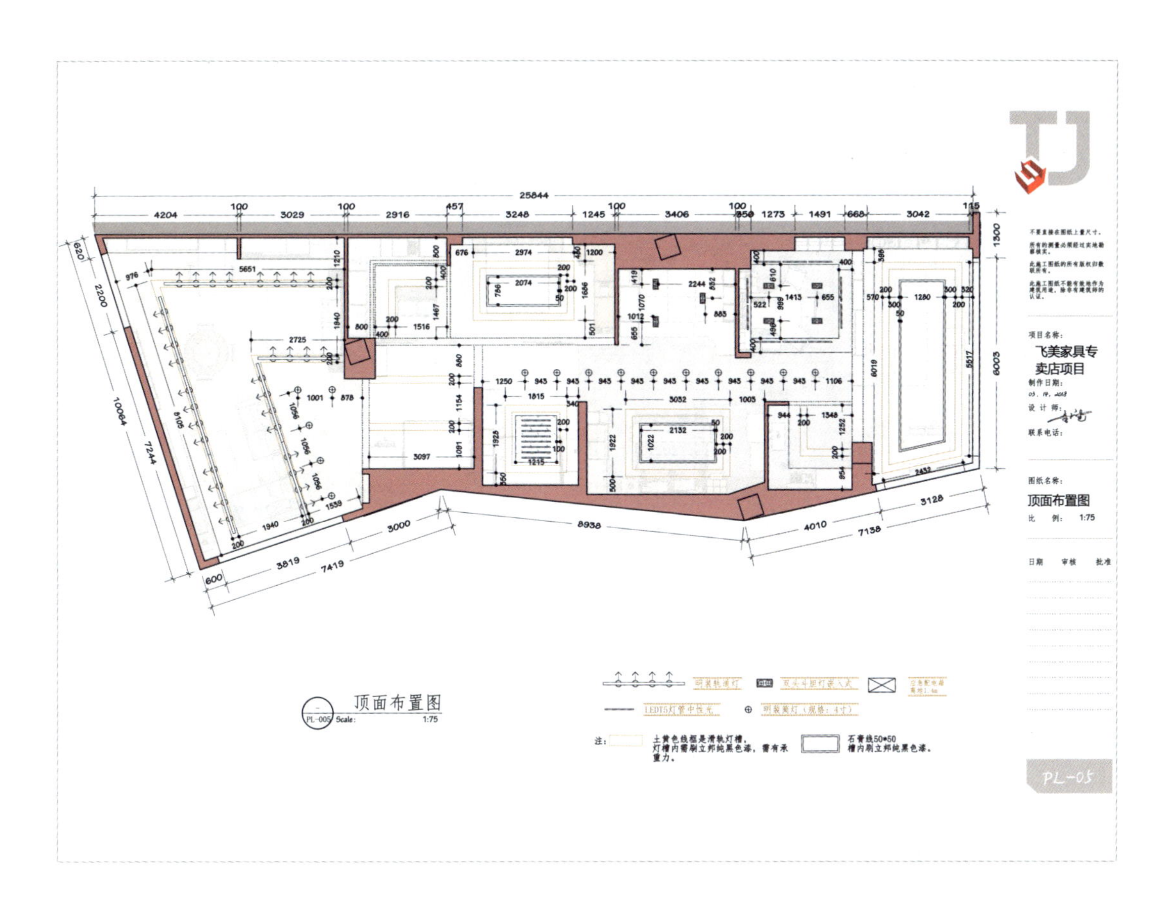
25844
4204
3029
2916
3248
1245
3406
1273
1491
3042
1300
6003
10064
7244
3819
7419
3000
8938
4010
7138
3128
不要直接在图纸上量尺寸。
所有的测量必须经过实地勘察核实。
此施工图纸的所有版权归数联所有。
此施工图纸不能有效地作为建筑用途，除非有建筑师的认证。
项目名称：
飞美家具专卖店项目
制作日期：
03．14．2018
设 计 师：
联系电话：
图纸名称：
顶面布置图
比　例：　1:75
日期　审核　批准
PL-05
顶面布置图
PL-005 Scale：1:75
明装轨道灯
双头斗胆灯嵌入式
LEDT5灯管中性光
明装筒灯（规格：4寸）
注：土黄色线框是滑轨灯槽，灯槽内需刷立邦纯黑色漆，需有承重力。
石膏线50*50
槽内刷立邦纯黑色漆。

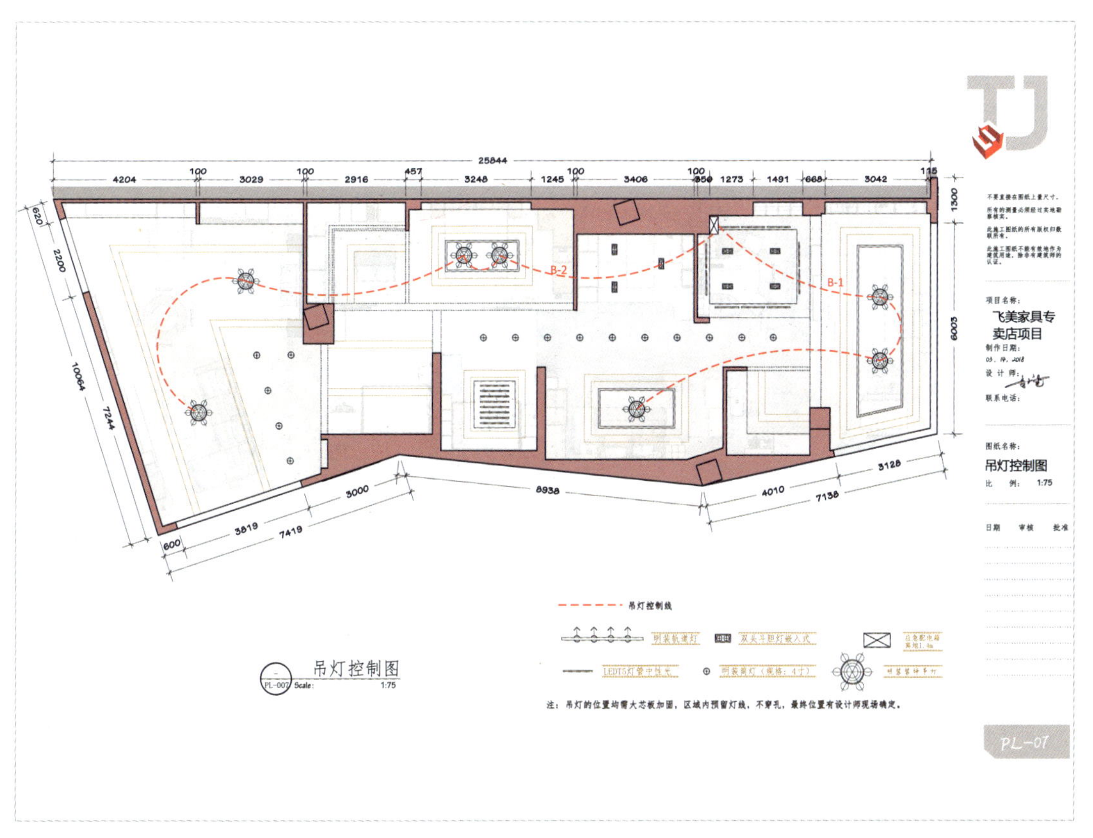
25844
4204
3029
2916
3248
1245
3406
1273
1491
3042
1300
6003
10064
7244
3819
7419
3000
8938
4010
7138
3128
B-2
B-1
不要直接在图纸上量尺寸。
所有的测量必须经过实地勘察核实。
此施工图纸的所有版权归数联所有。
此施工图纸不能有效地作为建筑用途，除非有建筑师的认证。
项目名称：
飞美家具专卖店项目
制作日期：
03．14．2018
设 计 师：
联系电话：
图纸名称：
吊灯控制图
比　例：　1:75
日期　审核　批准
PL-07
吊灯控制线
明装轨道灯
双头斗胆灯嵌入式
LEDT5灯管中性光
明装筒灯（规格：4寸）
吊灯控制图
PL-007 Scale：1:75
注：吊灯的位置均需大芯板加固，区域内预留灯线，不穿孔，最终位置有设计师现场确定。

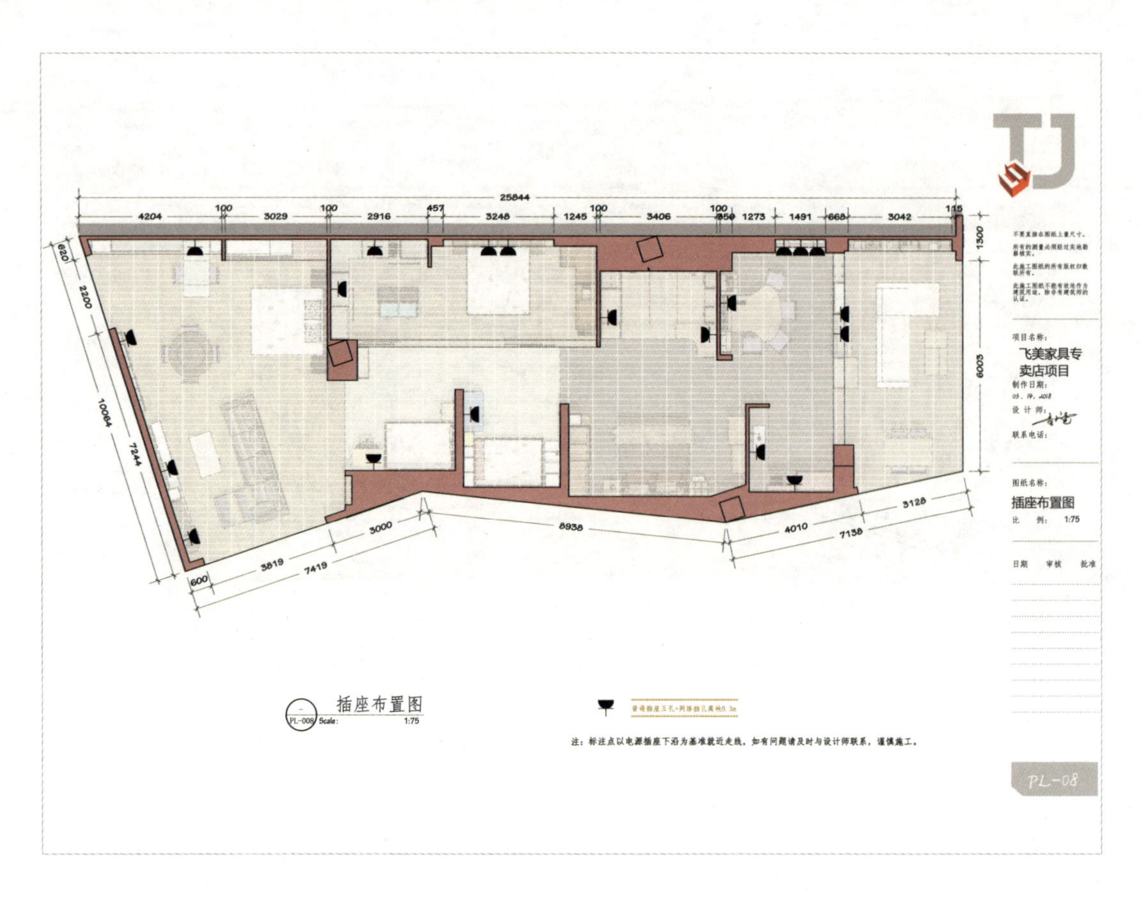
25844
4204
3029
2916
3248
1245
3406
1273
1491
3042
10064
7244
3819
7419
3000
8938
4010
7138
3128
6003
1300
插座布置图
Scale: 1:75
注：标注点以电源插座下沿为基准就近走线，如有问题请及时与设计师联系，谨慎施工。
项目名称：
飞美家具专卖店项目
制作日期：
设计师：
联系电话：
图纸名称：
插座布置图
比 例： 1:75
日期 审核 批准
PL-08

25844
4204
3029
2916
3248
1245
3406
1273
1491
3042
10064
7244
3819
7419
3000
8938
4010
7138
3128
6003
1300
此处挂墙板，预留电源
平面索引图
Scale: 1:75
项目名称：
飞美家具专卖店项目
制作日期：
设计师：
联系电话：
图纸名称：
平面索引图
比 例： 1:75
日期 审核 批准
PL-10

1
ID-014
室内立面图
Scale: 1:45
室内立面图
Scale: 1:45
不要直接在图纸上量尺寸。
所有的测量必须经过实地勘察核实。
此施工图纸的所有版权归数联所有。
此施工图纸不能有做地作专建筑用途，除非有建筑师的认证。
项目名称：
飞美家具专卖店项目
制作日期：
设计师：
联系电话：
图纸名称：
室内立面图
比 例： 1:45
日期 审核 批准
ID-11

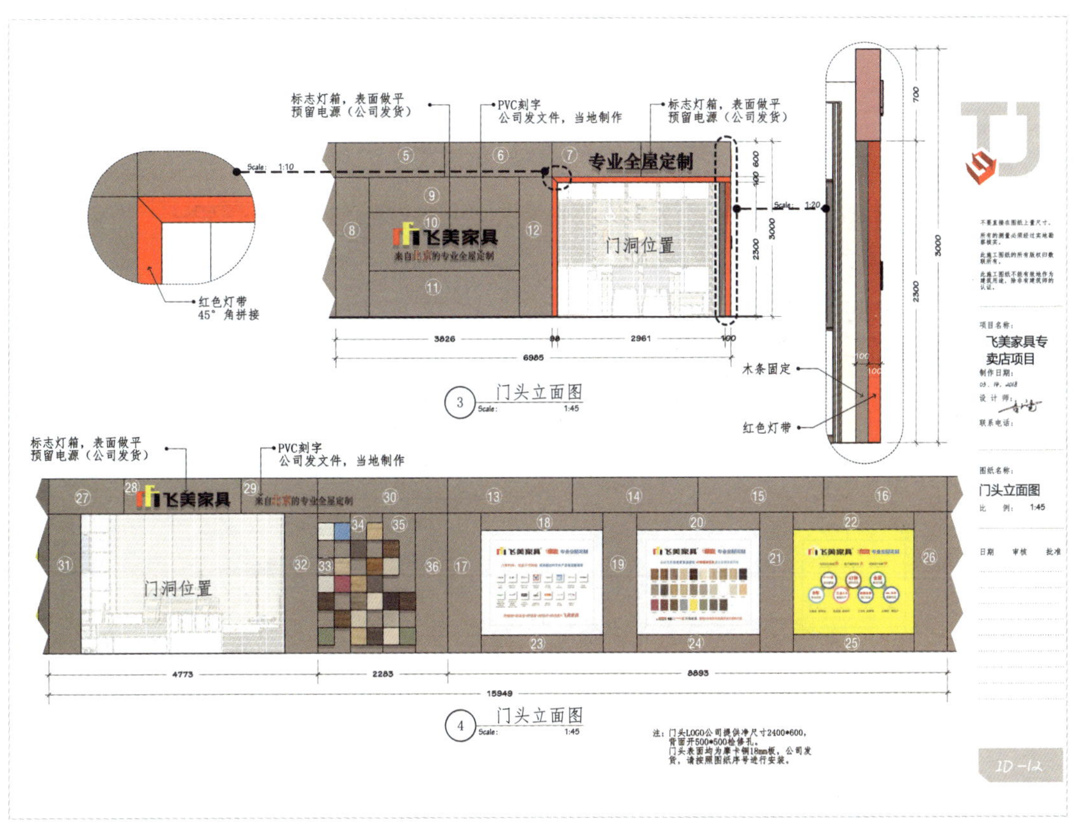
标志灯箱，表面做平
预留电源（公司发货）
PVC刻字
公司发文件，当地制作
标志灯箱，表面做平
预留电源（公司发货）
专业全屋定制
飞美家具
门洞位置
红色灯带
45° 角拼接
木条固定
红色灯带
门头立面图
Scale: 1:45
标志灯箱，表面做平
预留电源（公司发货）
PVC刻字
公司发文件，当地制作
门洞位置
门头立面图
Scale: 1:45
注：门头LOGO公司提供净尺寸2400*600，
背面开500*500检修孔。
门头表面均为摩卡钢18mm板，公司发货，请按照图纸序号进行安装。
项目名称：
飞美家具专卖店项目
图纸名称：
门头立面图
比 例： 1:45
日期 审核 批准
ID-12

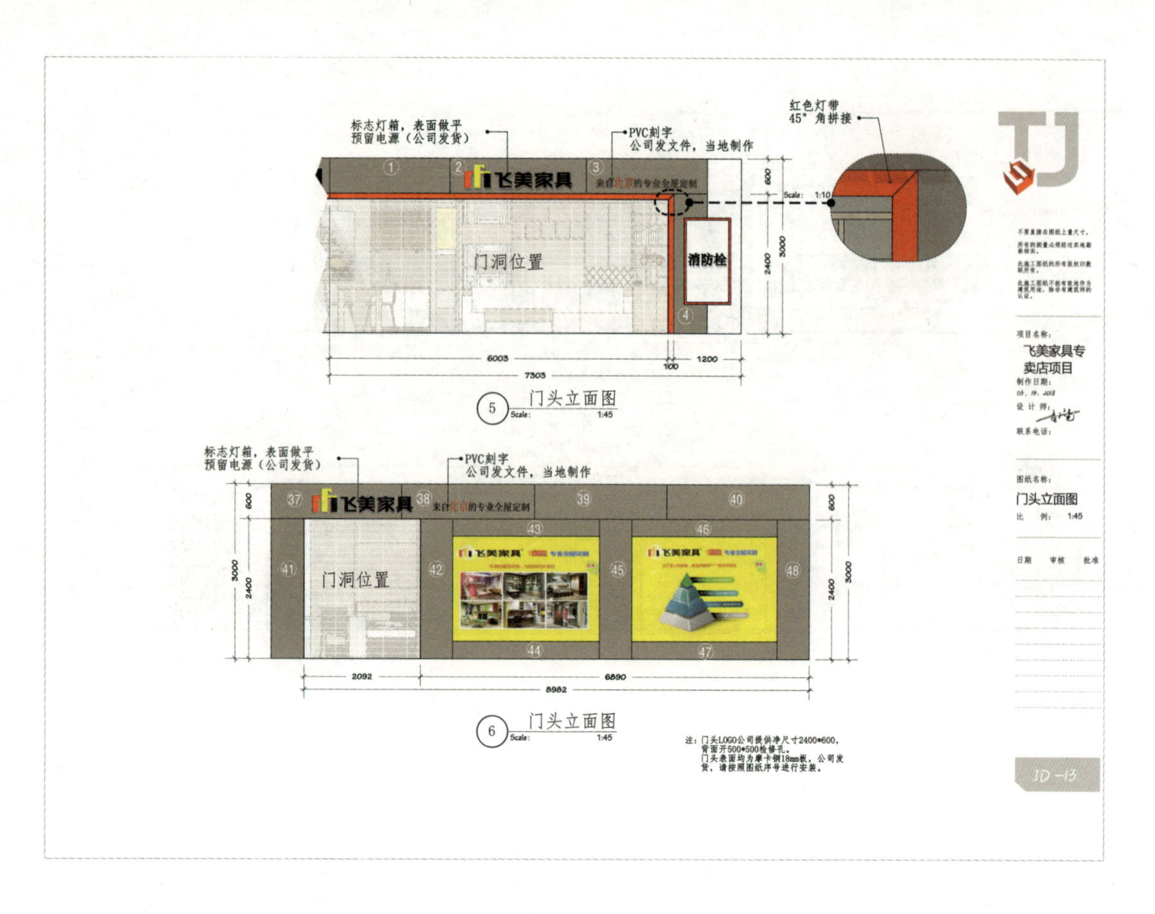
标志灯箱，表面做平
预留电源（公司发货）
PVC刻字
公司发文件，当地制作
红色灯带
45°角拼接
飞美家具
来自北京的专业全屋定制
门洞位置
消防栓
6003
100
1200
7303
门头立面图
Scale: 1:45
2092
6890
8982
注：门头LOGO公司提供净尺寸2400*600，
背面开500*500检修孔。
门头表面均为摩卡铜18mm板，公司发
货，请按照图纸序号进行安装。
项目名称：
飞美家具专卖店项目
制作日期：
设计师：
联系电话：
图纸名称：
门头立面图
比例：1:45
日期 审核 批准
ID-13

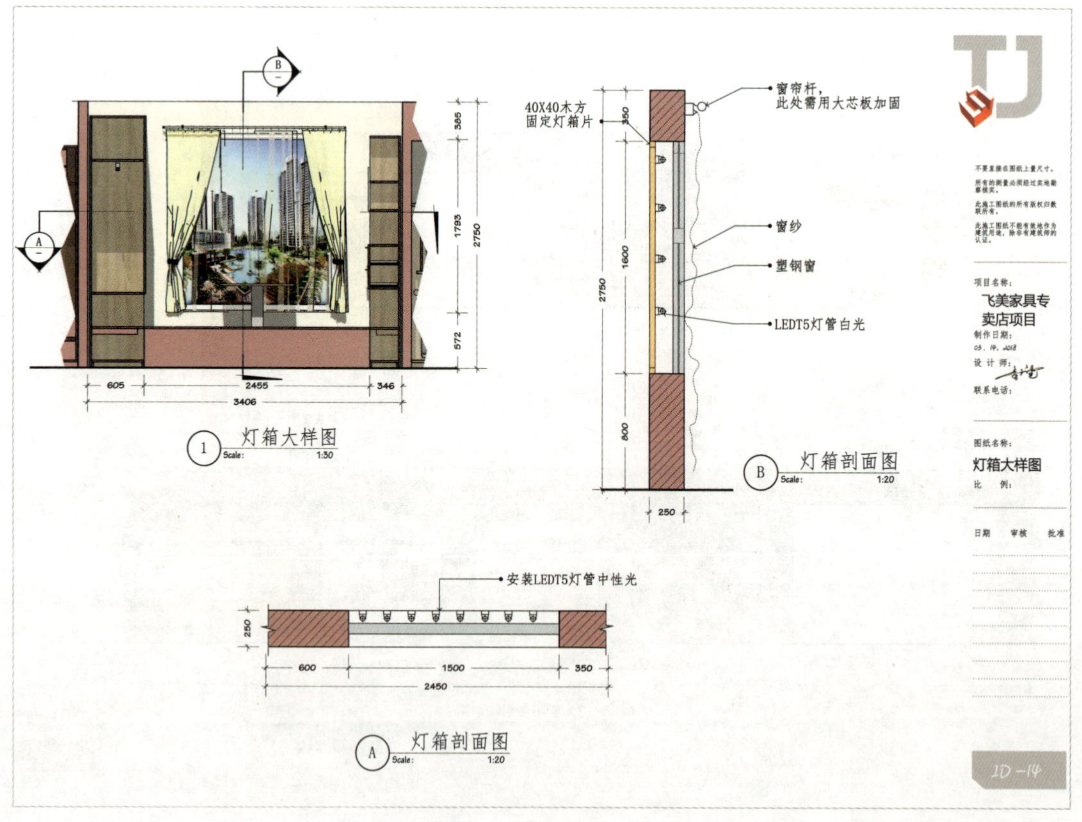
40X40木方
固定灯箱片
窗帘杆，
此处需用大芯板加固
窗纱
塑钢窗
LEDT5灯管白光
605
2455
346
3406
灯箱大样图
Scale: 1:30
灯箱剖面图
Scale: 1:20
安装LEDT5灯管中性光
600
1500
350
2450
项目名称：
飞美家具专卖店项目
制作日期：
设计师：
联系电话：
图纸名称：
灯箱大样图
比例：
日期 审核 批准
ID-14

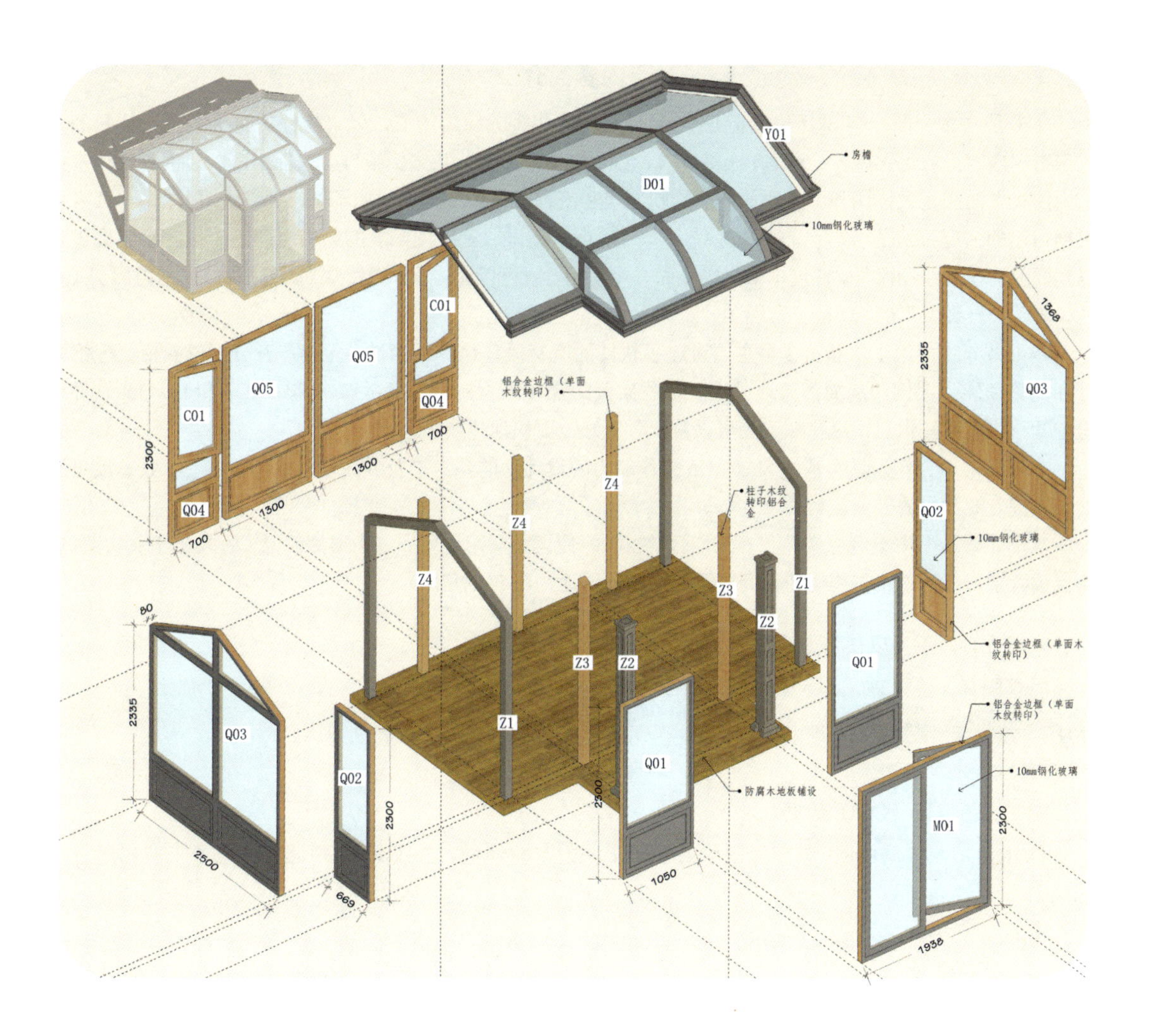

SketchUp to LayOut

三维施工图

学习手册

张凯 童树建 王军 编著

電子工業出版社

Publishing House of Electronics Industry

北京·BEIJING

内容简介

本书是一本全面介绍 SketchUp to LayOut 基本功能和实际应用的书，以“软件功能 + 案例详解”的方式来组织内容，立足实践，让读者轻松掌握 LayOut 的基本操作。从案例编排方式上，可以让读者快速掌握平面图、立面图、大样图和部件爆炸图的绘制方法和流程。书中还详细说明了 LayOut 的模板体系，读者可根据自己的情况打造适合自己的模板系统。本书重点不是讲解施工图繁复的绘制原理，而是向读者提供可以驾驭的简易的绘图流程。通过本书只需要做几个练习，就可以完成“上得厅堂（颜值不错）、下得厨房（系统、规范、严谨）”的 3D 施工表现图。

本书共 6 章，第 1 章和第 2 章主要讲述了软件的所有操作命令；第 3 章至第 5 章分别以衣柜、轻钢龙骨和完整家装为案例，从简到繁地讲述了这些案例的操作流程；第 6 章是操作 SketchUp 和 LayOut 软件过程中的一些重要知识点，这些知识点可以帮读者更好、更快地建模和绘图。

本书非常适合作为具有基本 SketchUp 操作能力的设计师的参考书及各高校建筑、室内、家具、展览展厅等相关专业学生的专业教材。

本书还赠送书中案例源文件和多媒体教学视频方便读者学习。（注：书中案例的源文件均出于真实案例，仅供读者学习使用，不得用于任何商业及其他盈利用途，违者必究！）

图书在版编目（CIP）数据

SketchUp to LayOut三维施工图学习手册 / 张凯，童树建，王军编著.—北京：电子工业出版社，2019.1

ISBN 978-7-121-35358-1

Ⅰ. ①S… Ⅱ. ①张… ②童… ③王… Ⅲ. ①建筑设计－计算机辅助设计－应用软件－手册 Ⅳ. ①TU201.4-62

中国版本图书馆CIP数据核字（2018）第251246号

责任编辑：田　蕾　　特约编辑：刘红涛
印　　刷：北京捷迅佳彩印刷有限公司
装　　订：北京捷迅佳彩印刷有限公司
出版发行：电子工业出版社
　　　　　北京市海淀区万寿路173信箱　　　邮编：100036
开　　本：787×1092 1/16　　印张：12.75　　字数：330.4千字
版　　次：2019年1月第1版
印　　次：2019年1月第1次印刷
定　　价：89.00元

凡所购买电子工业出版社图书有缺损问题，请向购买书店调换。若书店售缺，请与本社发行部联系，联系及邮购电话：（010）88254888，88258888。

质量投诉请发邮件至 zlts@phei.com.cn，盗版侵权举报请发邮件至dbqq@phei.com.cn。

本书咨询联系方式：（010）88254161～88254167转1897。

前　言

这几年SketchUp软件的发展可以用突飞猛进来形容。不管是建筑专业还是景观专业，抑或是室内设计专业，不论是“211”“985”高校还是普通职业专科学校，都把SketchUp作为必修或者选修课程。而作为SketchUp的伙伴软件，LayOut可能被大多数设计师遗忘了。这其中重要的原因，一是这方面的学习资料不多，二是3D施工图还是相对比较小众，目前只有国外项目的独立设计师用得比较多。

在数联场景设计社区（www.sketchupbbs.com），从2008年开始就有热心会员开始分享LayOut教程，点击率都在10万次以上，当时在国内引发了一波LayOut学习交流沟通的热潮。例如，qqqkkklll分享的国内首发的LayOut2视频普及教程、晓毓分享的晓毓LayOut教程等。

为此，我们响应广大会员的要求，依据最新的LayOut版本，推出了本书，书中的案例都是用心挑选的。当然，3D施工图的表现形式不止一种，我们也仅仅是抛砖引玉。希望读者在学习的过程中，可以举一反三，这样才能绘制出优秀的作品。

本书在写作过程中得到了浙江数联云集团公司领导杨茗杰和同事彭时旷、王靖、储小燕、陈思聪、何青青、莫逍遥、何小芳、王思涵、姚湘萍、徐田源、王飞、吕嘉祺、汪莉雯、葛志荣、关超的大力协助和支持；同时也参考了场景社区网站历年的相关帖子和同行的资料，在此一并致谢。特别感谢网友阳光房研发设计师刘涛友情提供封面案例的SketchUp模型；感谢北京全屋定制商飞美家具授权提供本书彩图的部分案例；感谢紫天SketchUp中文网站的大力支持。

作者介绍

张凯，SketchUp室内设计工作流开拓者，资深室内设计师，SketchUp BBS论坛副站长、站长，浙江数联云集团云设计部设计总监，国内第一本SketchUp室内设计专著《Google SketchUp设计沙龙I》的作者。

童树建，中国美术学院室内设计专业毕业，浙江数联云集团云设计部研发成员、专职培训讲师，宁波大红鹰学院兼职讲师。

王军，SketchUp自学网创始人、SketchUp官方授权讲师、《SketchUp 2018系列高级教程》大型公益课程原创作者。

数联场景设计社区（www.sketchupbbs.com）介绍

SketchUp BBS创建于2007年9月，是浙江数联云集团有限公司旗下的产品，截至2018年5月25日，拥有会员959 175人，总帖数1 823 779篇。它是目前中国最具活力的三维可视化设计师交流社区、数联场景设计服务中心论坛、SketchUp中国授权服务中心论坛、Enscape授权服务中心论坛。该网站创办11年以来，联合广大网友出版了数十部专业书籍，获得了社会的好评。

SketchUp自学网（www.sketchupvray.com）介绍

“SketchUp自学”是Trimble SketchUpPro中国顶级独立博客，专业探究SketchUp&BIM工具（Building Information Modeling）、VRay设计渲染作品表现（SketchUp Gallery）、Ruby开发及实践运用、SketchUp教程等内容。其抖音账号（@SketchUp自学）创下了两个月5万粉丝的本行业纪录。

资源下载及其使用说明

本书附赠教学素材与视频：扫码右边的二维码，关注有艺公众号，在“有艺学堂”的“资源下载”中获取。问题反馈、投稿合作请发邮件至art@phei.com.cn。

目　录

第1章　认识 LayOut

1.1　你能学到什么

首先，这不是一本为设计师所编写的书籍，而是为从事建筑、室内、家具、展馆展台设计的设计师且能操作 SketchUp 的专业人士编写的。因此，在阅读这本书之前，要确定自己已经掌握 SketchUp 的各种操作了。本书将跳过许多基本技能的讲解，SketchUp 初学者可以去数联场景设计社区免费学习 SketchUp 的基本操作（www.sketchupbbs.com）。一直想尝试 LayOut，但苦于没有资料，不知道如何上手的人，那么这本书就是最好的选择。

通过这本书，可以学习 LayOut 的所有相关操作。首先，要熟悉用户操作界面，并学习如何将 SketchUp 模型场景页面导入到 LayOut 中。之后，学习如何添加尺寸标注和注释，以便充分地绘制出一套完善的三维施工图。当然，书中还会对一些关键的 SketchUp 操作技巧重点强调，因为 SketchUp 和 LayOut 是一对“好搭档”，两者相辅相成，缺一不可。

1.2 什么是LayOut

在安装SketchUp Pro时，会自动安装3款软件，分别是SketchUp、LayOut、Style Builder。LayOut是基于SketchUp的3D图纸排版工具，这意味着它们能一起有效地协同工作。它不能单独或者通过其他途径进行安装，只有安装SketchUp Pro才能得到此软件。

SketchUp

LayOut

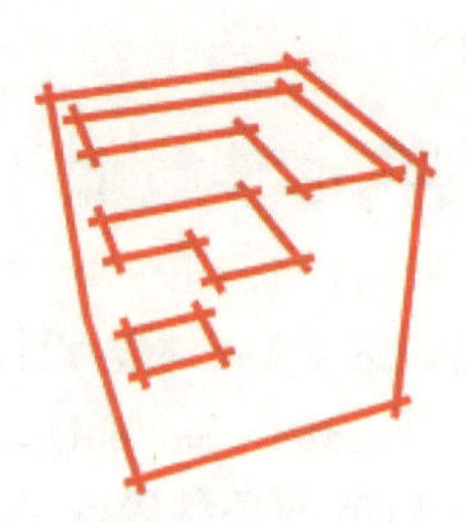

Style Builder

LayOut主要用于将SketchUp 3D模型以平面页面的方式展现出来，并且可以对每个页面进行文字注释和精确的尺寸注释。其LayOut图纸在计算机上可以以演示文稿（幻灯片）的形式展现，通过打印机打印出来，也就是一套完整的施工图。LayOut图纸与CAD图纸相比，具有直观、易懂、美观的特点。在LayOut中，能够布置模型的多个“视图”；每个页面中可以显示一个或多个模型视图；可以对每个模型视图分别添加尺寸、文字注释并能任意指定视图的比例。

使用LayOut创建演示文稿最大的优点是，SketchUp模型能动态链接到LayOut文件。SketchUp模型有任何改变，都可以在LayOut中方便地更新模型视图，那么模型视图将会更新到最新的模型状态，且相关的尺寸标注都随之自动改变，确保LayOut图纸正确。

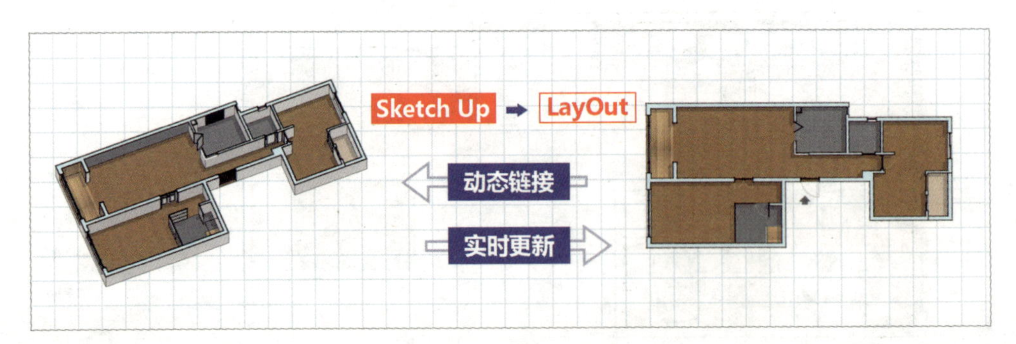

1.3 学好Layout需要准备的事项

（1）应该掌握基本的SketchUp建模方法，并且能够独立正确地完成建模。

（2）应该了解所在行业的设计标准和绘图要求，不管这些标准和要求是针对传统的CAD图纸还是针对其他图纸。

（3）要有一台较好的计算机，随着细节的增加，3D模型对计算机配置的要求也较高（参见本章1.5一节）。

（4）本书所用的软件版本是：SketchUp Pro 2018和LayOut 2018。

1.4　如何使用本书

本书主要分为 3 部分，第一部分介绍软件的基础命令，如用户界面、工具栏和托盘面板等。有相关基础的读者可以跳过此部分内容。若在绘图过程中对某个命令理解得不透彻，也可以单独查询。第二部分是案例制作流程的讲解。按照先易后难的方式，以衣柜组装示意图、轻钢龙骨隔音墙施工图和 LayOut 住宅施工图 3 个案例，实际讲解绘制流程。通过案例学习正确的建模方式和模型组织方式，让读者可以有条不紊地绘制出一套有文字注释、尺寸标注、设计说明等全套、完善的施工图。第三部分是软件的操作技巧和案例分享，可以帮助读者提高绘图效率。

书中的案例源文件会赠送给大家，方便大家学习。另外，本书还提供具有自主版权的剪贴簿和相关模板，读者可以直接在项目中参考使用。

1.5　使用SketchUp和LayOut的软、硬件要求

1.5.1　PC的软、硬件要求

1. 系统要求

需要连接互联网来安装和授权使用 SketchUp 的某些功能。

- Microsoft®Internet Explorer 9.0 或更高版本。
- SketchUp Pro 需要 .NET Framework 4.5.2 版。
- SketchUp Pro 需要 64 位版本的 Windows（Windows 10、Windows 8、Windows 7）。

2. 推荐的硬件

- 2 GHz 及以上的处理器。
- 8 GB 以上 RAM 内存。
- 700MB 以上的可用硬盘空间。
- 具有 1GB 或更高内存的 3D 级显卡，并支持硬件加速。请确保视频卡驱动程序支持 OpenGL 3.0 或更高版本并且是最新的。
- SketchUp 的性能在很大程度上取决于显卡驱动程序及其支持 OpenGL 3.0 或更高版本的能力。不建议在 SketchUp 中使用 Intel 的集成显卡。
- 三键滚轮鼠标。

3. 最低硬件

- 1 GHz 及以上的处理器。
- 4GB RAM 内存。
- 16GB 以上的总硬盘空间；500MB 以上可用硬盘空间。
- 三键滚轮鼠标。
- 具有 512MB 内存或更高内存的 3D 级显卡，并支持硬件加速。请确保视频卡驱动程序支持 OpenGL 3.0 或更高版本并且是最新的。

1.5.2　Mac计算机的软、硬件要求

1. 软件

- Mac OS X 10.12+ (Sierra)、10.11+ (El Capitan) 和 10.10+ (Yosemite)。

- QuickTime 5.0 和多媒体教程的 Web 浏览器。
- Safari 浏览器。
- Boot Camp，不支持 VMWare 和 Parallels 环境。

2. 推荐的硬件

- 2.1 GHz 及以上 Intel™ 处理器。
- 8GB RAM 内存。
- 700MB 的可用硬盘空间。
- 具有 1GB 或更高内存的 3D 级显卡，并支持硬件加速。请确保视频卡驱动程序支持 OpenGL 3.0 或更高版本并且是最新的。
- 三键滚轮鼠标。
- 需要连接互联网来授权 SketchUp 并使用某些功能。

3. 最低硬件

- 2.1 GHz 及以上 Intel™ 处理器。
- 4GB RAM 内存。
- 500MB 的可用硬盘空间。
- 具有 512MB 内存或更高内存的 3D 级显卡，并支持硬件加速。请确保视频卡驱动程序支持 OpenGL 3.0 版或更高版本并且是最新的。
- 三键滚轮鼠标。

第 2 章　LayOut 入门解析

2.1　用户界面及工具面板介绍

本节主要介绍 LayOut 用户界面，通过学习本节内容，读者能够熟练地掌握 LayOut 的菜单栏和基本工具的使用。

如果对 LayOut 有一定的了解，可以跳过这一章，开始下一章的学习。

2.1.1　今日提示、使用入门

安装完 SketchUp 软件，第一次开启 LayOut 2018 时，系统会自动弹出“今日提示”对话框，帮助用户了解 LayOut 的基本功能，并且是以动态图文的方式显示的，通俗易懂。建议对 LayOut 不熟悉的读者全部看一遍。

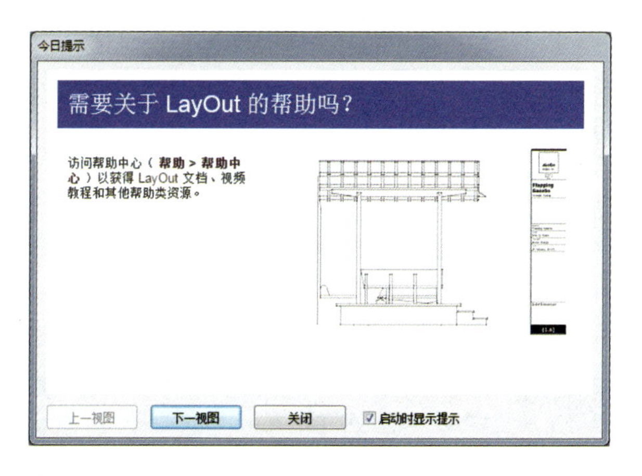

若无意中关闭了“今日提示”对话框，可以选择“帮助→今日提示”命令，再次将其打开。

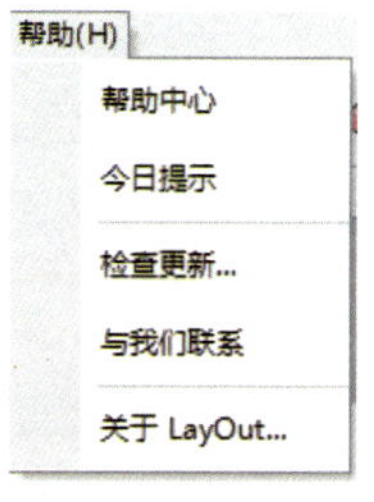

打开“今日提示”对话框的同时，也会打开“使用入门”对话框。在“使用入门”对话框中，包含“新建”选项卡、“最近”选项卡、“打开现有文件”按钮、“打开”按钮、“取消”按钮，以及“始终使用所选模板”复选框，下面介绍这些按钮和选项的功能。

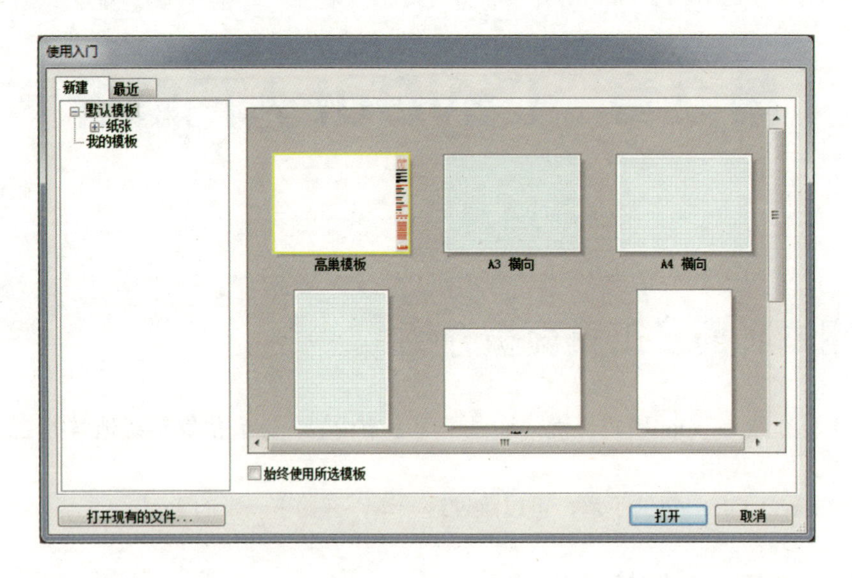

- “新建”选项卡：用于选择系统模板或自定义模板，然后在所选的模板上新建 LayOut 文件。
- “最近”选项卡：显示最近几次打开的 LayOut 文件历史记录。
- “打开现有的文件”按钮：单击此按钮，可以直接打开已有的 LayOut 文件。
- “始终使用所选模板”复选框：选中此复选框后，每次新建文件时，LayOut 软件会自动在所指定的模板上新建文件，而不用打开“使用入门”对话框手动选择模板。
- “打开”按钮：单击此按钮，将基于所选择的模板新建 LayOut 文档。
- “取消”按钮：取消新建文件操作。

2.1.2 功能主界面

LayOut 2018 的初始工作界面主要由菜单栏、标题栏、工具栏、工具面板、绘图区域、命令提示栏、数值控制栏组成。

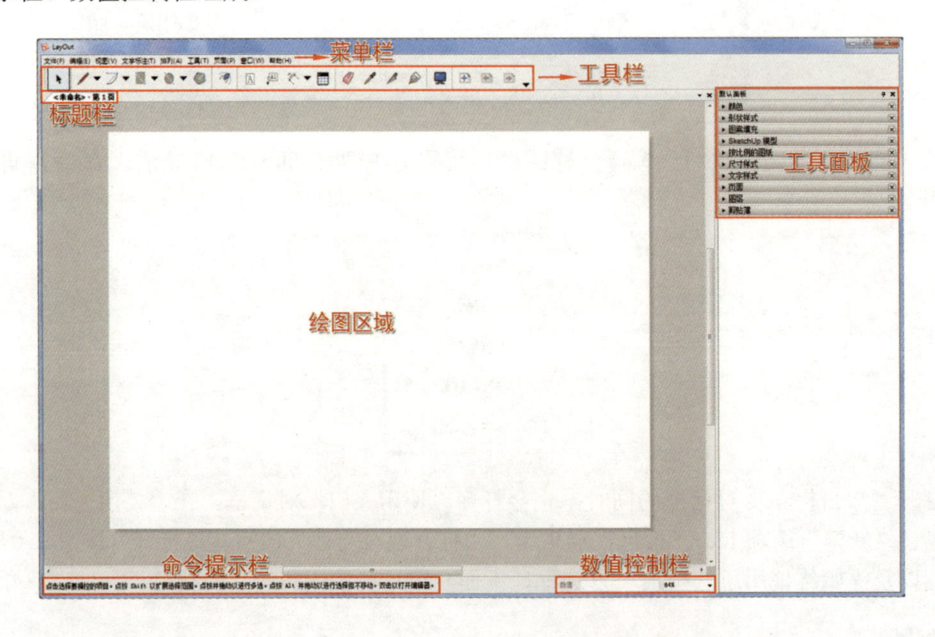

提示

查看软件版本号可以通过选择“帮助→关于LayOut”菜单命令，打开“关于LayOut”对话框，在此对话框中可以找到版本号和具体信息。

2.1.3　菜单栏介绍

菜单栏位于LayOut窗口控制栏下方，包含“文件”“编辑”“视图”“文字注释”“排列”“工具”“页面”“窗口”和“帮助”9个菜单。

文件(F)　编辑(E)　视图(V)　文字标注(T)　排列(A)　工具(T)　页面(P)　窗口(W)　帮助(H)

1. 文件

“文件”菜单用于管理LayOut中的文件，包括“新建”“打开”“保存”“打印”“插入”和“导出”等常用命令。

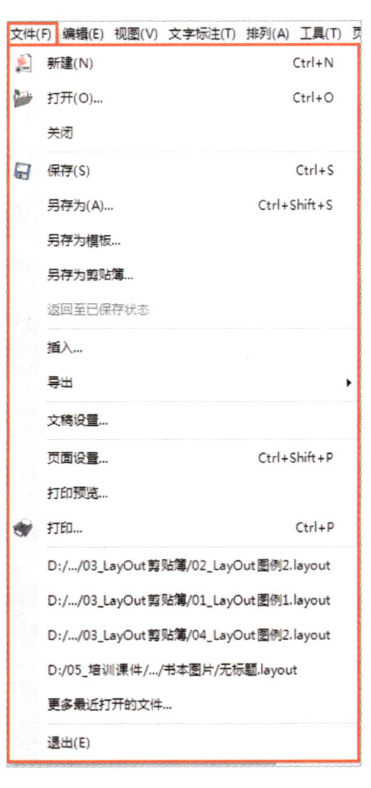

- 新建：快捷键为 Ctrl+N，执行该命令后将新建一个 LayOut 文件，如果要同时编辑多个文件，则直接打开 LayOut 文件即可。
- 打开：快捷键为 Ctrl+O，执行该命令可以在“打开”对话框中选择需要进行编辑的文件。
- 关闭：执行该命令即可关闭当前编辑的文件。如果用户没有对当前修改的文件进行保存，在关闭时将会得到提示。
- 保存：快捷键为 Ctrl+S，该命令用于保存当前编辑的文件。

提示

与SketchUp一样，在LayOut中也有自动保存设置，选择“编辑→使用偏好”命令，打开“LayOut系统设置”对话框，选择“备份”选项，即可设置自动保存的间隔时间，建议大家将自动保存时间设置为15分钟左右，以免太过频繁地保存会影响操作速度。

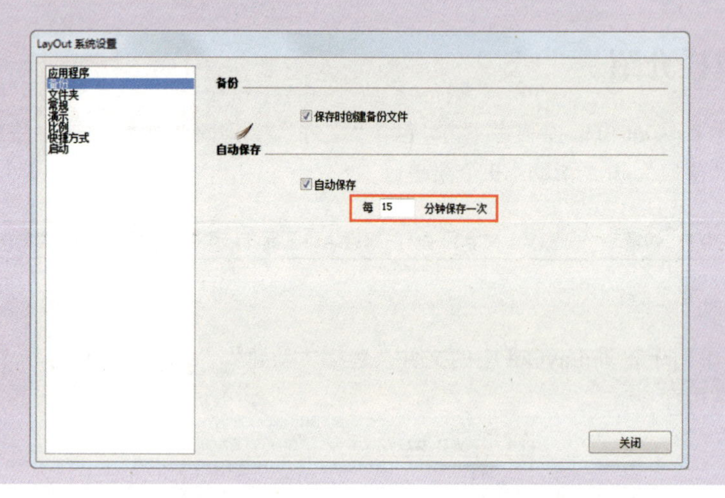

- 另存为：快捷键为 Ctrl+Shift+S，该命令用于将当前编辑的文件另行保存。
- 另存为模板：该命令用于将当前文件存储为 LayOut 模板。

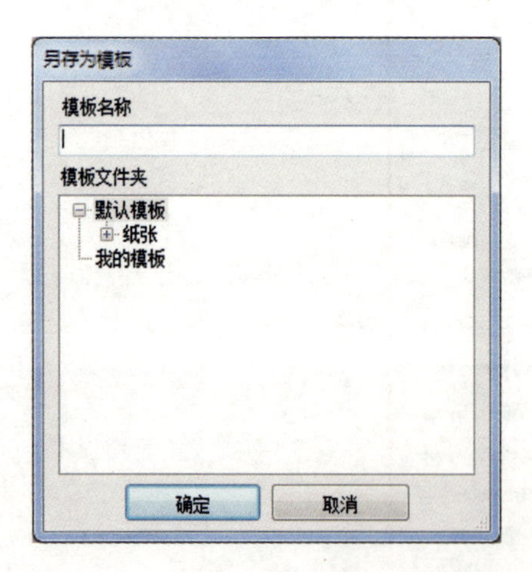

- 另存为剪贴簿：该命令用于将当前文件存储为 LayOut 剪贴簿。

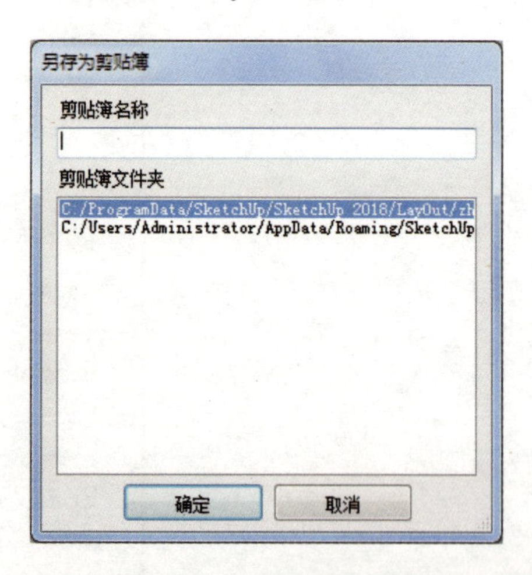

- 返回至保存状态：执行该命令后将返回最近一次的保存状态。

- 插入：该命令用于将其他文件插入到 LayOut 中，插入文件类型包括：SketchUp 文件、光栅图片（JPG、PNG、BMP 等常用格式的图片）、文本、DWG/DXF 文件和表格文件等。

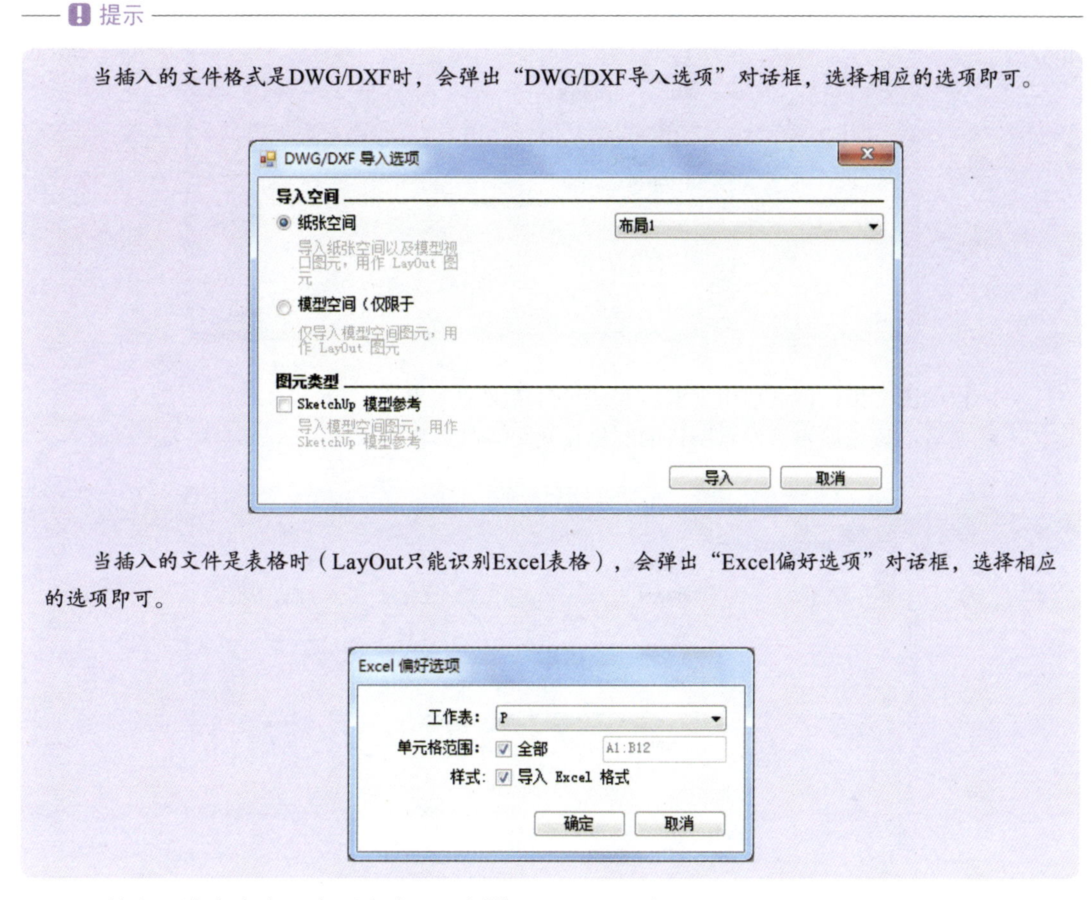

提示

当插入的文件格式是DWG/DXF时，会弹出“DWG/DXF导入选项”对话框，选择相应的选项即可。

当插入的文件是表格时（LayOut只能识别Excel表格），会弹出“Excel偏好选项”对话框，选择相应的选项即可。

- 导出：该命令有 3 个子命令：“图像”“PDF”和“DWG/DXF”。

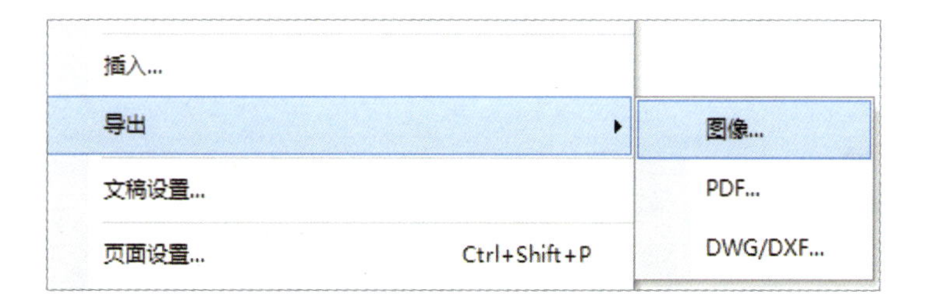

  - 图像：执行该命令可以导出二维光栅图像（JPEG 和 PNG 格式），大家可以通过调整像素来控制导出图像的清晰度，输出的最大像素值为 1200 像素 / 英寸。
  - PDF：执行该命令可以将 LayOut 文件中的图层和页面导出为 PDF 文件，图像分辨率可以通过设置输出分辨率的（高、中、低）3 个选项来进行控制。
  - DWG/DXF：执行该命令可以将 LayOut 文件导出为 DWG/DXF 文件。
- 文稿设置：执行该命令会弹出“文档设置”对话框，其中包含“自动图文集”“栅格”“组”“纸张”“引用”和“单位”6 个选项。

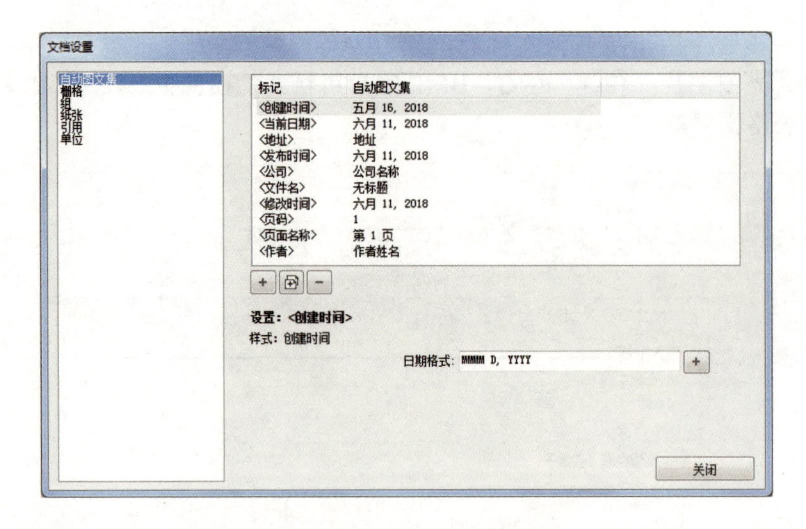

- 自动图文集：该选项用来编辑和创建自定义图文集。
- 栅格：该选项用来设置网格的颜色和间距等具体参数。

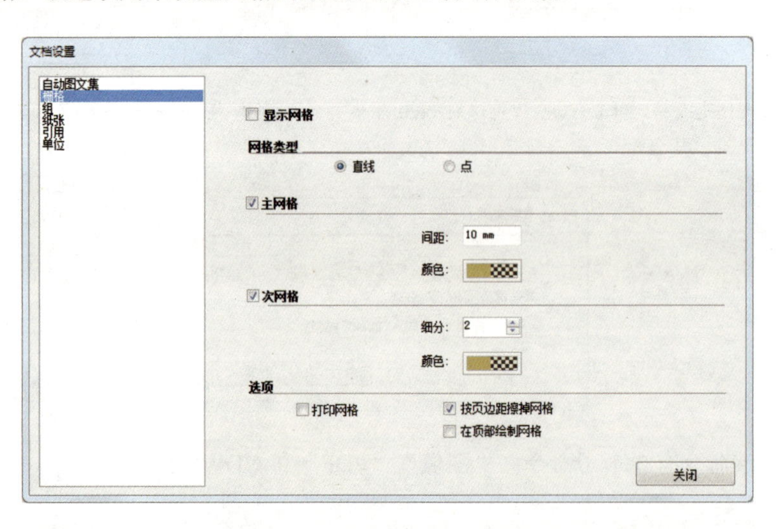

- 组：该选项用来设置组的“淡化文档的其余部分”。

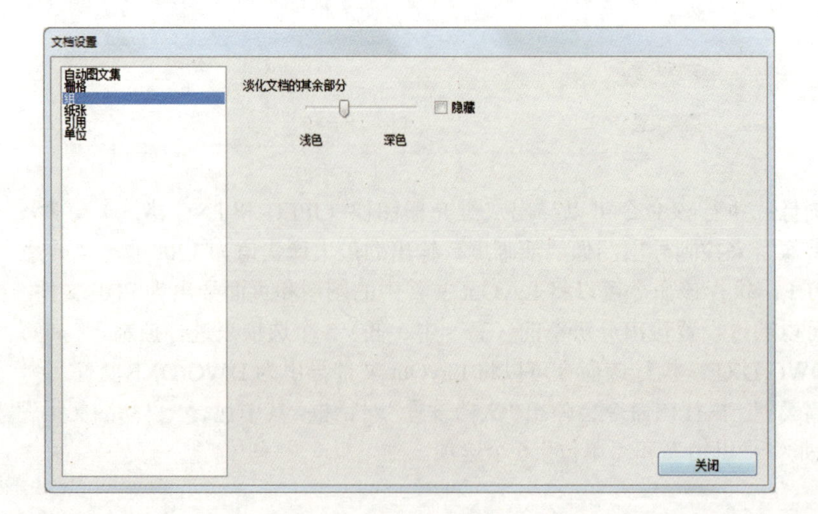

➢ 纸张：该选项用来设置 LayOut 页面中纸张的相关参数。

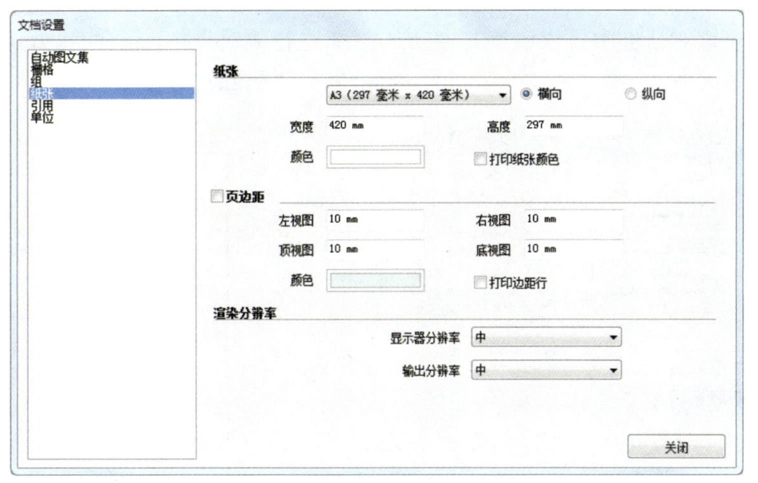

➢ 引用：该选项用来设置 LayOut 和 SketchUp 之间的链接。

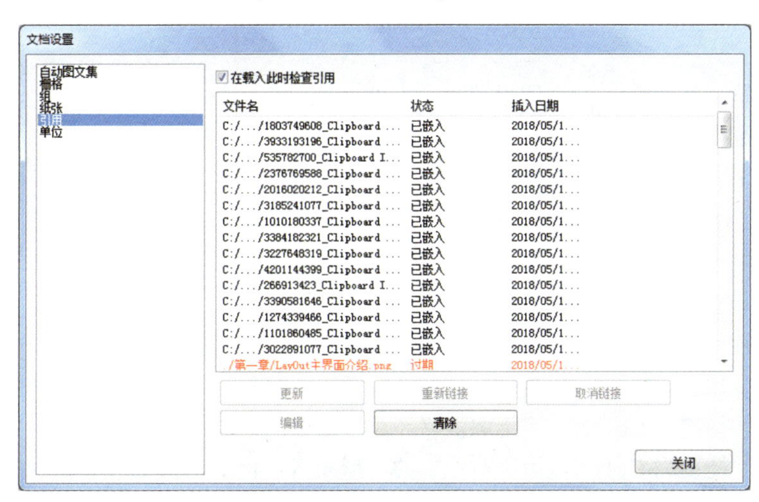

➢ 单位：该选项用来设置 LayOut 文件的绘制单位。

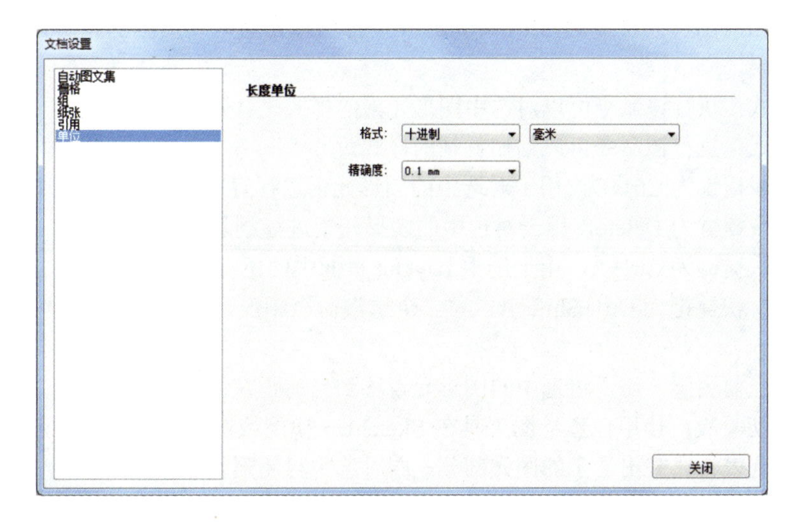

- 页面设置：快捷键为 Ctrl+Shift+P，执行该命令可以打开“页面设置”对话框，在该对话框中可以设置打印所需的纸张大小。

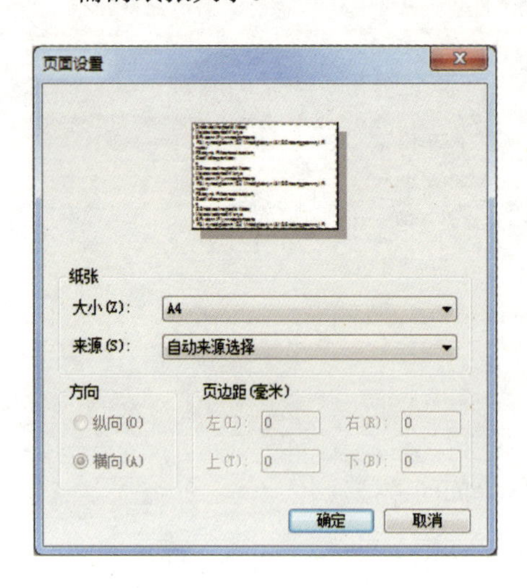

- 打印预览：使用指定的打印设置后，可以预览将要打印在纸张上的图像。
- 打印：快捷键为 Ctrl+P，用于打印 LayOut 页面中绘制的内容。
- 退出：该命令用于关闭当前 LayOut 文档。

2. 编辑

“编辑”菜单用于对 LayOut 中的图形元素进行编辑操作，包含：“剪切”“复制”“粘贴”“删除”等命令。

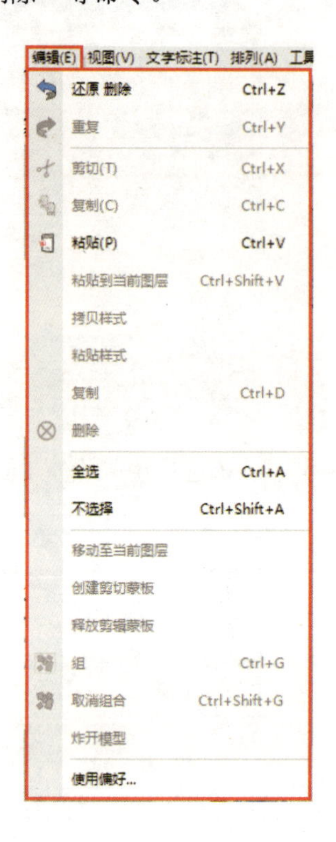

- 还原：快捷键为 Ctrl+Z，该命令右侧显示的是上一步操作的命令，执行该命令将返回上一步操作。
- 重复：快捷键为 Ctrl+Y，用于取消“还原”命令的操作。
- 剪切：快捷键为 Ctrl+X，用于对选中的图形元素进行剪切。
- 复制：快捷键为 Ctrl+C，用于对选中的图形元素进行复制。
- 粘贴：快捷键为 Ctrl+V，用于对执行完剪切和复制的图形元素进行粘贴。
- 粘贴到当前图层：快捷键为 Ctrl+Shift+V，将执行完剪切和复制的图形元素粘贴到当前编辑图层。
- 拷贝样式：执行该命令可以对选中图形元素的样式进行复制操作。
- 粘贴样式：执行该命令可以粘贴复制的样式。
- 复制：快捷键为 Ctrl+D，用于对选中的图形元素进行直接复制。
- 删除：快捷键为 Delete，用于对选中的图形元素进行删除。
- 全选：快捷键为 Ctrl+A，用于选中 LayOut 页面中的所有图形元素。
- 不选择：快捷键为 Ctrl+Shift+A，与“全选”命令相反，用于取消对当前所有图形元素的选择。
- 移动至当前图层：用于将选中的图形元素移到当前正在编辑的图层。
- 创建剪切蒙版：使用任意绘图工具在 SketchUp 模型或图像上绘制一个闭合形状，此闭合形状代表将要突出显示的图元部分。同时选中封闭形状和图元，选择“编辑”→“创建剪切蒙版”命令即可。详细步骤请参见 2.11 节创建剪切蒙版。

提示

为了提高操作效率，在选中封闭形状和图元的同时，单击鼠标右键同样也可以选择“创建剪切蒙版”命令。

- 释放剪辑蒙版：用于对选中的剪切蒙版执行释放操作。
- 组：快捷键为 Ctrl+G，用于对选中的两个或多个图形元素执行创建组合操作。
- 取消组合：快捷键为 Ctrl+Shift+G，对组合在一起的图形元素执行取消组合操作。
- 炸开模型：用于对插入进来的 SketchUp 模型视图执行炸开分解操作。
- 使用偏好：即 LayOut 的系统设置，执行该命令会弹出“LayOut 系统设置”对话框，可以对其“应用程序”“备份”“文件夹”“常规”“演示”“比例”“快捷方式”和“启动”8 个选项进行设置。
  - ➢ 应用程序：该选项来设置 LayOut 的图像、文字和表格这 3 个默认编辑器。

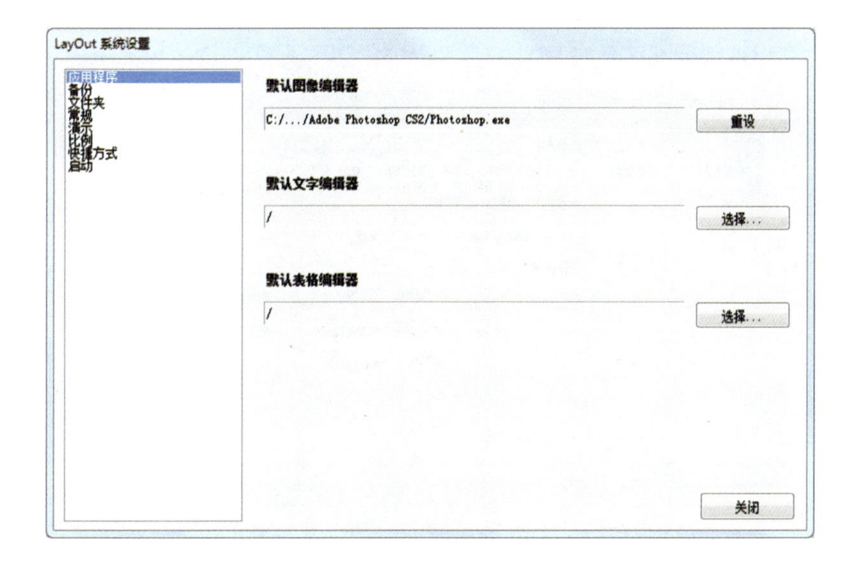

  - ➢ 备份：该选项用来设置 LayOut 的自动保存时间和备份文件。

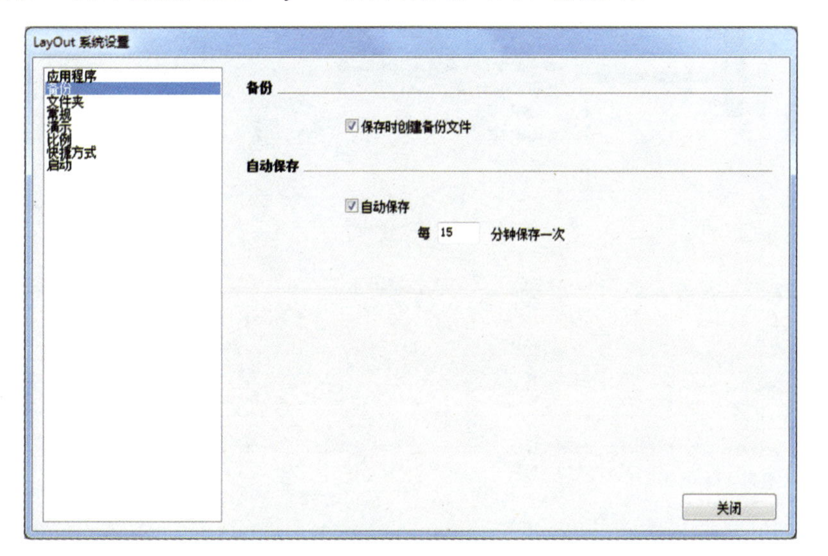

➢ 文件夹：该选项用来设置 LayOut 的模板、剪贴簿和图案填充图像文件的位置。

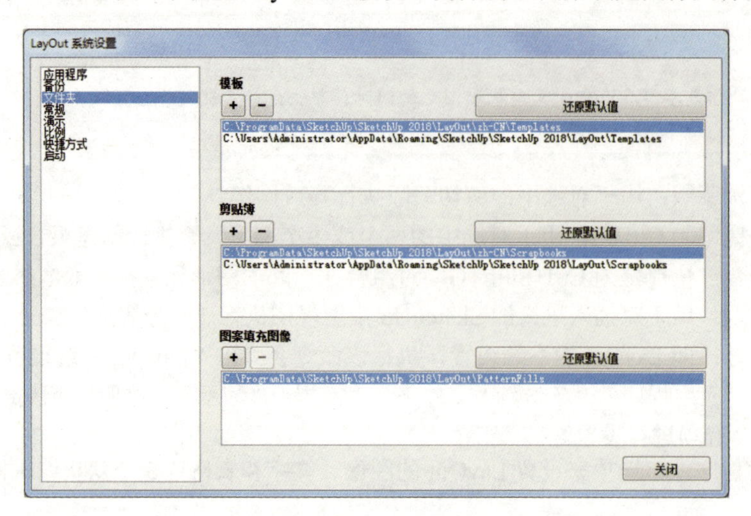

➢ 常规：该选项用来设置在 LayOut 中选中图形元素时不同图层所显示的颜色。

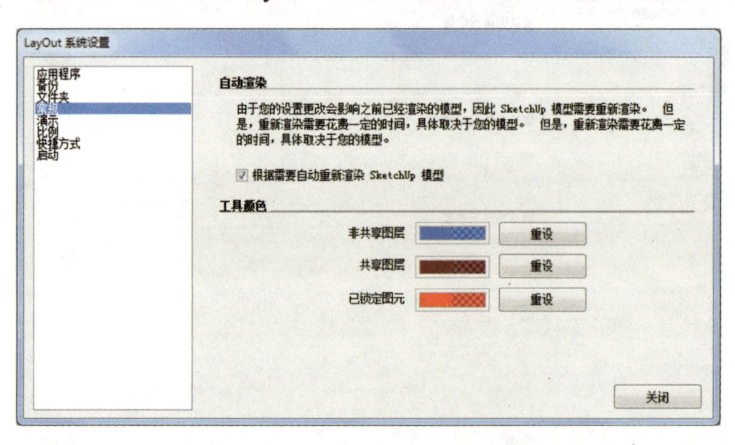

➢ 演示：该选项用来设置 LayOut 演示页面时的一些参数。

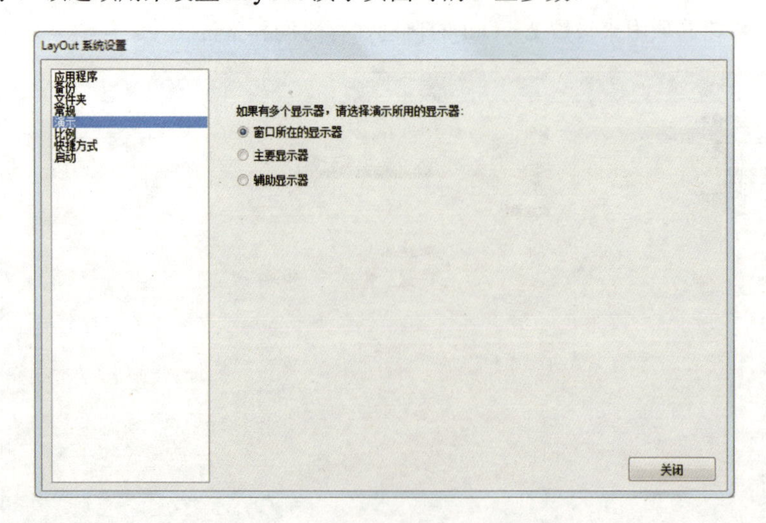

- 比例：该选项用来添加 LayOut 可用的模型比例或自定义比例。

LayOut 系统设置
应用程序
备份
文件夹
常规
演示
比例
快捷方式
启动
可用的模型比例
实际尺寸 (1:1)
3" = 1'-0" (1:4)
1 1/2" = 1'-0" (1:8)
1" = 1'-0" (1:12)
3/4" = 1'-0" (1:16)
1/2" = 1'-0" (1:24)
1/4" = 1'-0" (1:48)
1/8" = 1'-0" (1:96)
1" = 10' (1:120)
1/16" = 1'-0" (1:192)
1" = 20' (1:240)
1" = 30' (1:360)
1" = 40' (1:480)
1" = 50' (1:600)
1" = 60' (1:720)
1" = 100' (1:1200)
1" = 200' (1:2400)
1" = 300' (1:3600)
1" = 400' (1:4800)
1" = 500' (1:6000)
默认情况下显示所有比例
删除比例
比例文字
纸张
模型
<比例文字>
1
英寸
1
英寸
添加自定义比例
关闭

- 快捷方式：该选项用来设置并添加 LayOut 的快捷键。

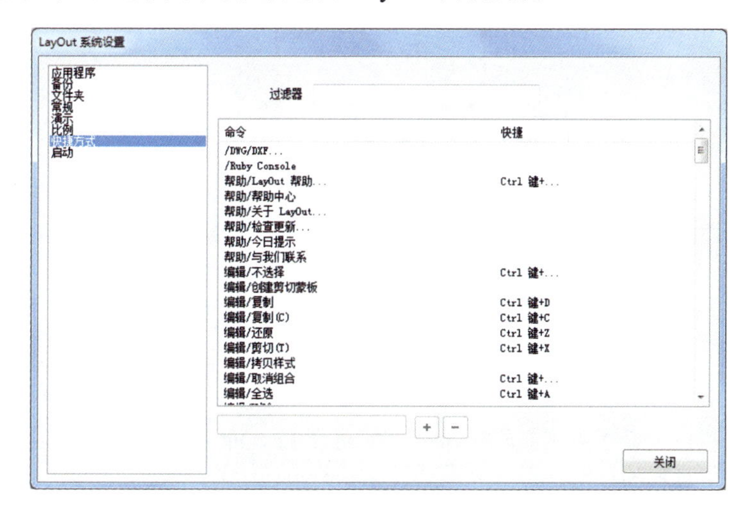

- 启动：该选项用来设置启动 LayOut 时需要开启的对话框。

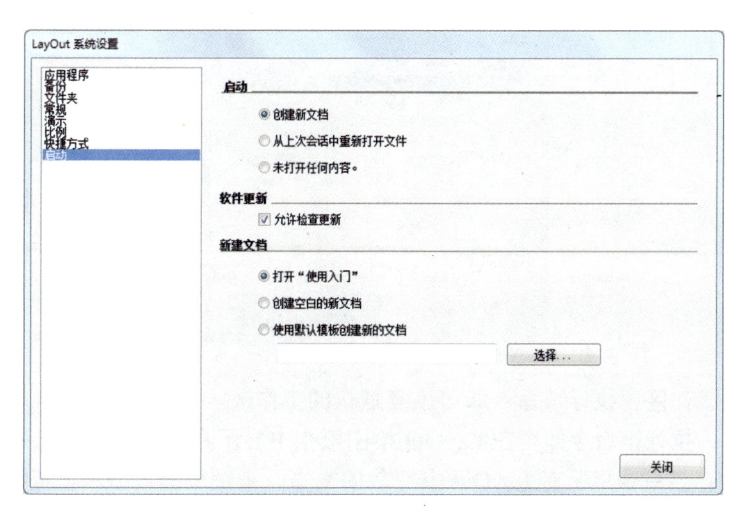

3. 视图

“视图”菜单中包含多个视图显示的命令。

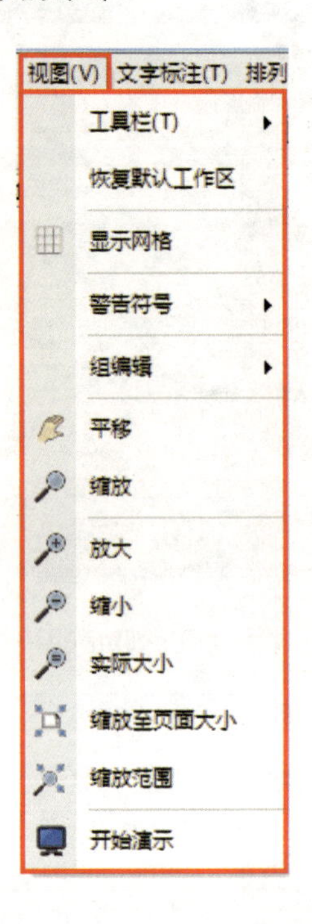

- 工具栏：该命令包含“主工具栏”和“自定”两个子命令。

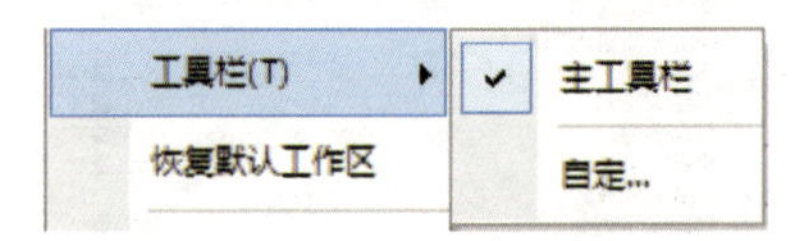

➢ 主工具栏：选择“主工具栏”命令，即可在 LayOut 界面中显示主工具栏；反之，则关闭主工具栏的显示。

➢ 自定：选择“自定”命令，即可在“自定义”对话框中自定义 LayOut 工具栏。

- 恢复默认工作区：执行该命令即可恢复默认的工作区。
- 显示网格：执行该命令即可在 LayOut 绘图纸张中显示网格；反之，则关闭网格的显示。
- 警告符号：该命令用于对 LayOut 中剪裁的文本、未渲染的模型和已断开连接的注释显示出警告符号，以提醒用户进行修改。

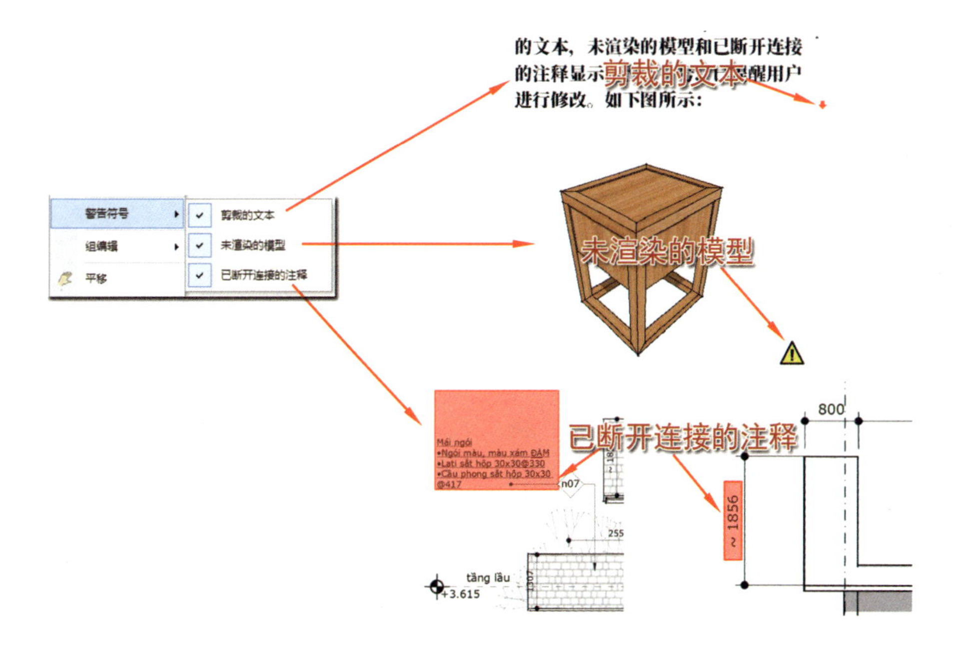

• 组编辑：该命令包含“隐藏文档的其余部分”子命令，进行组编辑时选择此命令即可隐藏除当前组外的剩余部分。

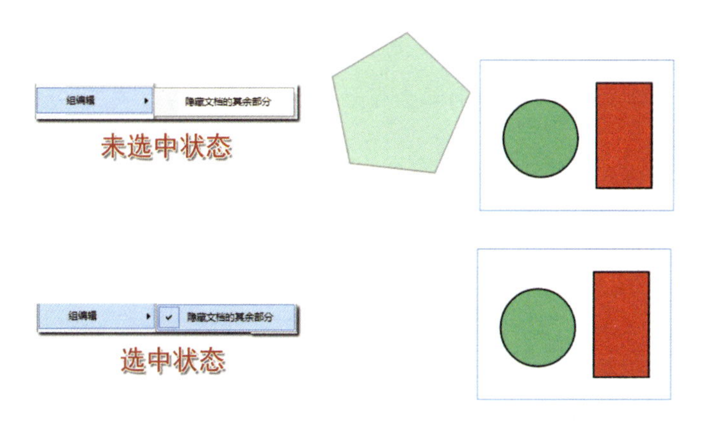

• 平移：快捷方式为按下鼠标滚轮，执行该命令可以对 LayOut 绘图进行平移操作。
• 缩放：同滚动鼠标滚轮，执行该命令后在绘图区中任意一处单击并按住鼠标，向上拖动或向上滚动鼠标滚轮即可放大图形（接近文档），向下拖动或向下滚动鼠标滚轮则可缩小（远离文档）图形。
• 放大：执行该命令即可在绘图区的任意一处进行放大。
• 缩小：执行该命令即可在绘图区的任意一处进行缩小。
• 实际大小：执行该命令可以将绘图区缩放到实际大小。
• 缩放至页面大小：执行该命令可以将绘图区缩放到适合页面的大小。
• 缩放范围：执行该命令可以将 LayOut 中的所有图形元素充满整个绘图区域。
• 开始演示：执行该命令可以对 LayOut 中的所有页面进行 PPT 切换演示。

4. 文字注释

“文字注释”菜单中包含的命令用于对文字、文字注释和自动图文集的样式进行设置。

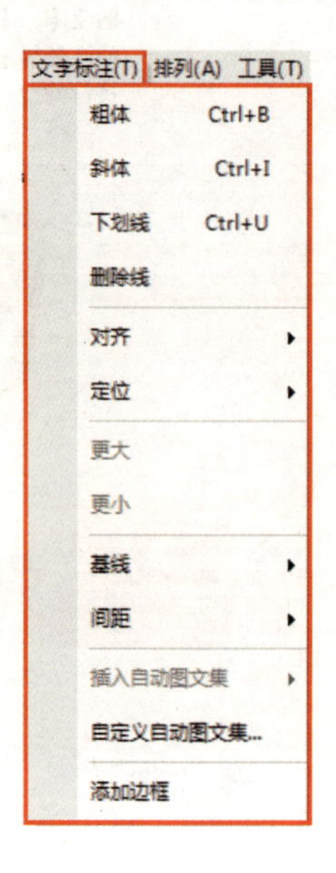

- 粗体：快捷键为 Ctrl+B，执行该命令可以将选中的文字、文字注释和自动图文集的内容字体设置成粗体。
- 斜体：快捷键为 Ctrl+I，执行该命令可以将选中的文字、文字注释和自动图文集的内容字体设置成斜体。
- 下画线：快捷键为 Ctrl+U，执行该命令可以在选中的文字、文字注释和自动图文集的下方设置下画线。
- 删除线：执行该命令可以在选中的文字、文字注释和自动图文集上设置一道删除线。

~~执行该命令可以在选中的文字、文字标签和自动图文集内容上设置一道删除线。如下图所示：~~

- 对齐：该命令包含“左视图”“中心”和“右视图”3 个水平对齐选项。

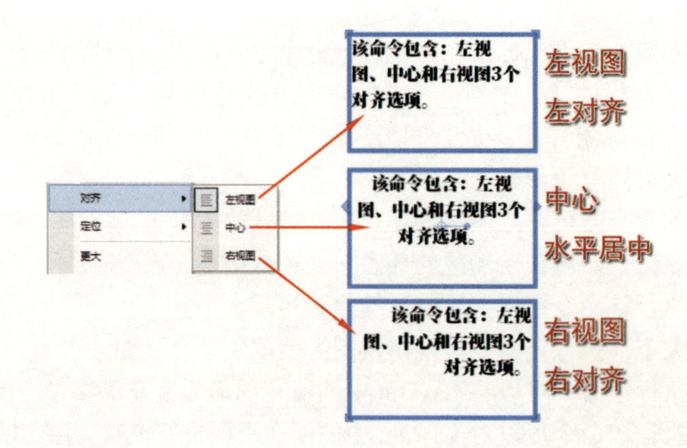

- 定位：该命令包含“顶视图”“中心”和“底视图”3 个垂直定位对齐选项。

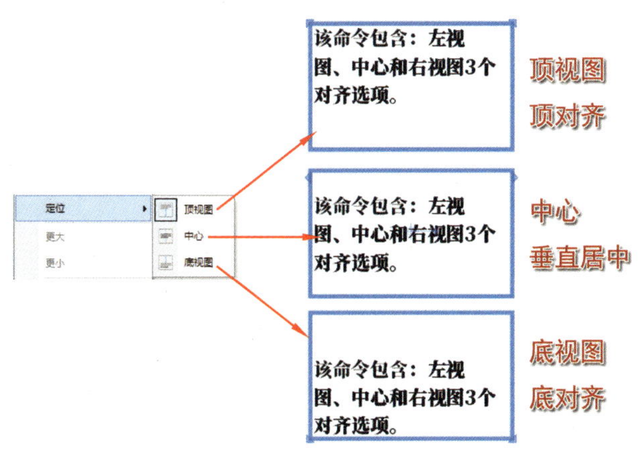

- 更大：执行该命令可以对选中的文字、文字注释和自动图文集的显示大小设置最大值（但不影响字体本身的大小）。
- 更小：执行该命令可以对选中的文字、文字注释和自动图文集的显示大小设置最小值（但不影响字体本身的大小）。
- 基线：该命令包含“使用默认值”“上标”和“下标”3 个样式选项。

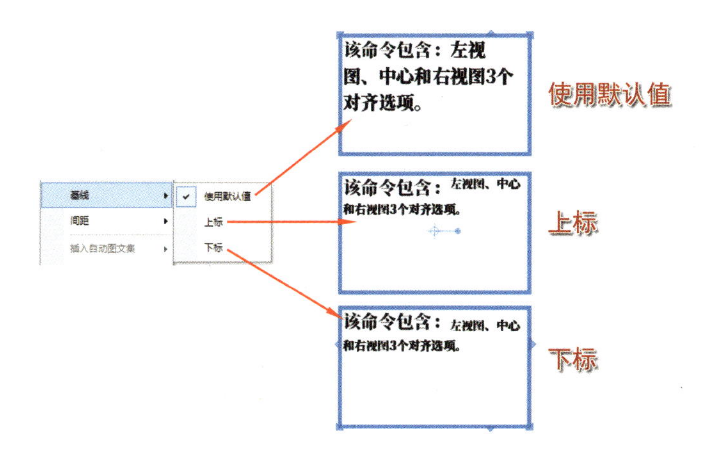

- 间距：该命令包含“单个图元”“一倍半”“2 倍行距”和“自定义”4 种间距选项。

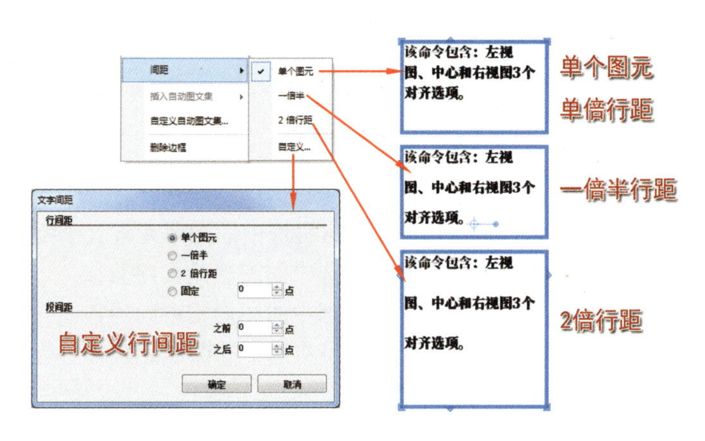

- 插入自动图文集：在文本框中通过执行该命令即可插入自动图文集。

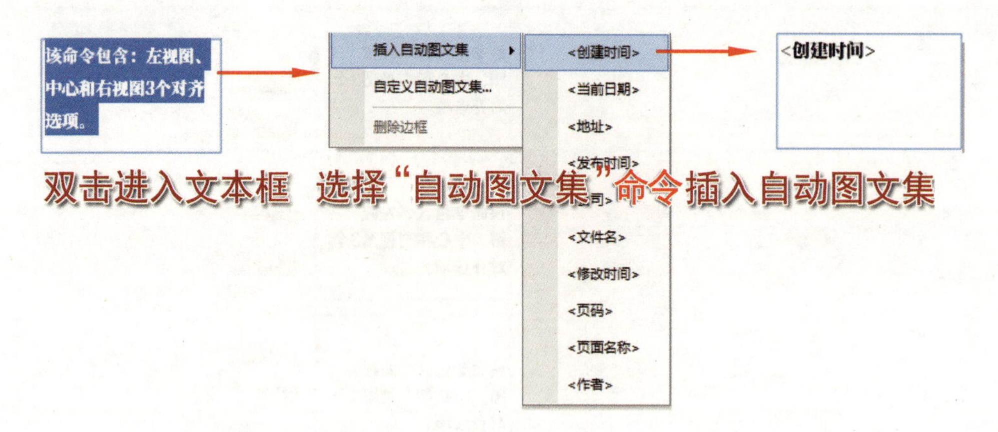

- 自定义自动图文集：执行该命令可以打开“文档设置”对话框，并显示“自动图文集”设置界面，设置添加自动图文集。
- 添加 / 删除边框：当选中文本框或文字注释时，此命令会显示为“删除边框”，这时选择该命令即可删除调整好的文本框（回到默认值）。

5. 排列

“排列”菜单用于对页面中的图形元素进行“对齐”和“镜像”等常用的排列设置。

- 置于最前：选中图形元素，执行该命令即可将选中的图形元素置于所有图形的最前方。
- 前移：选中图形元素，执行该命令即可将选中的图形元素向前移。
- 后移：选中图形元素，执行该命令即可将选中的图形元素向后移。
- 置于最后：选中图形元素，执行该命令即可将选中的图形元素置于所有图形的最后方。

- 对齐：选中多个图形元素，执行该命令即可对图形元素进行“左视图”（左对齐）、“右视图”（右对齐）、“顶视图”（顶对齐）、“底视图”（底对齐）、“垂直均分”和“水平均分”6 种方式的对齐操作。

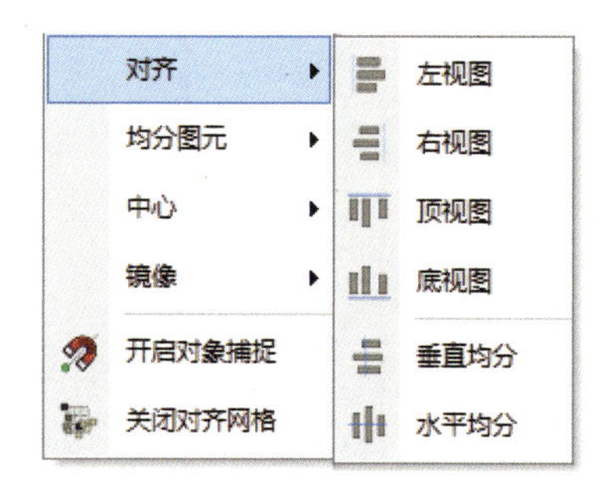

- 均分图元：选中多个图形元素，执行该命令即可将图形元素在垂直和水平方向上进行均分图元排列。

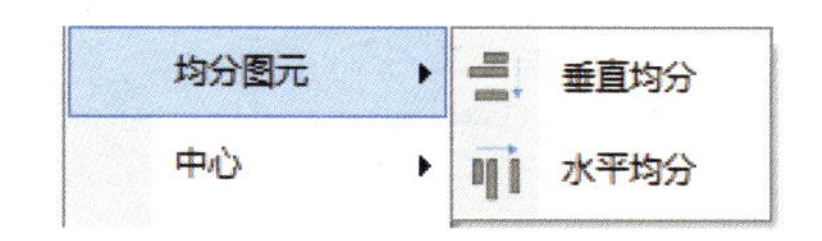

- 中心：选中图形元素，执行该命令即可将图形元素在页面上进行垂直和水平方向的居中排列。

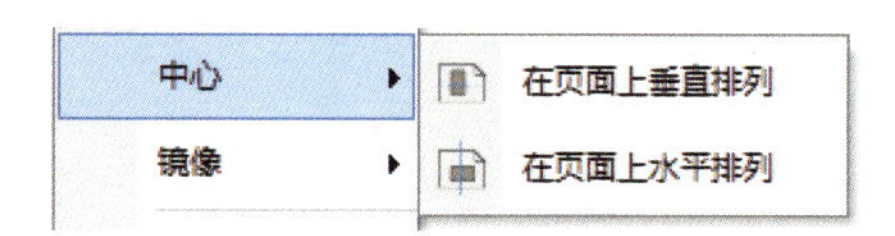

- 镜像：选中图形元素，执行该命令即可将图形元素进行上下翻转和从左到右的镜像操作。

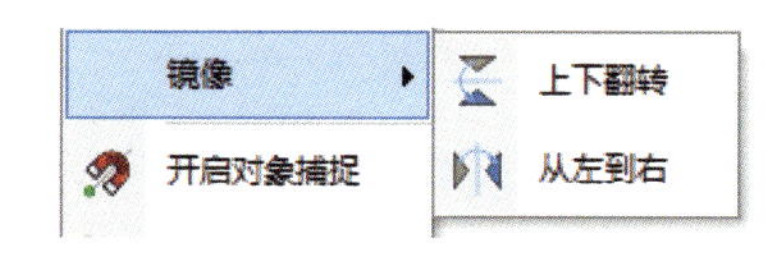

- 开启对象捕捉：执行该命令有助于在绘图时精确地捕捉对象，当打开“对象捕捉”功能时，此命令显示为“开启对象捕捉”，反之则为“关闭对象捕捉”。
- 关闭对齐网格：一般默认为关闭状态。执行该命令会开启“对齐网格”功能，适用于显示网格的页面上。当打开“对齐网格”功能时该命令显示为“开启对齐网格”；反之，则为“关闭对齐网格”。

6. 工具

“工具”菜单用于在页面中对图形元素、文字注释和表格尺寸进行绘制和修改。

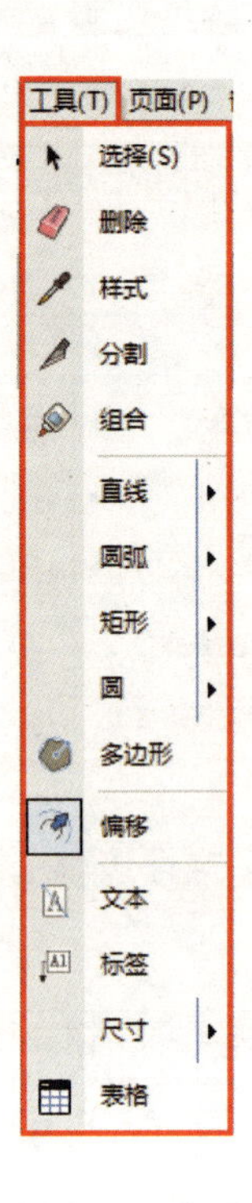

- 选择：用于选择图形元素，以便对该图形元素进行修改等编辑操作。
- 删除：该命令用于删除图形元素。
- 样式：该命令用于获取样式并将样式应用到图形元素。
- 分割：该命令用于在两个交迭形状的交点处进行拆分或者拆分线条。
- 组合：该命令用于组合具有相同顶点的线条。
- 直线：该命令包含“直线”和“手绘线”两个子命令。执行“直线”命令可以绘制边线或直线以及闭合形状；执行“手绘线”命令可以绘制不规则的手绘曲线。

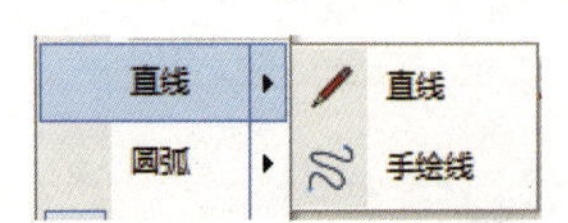

- 圆弧：该命令包含“圆弧”“两点圆弧”“3 点圆弧”和“扇形”4 个子命令。执行“圆弧”命令可以围绕圆心点绘制圆弧；执行“两点圆弧”命令可以通过定义起点、终点和凸起部分来绘制圆弧；执行“3 点圆弧”命令可以围绕一个支点绘制圆弧；执行“扇形”命令可以通过定义起点、终点和凸起部分来绘制圆弧。

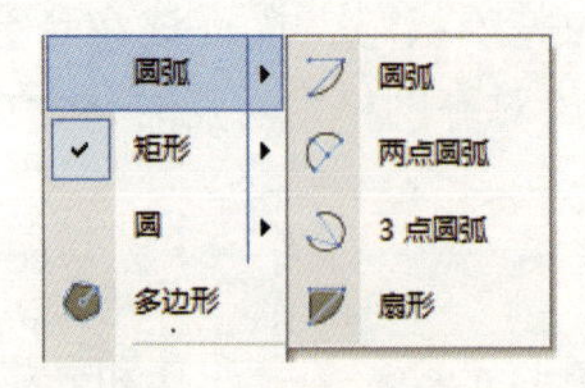

- 矩形：该命令包含“矩形”“圆角”“圆边矩形”和“凸起”4 个子命令。执行“矩形”命令可以绘制矩形；执行“圆角”命令可以绘制“圆角矩形”；执行“圆边矩形”命令可以绘制圆边矩形；执行“凸起”命令可以绘制两边凸起的矩形。

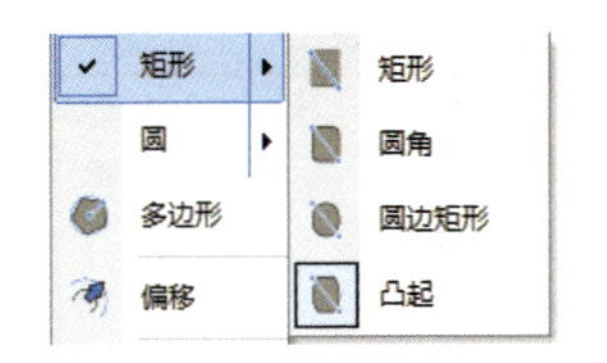

- 圆：该命令包含“圆”和“椭圆”两个子命令。执行“圆”命令可以绘制圆形；执行“椭圆”命令可以绘制椭圆形。

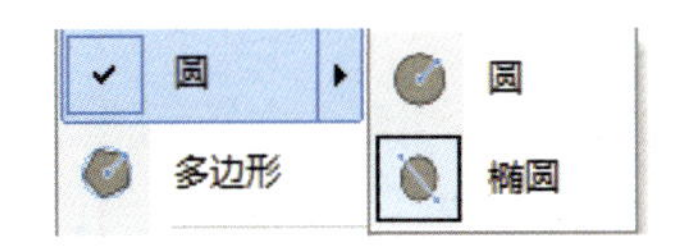

- 多边形：执行该命令可以绘制多边形。
- 偏移：执行该命令可以创建平面和边线的偏移。
- 文本：执行该命令可以创建文字。
- 标签：执行该命令可以创建带有引线的标签文字。
- 尺寸：该命令包含“线性”和“角度”两个子命令，执行“线性”命令可以绘制线性尺寸标注；执行“角度”命令可以绘制角度尺寸标注。

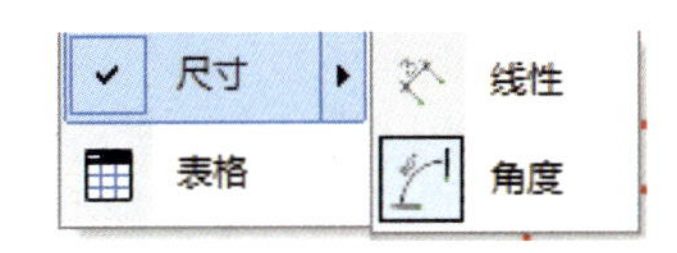

- 表格：执行该命令可以创建表格。

7. 页面

“页面”菜单用于在 LayOut 中对页面进行相关设置。

- 添加：执行该命令可以添加新的页面。
- 复制：执行该命令可以复制当前页面。
- 删除：执行该命令可以删除当前页面。
- 上一视图：执行该命令可以切换至上一个视图。
- 下一视图：执行该命令可以切换至下一个视图。

8. 窗口

“窗口”菜单用于在 LayOut 中对工具面板和相关参数进行设置及新建绘图窗口。

- 隐藏面板：执行该命令可以将 LayOut 界面右侧的工具面板隐藏，之后该命令则会变为“显示面板”。
- 颜色：选择该命令可以打开“颜色”面板；反之，则关闭“颜色”面板。
- 图案填充：选择该命令可以打开“图案填充”面板；反之，则关闭“图案填充”面板。
- 形状样式：选择该命令可以打开“形状样式”面板；反之，则关闭“形状样式”面板。
- SketchUp 模型：选择该命令可以打开“SketchUp 模型”面板；反之，则关闭“SketchUp 模型”面板。
- 按比例的图纸：选择该命令可以打开“按比例的图纸”面板；反之，则关闭“按比例的图纸”面板。
- 尺寸样式：选择该命令可以打开“尺寸样式”面板；反之，则关闭“尺寸样式”面板。
- 文字样式：选择该命令可以打开“文字样式”面板；反之，则关闭“文字样式”面板。
- 页面：选择该命令可以打开“页面”面板；反之，则关闭“页面”面板。
- 图层：选择该命令可以打开“图层”面板；反之，则关闭“图层”面板。
- 剪贴簿：选择该命令可以打开“剪贴簿”面板；反之，则关闭“剪贴簿”面板。
- 工具向导：选择该命令可以打开“工具向导”面板；反之，则关闭“工具向导”面板。
- 新建面板：执行该命令会弹出“添加面板”对话框，用于在 LayOut 界面的工具面板中新建一个工具面板。

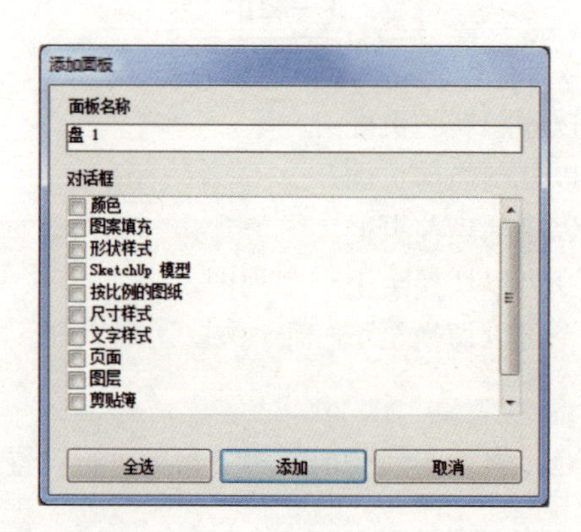

- 新建窗口：快捷键为 Ctrl+Shift+N，执行该命令会在 LayOut 界面新建一个绘图窗口。

9. 帮助

“帮助”菜单用于用户了解 LayOut 软件的详细信息和最新资讯。

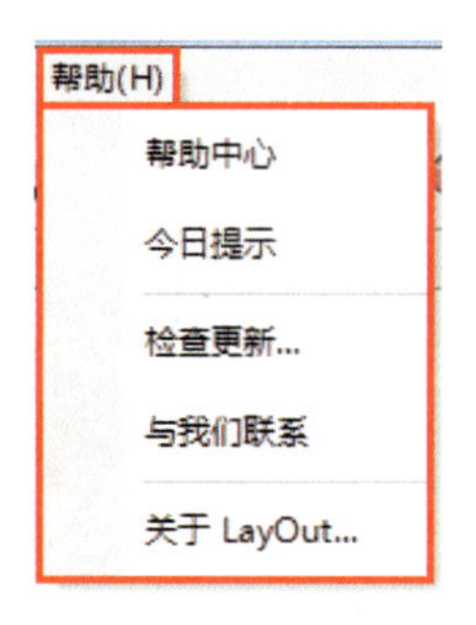

- 帮助中心：执行该命令可以打开“SketchUp Help Center”网页，里面有关于 LayOut 的难点解析，以及最新资讯（由于软件服务器在国外，打开网页时有些慢，并且内容是全英文的）。
- 今日提示：执行该命令可以打开“今日提示”对话框，对话框中显示 LayOut 的特色功能介绍。

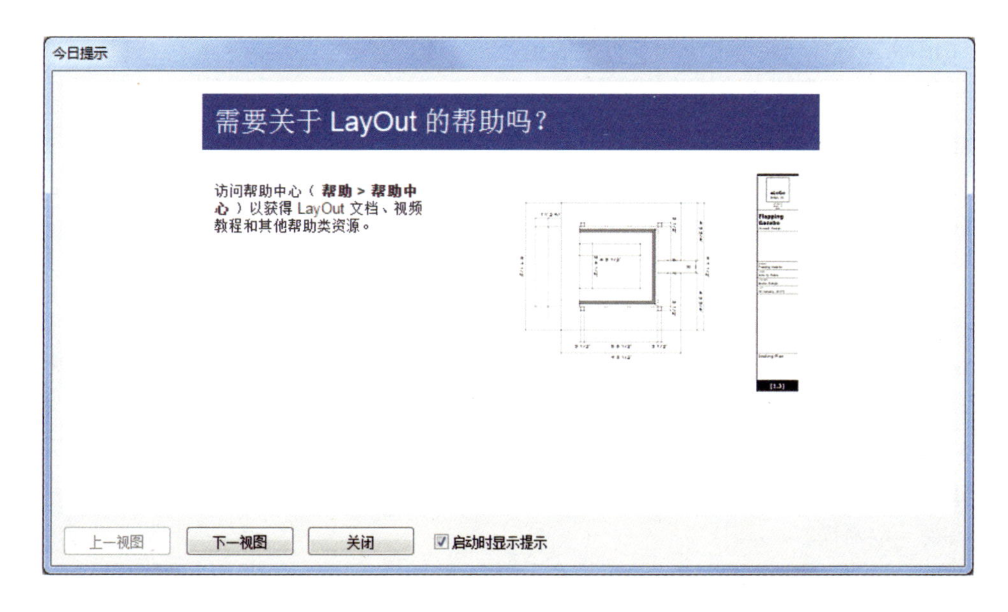

- 检查更新：执行该命令可以打开“检查更新”提示框，会提示软件的版本是否需要更新。

第1章
第2章
第3章
第4章
第5章
第6章

- 与我们联系：执行该命令同样可以打开“SketchUp Help Center”网页。
- 关于 LayOut：执行该命令可以打开“关于 LayOut”对话框，查看 LayOut 版本。

2.1.4 主工具栏介绍

工具栏用于帮助用户快速地找到工具命令，汇集了 LayOut 中所有工具的图形按钮，能让用户方便地使用各种命令。

1. 选择工具（空格键）

用来选择图纸上的各种元素。

功能键如下：

- Ctrl = 向一组选定的图元中添加图元。
- Shift+Ctrl = 从一组选定的图元中去掉某个图元。
- Shift = 切换选择某个图元是否在选定的图元组中。
- Ctrl+A = 选择当前页面中所有可见的图元。
- Alt + 点按并拖动 = 选择并移动图元。

按比例调整图元大小：

- Shift = 按比例缩放。
- Control = 缩放并居中。
- Alt = 复制并矩阵。

2. 绘图工具

用于绘制线条及图形。虽然大多数绘图操作会在 SketchUp 中完成，但依然需要使用这些工具在 LayOut 中绘制图形、线条、符号等。

（1）直线工具包含“直线”和“手绘线”两个工具。用于绘制直线、曲线及闭合形状。

功能键如下：

- Esc = 取消操作。
- Shift = 将直线锁定至红色或绿色轴线。

创建直线的具体步骤如下：

① 在直线的起点处单击。

② 移动鼠标指针。

③ 在直线的终点处单击（如果只创建直线，双击即可）。

④（可选）移动鼠标指针并单击，创建连接的直线。

⑤（可选）重复步骤④以创建相连的直线。

⑥ 移至第一条线条的起点，即可创建闭合的形状。

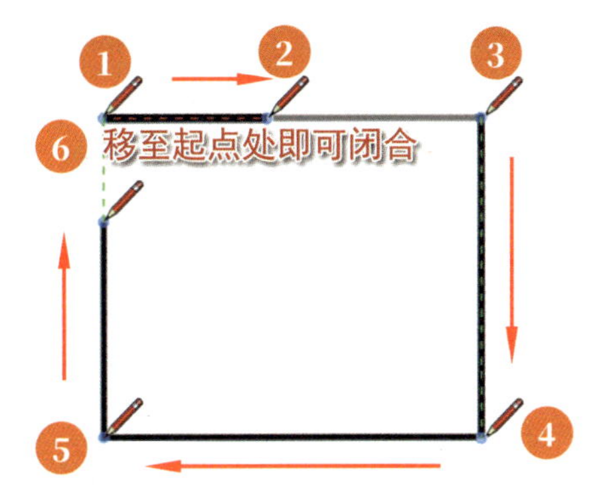

创建曲线的具体步骤如下：

① 单击并按住鼠标左键，以建立起点。

② 将鼠标指针移动一定的距离作为曲线长度，松开鼠标左键。

③ 以顺时针或逆时针移动鼠标指针，设置凸起。

④ 松开鼠标按键完成曲线的绘制，双击即可结束创建曲线的操作。

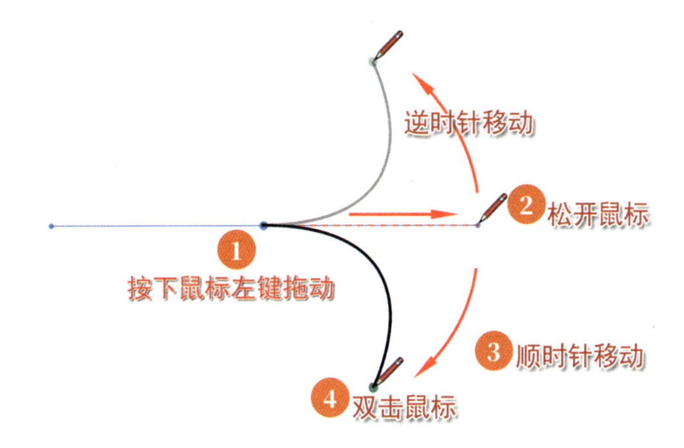

手绘线工具：用于绘制不规则的手绘曲线。

创建手绘线条的具体步骤如下：

① 单击并按住鼠标左键，以确定起点。

② 拖动鼠标进行绘制。

③ 松开鼠标停止绘制。

④（可选）终点和起点重合可以绘制闭合的形状。

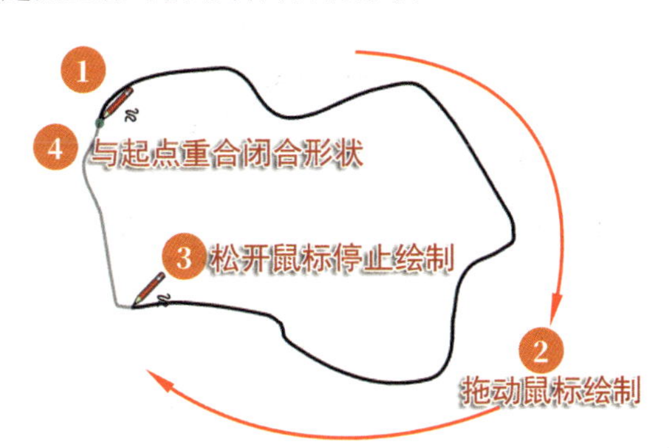

（2）圆弧工具包含“圆弧”“两点圆弧”“3 点圆弧”和“扇形”4 个工具。

圆弧工具：围绕圆心点绘制圆弧。

创建圆弧的具体步骤如下：

① 单击建立圆心点。

② 从中心点位置移开鼠标。

③ 单击建立起点。

④ 以顺时针或逆时针移动鼠标。

⑤ 单击完成圆弧的绘制。

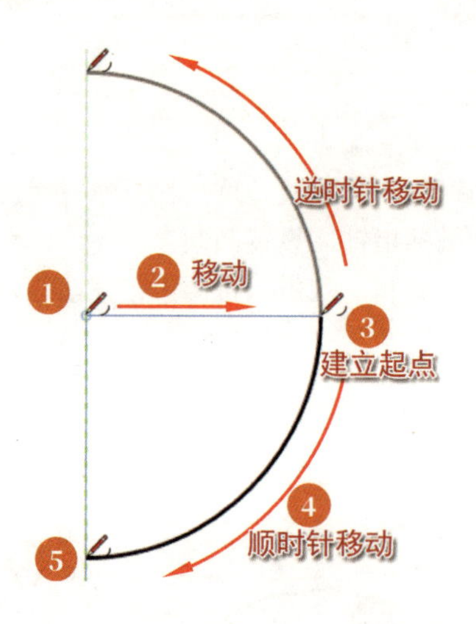

提示

使用所有圆弧工具时可以使用的功能键只有Esc键（取消操作）。

两点圆弧工具：通过定义起点、终点和凸起部分来绘制圆弧。

创建两点圆弧的具体步骤如下：

① 单击放置圆弧的起点。

② 将鼠标指针移至弦的终点。

③ 单击定位圆弧的终点。

④ 沿垂直于两点之间的直线向上或向下移动鼠标指针。

⑤ 单击完成圆弧的绘制。

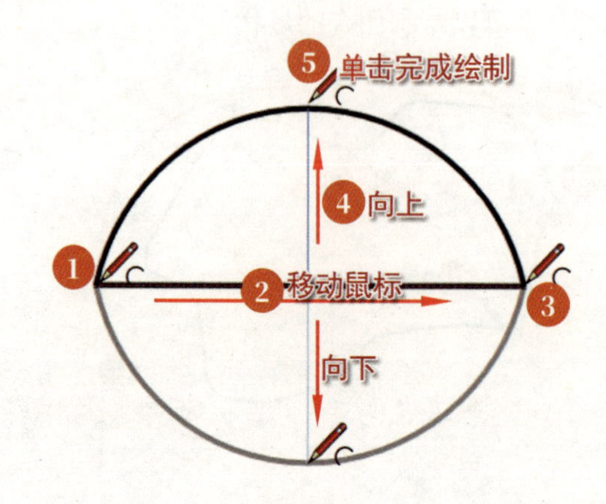

3 点圆弧工具：围绕一个支点绘制圆弧。

创建 3 点圆弧的具体步骤如下：

① 单击设置圆弧的起点。

② 从起点位置移开鼠标指针。

③ 单击设置第二个点。

④ 从✚处移开鼠标指针。

⑤ 单击完成圆弧的绘制。

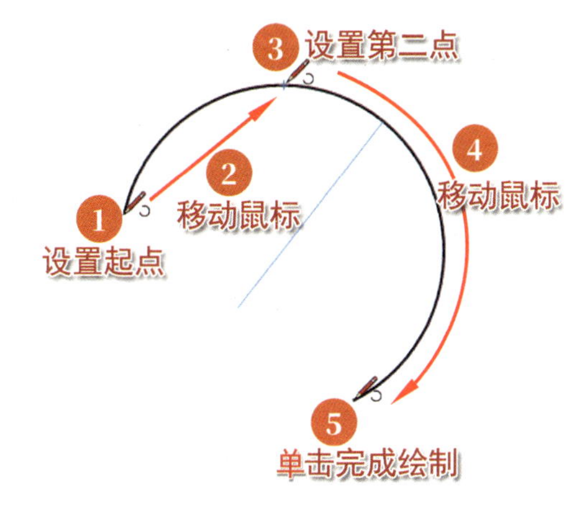

扇形工具：围绕圆心点绘制圆弧。

创建扇形的具体步骤如下：

① 单击建立圆心点。

② 从中心点移开鼠标指针。

③ 单击建立起点。

④ 顺时针或逆时针移动鼠标。

⑤ 单击完成扇形的绘制。

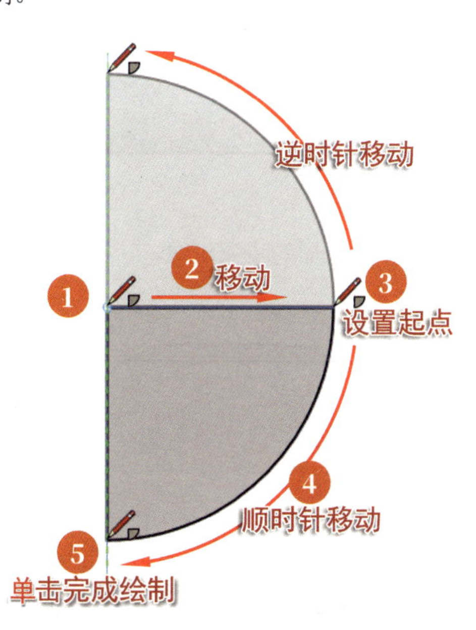

（3）矩形工具包含“矩形”“圆角”“圆边矩形”和“凸起”4个工具。

矩形工具：绘制普通矩形。

创建矩形的具体步骤如下：

① 单击设置起点。

② 向对角方向移动鼠标。

③ 单击完成矩形的绘制。

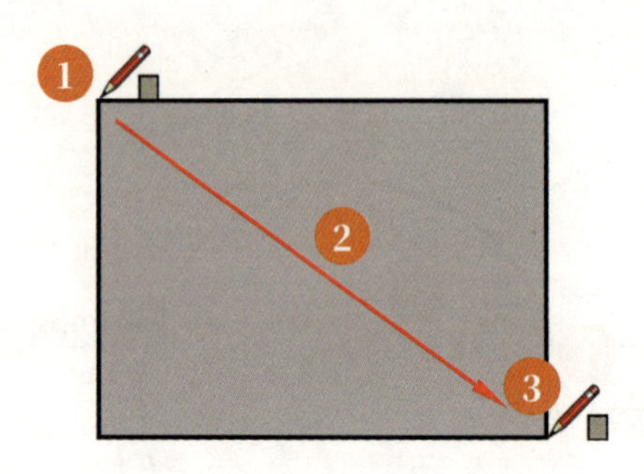

提示

使用所有矩形工具时运用的功能键如下：

- Shift：约束为正方形。
- Ctrl：以中心为基准创建正方形。
- 上/下箭头键：圆角。

圆角工具：绘制圆角矩形。

创建圆角矩形的具体步骤与创建矩形的步骤相似。

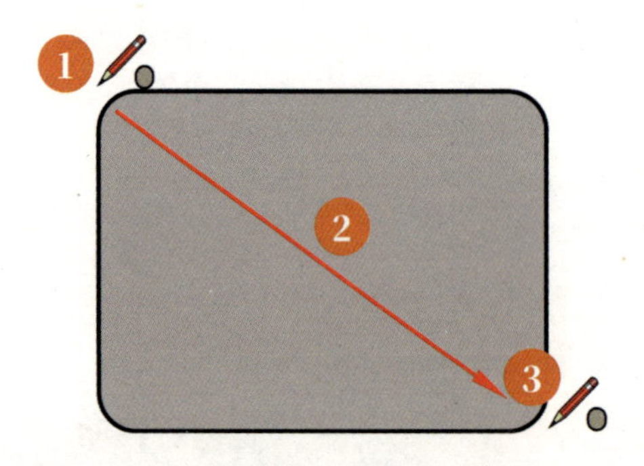

圆边矩形工具：绘制圆边矩形。

创建圆边矩形的具体步骤与创建矩形的步骤相似。

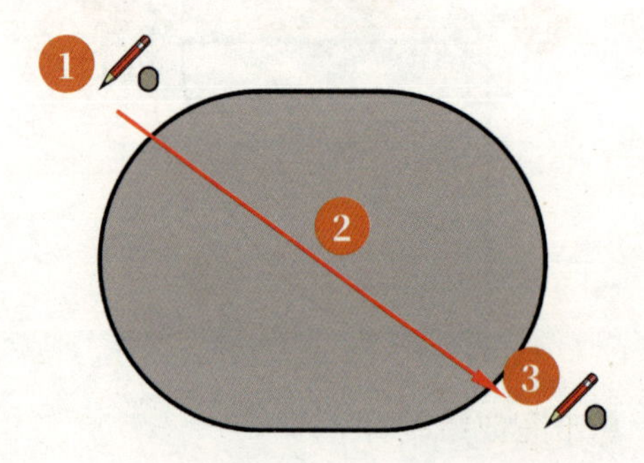

凸起工具：绘制凸起矩形。
创建凸起矩形的具体步骤与创建矩形的步骤相似。

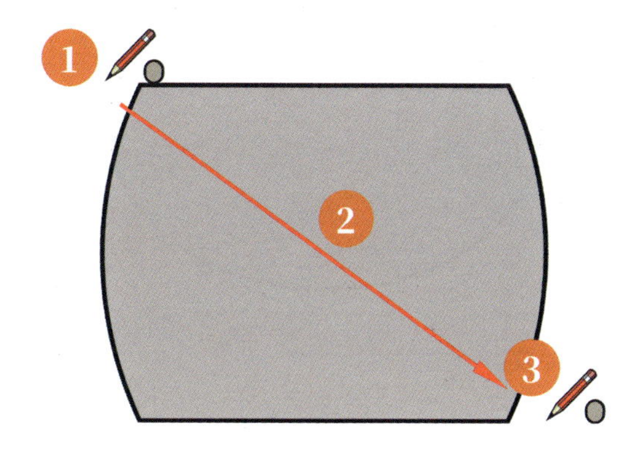

（4）圆工具包含“圆”和“椭圆”两个工具。
圆工具：用于绘制圆形。
其功能键只有 Esc 键（取消操作）。

创建圆形的具体操作如下：

① 单击定位起点（圆心）。
② 从起点（圆心）向外移动鼠标以定义半径（或输入半径数值）。
③ 单击完成圆的绘制。

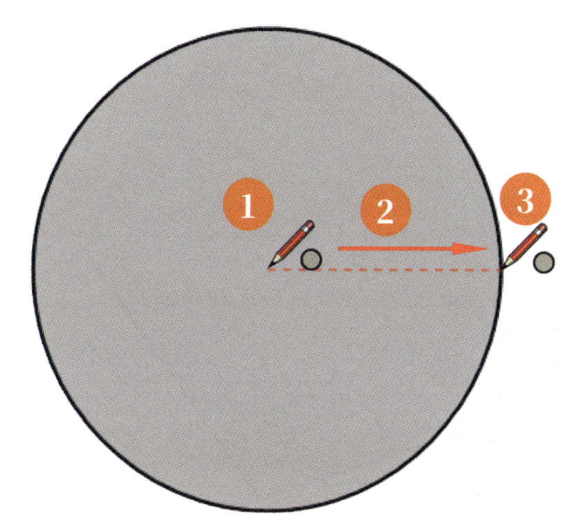

椭圆工具：用于绘制椭圆形。

功能键如下：

- Esc = 取消操作。
- Shift = 约束为圆。
- Ctrl = 以中心为基准绘制椭圆。

创建椭圆形的具体操作如下：

① 单击定位起点。
② 从起点位置移开鼠标。
③ 单击完成椭圆形的绘制。

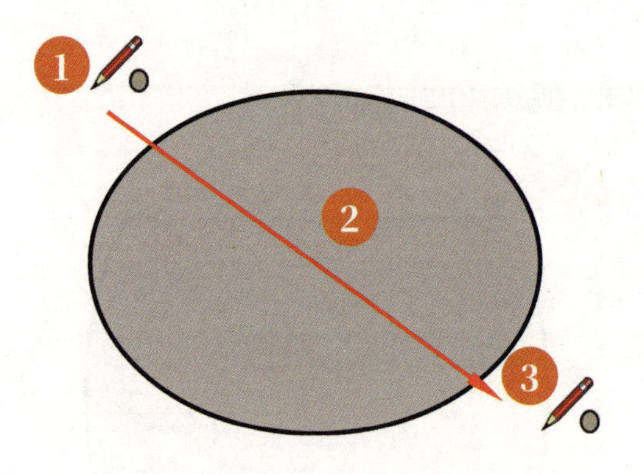

多边形工具：用于绘制多边形图元。

功能键如下：

- Esc = 取消操作。
- Shift = 将多边形的边锁定至轴线。

创建多边形的具体操作如下：

① 单击定位中心点。

② 从中心点位置向外移动鼠标以定义半径（或输入半径数值）。

③ 单击完成多边形的绘制。

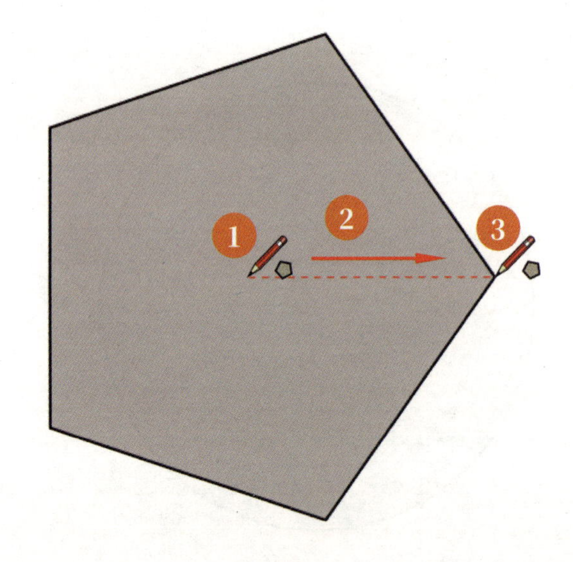

提示

多边形默认绘制出的是正五边形，要绘制其他正多边形，可以在执行“多边形”命令时输入任意数字+S，即可绘制出该数字的正多边形（如“8S”，就是正八边形）。

3. 偏移工具

偏移工具用来偏移各种平面图形和边线对象。

偏移对象的具体操作如下：

① 单击平面或边线。

② 将鼠标指针移动所需的偏移距离，或输入偏移值。

③ 单击以确定偏移距离。

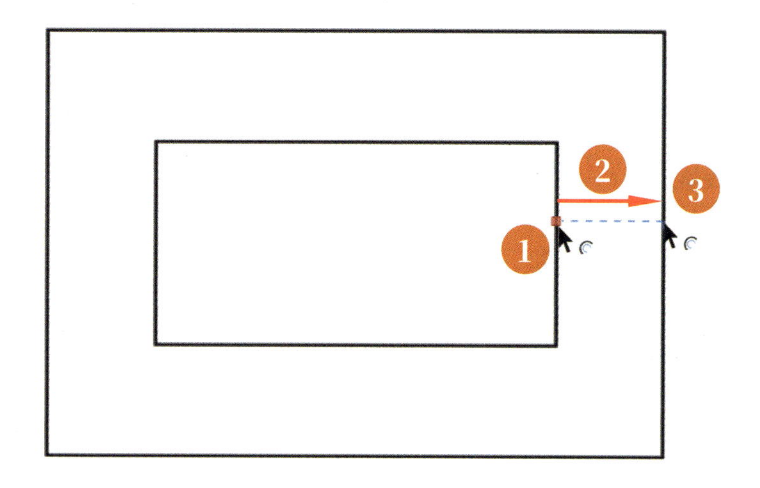

提示

在输入的偏移数值的后面加上“X”，如“3X”则表示同距离偏移3个图形。

4. 注释工具

导入模型后，在模型视图上可以用注释工具做尺寸标注及说明。

（1）文本工具：用于创建文字。

功能键如下：

Ctrl = 以中心为基准创建正方形文字框。

创建文字的具体操作请参考 2.7 一节中文本框的创建和编辑修改部分。

（2）标签工具：用于创建带有引线的文字标签。

功能键如下：

- Esc = 取消操作。
- Ctrl = 切换标签方向。
- Alt = 创建第二段而不进行水平约束。

创建标签的具体操作请参考 2.7 一节中多种文字注释的创建。

（3）尺寸工具：包含“线性”和“角度”两个工具。

线性尺寸工具功能键如下：

- Esc = 取消操作。
- Alt = 解除水平、垂直或竖直方向的尺寸锁定。
- Ctrl = 小角度引线参考锁定。

角度尺寸工具功能键如下：

Esc = 取消操作。

创建尺寸的具体操作请参考 2.5 一节添加尺寸标注和 2.6 一节高级尺寸标注技巧等内容。

5. 表格工具

表格工具用于创建表格。

创建表格的具体操作如下：

① 单击设置表格端点。

② 向对角方向移动鼠标。

③ 单击设置列数和行数。

④ 向对角方向移动鼠标。

⑤ 单击设置表格大小。

6. 修改工具

这一系列工具功能很多，相信大家对这些工具也不陌生。“删除（橡皮擦）工具”用于删除元素；“样式（吸管）工具”用于将图形元素的材质或者样式复制到另一个图形元素上；“分割（切片）工具”用于添加分割线；“组合工具”用于连接断点重叠的线。

（1）删除工具：用于删除 LayOut 页面中的图形元素。

功能键如下：

Esc = 取消操作。

具体操作：单击要删除的图元，或者按住鼠标在图元上移动，松开鼠标后所有图元就会被删除。

（2）样式工具：用于获取样式并将样式应用到图元。

功能键如下：

Esc = 取消操作。

具体操作如下：

① 单击剪贴簿或文档区中的图元，以获取该图元的样式。

② 将鼠标指针移动到文档区的图元上。

③ 单击可应用获取的样式。

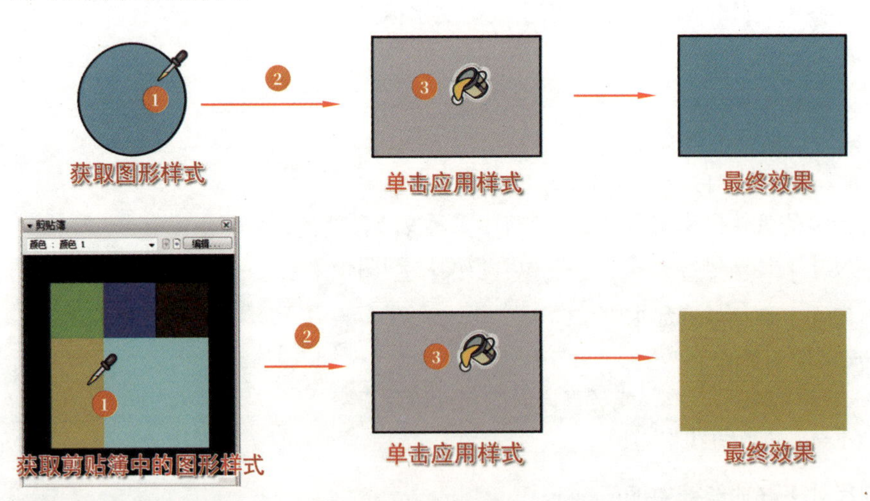

（3）分割工具：在两个交叠形状的交点处进行拆分或者拆分线条。

功能键如下：

Esc = 取消操作。

分割图形的具体操作如下：

① 单击第一个和第二个图形之间的一个交点（边线交迭的地方）。

② 单击第一个和第二个图形之间的另一个交点。

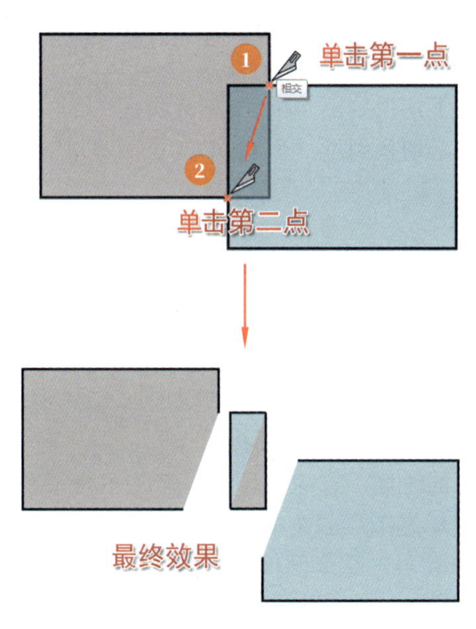

（4）组合工具：用于组合具有相同顶点的线条。

功能键如下：

Esc = 取消操作。

组合图形的具体操作如下：

① 单击第一个图形。

② 单击第二个图形。

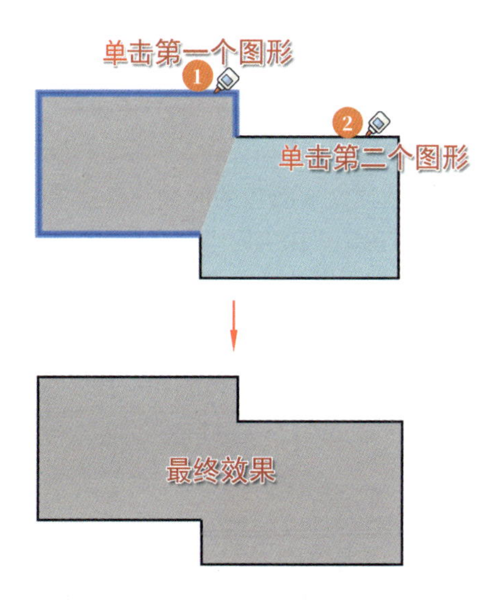

7. 开始演示

单击此按钮，将进入全屏演示模式。在演示模式下，用户界面将会消失，文档将全屏展示，单击鼠标即可翻页，并且可以使用“铅笔工具”添加标记及注释。这类似于 Office 套装中的 PowerPoint 演示软件，也就是人们所熟悉的 PPT 演示功能。详细内容请参考 2.10 一节中创建演示文稿的讲解。

8. 页面工具

从左至右分别是“添加工具”“上一视图工具”“下一视图工具”。

- 添加工具：用于添加一个新的 LayOut 页面。
- 上一视图工具：用于切换到上一个 LayOut 页面。
- 下一视图工具：用于切换到下一个 LayOut 页面。

2.1.5 工具面板介绍

默认的工具面板包括颜色、形状样式、SketchUp 模型、图案填充、按比例的图纸、尺寸样式、文字样式、页面、图层、剪贴簿、工具向导等，各面板皆可以在“窗口”菜单下设置打开或者关闭。在这里先为大家介绍每一个面板的定义，在之后的章节中再为大家详细介绍每个面板的用法。

1. 工具向导（特别推荐新用户关注这个面板）

刚开始接触 LayOut 软件的时候，有的人可能对有些工具不了解，或者一时忘记怎么使用某项工具。这时工具向导会用动态图片加文字的方式介绍工具的用途及使用方法，非常人性化。主工具栏中的绝大部分命令都可以在这个面板中找到详细的使用方法。

2. 颜色

在选择形状填充颜色、边线颜色或文字颜色的时候，会自动弹出“颜色”面板。此时，可以根据自己的需要通过“滚轮”“RGB”“HSB”“灰度”“图像”“列表”各选项卡中的方式设置颜色、灰度和不透明度。还可以把常用的颜色保存在面板下方的颜色储存仓中，方便使用。

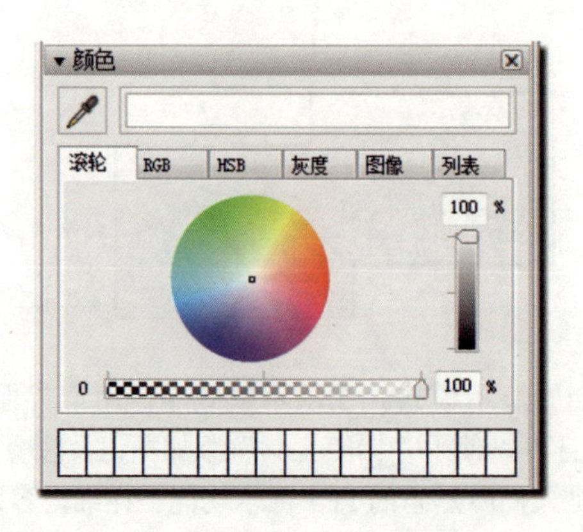

- 吸管工具：单击该按钮可以吸取计算机上任何文件（软件）上的颜色。
- 颜色显示窗：位于“吸管工具”的右侧，可以显示所吸取的颜色。
- 颜色配色选项卡栏：位于“吸管工具”和颜色显示窗的下方，有“滚轮”“RGB”“HSB”“灰度”“图像”和“列表”6 个选项卡可供选择。
  - ➢ 滚轮：单击该选项卡，可以设置滚轮配色模式。

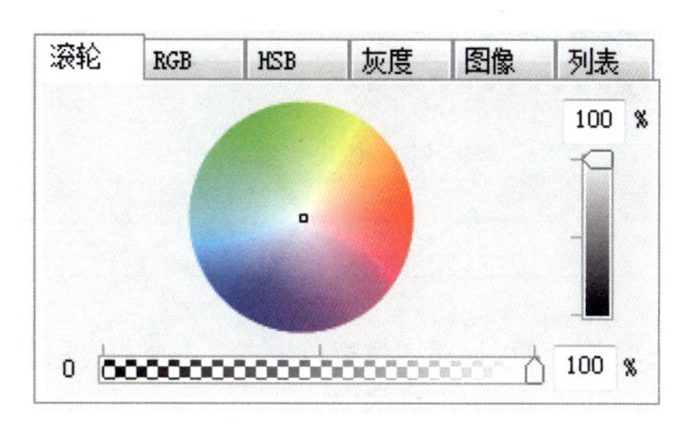

提示

“取色盘”用于拾取颜色；亮度条用于调整所拾取颜色的亮度；不透明条用于调整所拾取颜色的不透明度。

  - ➢ RGB：单击该选项卡，可以设置 RGB 配色模式。主要包含“红轴”“绿轴”“蓝轴”和“不透明”4 个配色条。

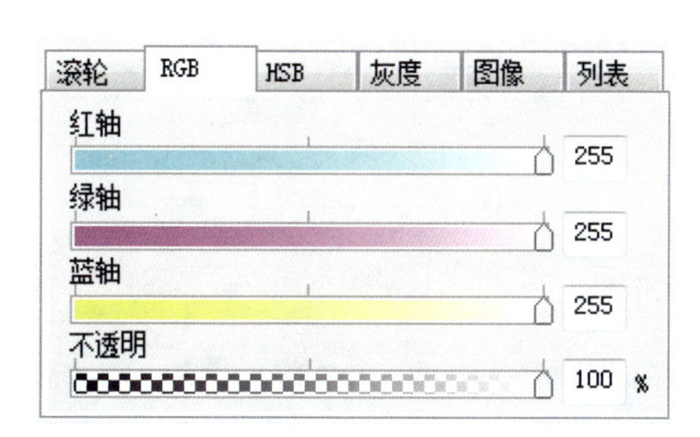

  - ➢ HSB：单击该选项卡，可以设置 HSB 配色模式。主要包含“色调”“饱和度”“亮度”和“不透明”4 个配色条。

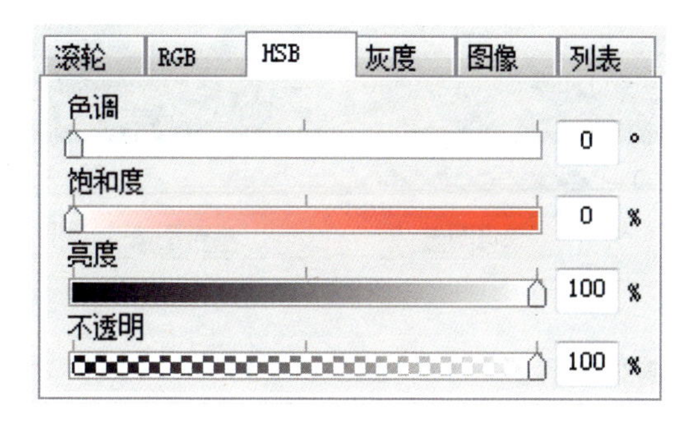

➢ 灰度：单击该选项卡，可以设置灰度配色模式。主要包含“灰色”和“不透明”两个配色条。

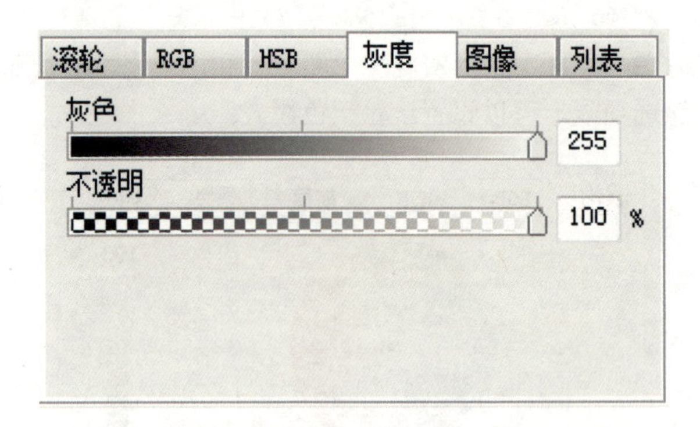

➢ 图像：单击该选项卡，可以设置图像配色模式。主要包含取色板、“不透明”配色条，以及“选择图像”和“重置图像”按钮。

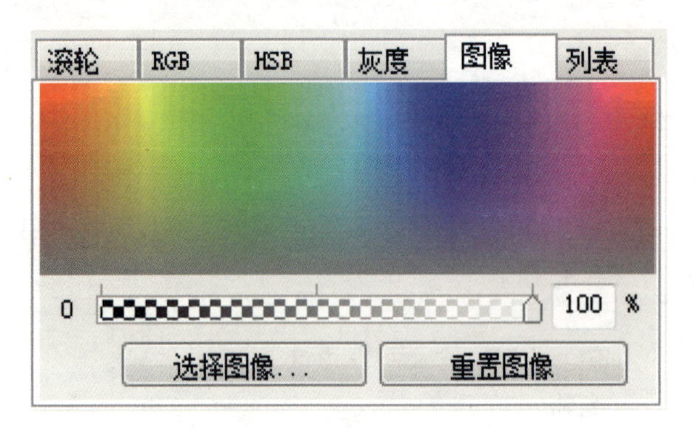

提示

“选择图像”按钮 选择图像... ：单击该按钮可以选择计算机中的任意图像文件作为取色对象。

“重置图像”按钮 重置图像 ：单击该按钮可以重新回到默认的取色板。

➢ 列表：单击该选项卡，可以设置列表配色模式。主要包含颜色列表框和“不透明”配色条。

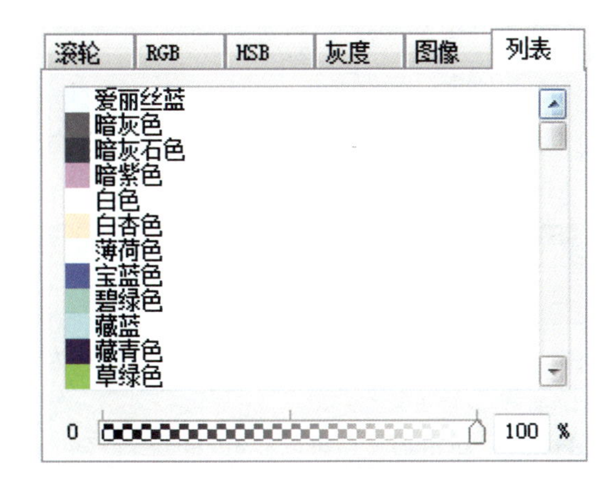

- 颜色储存仓：位于颜色面板的最下方，可以把常用的颜色拖到该储存仓进行储存。

提示

当拖动颜色到已有颜色的储存仓时，则该储存仓的颜色将会被替换。

3. 形状样式

“形状样式”面板主要用于改变图形的样式。其中的“填充”和“图案”按钮用于设置图形是否填充颜色和图案，“颜色”和“图案”可以单独设置，也可以共同设置；而“笔触”用于设置线段的外观颜色和线宽、线型和线型比例，以及端点的样式和箭头形式大小（其中 PC 版的 LayOut“形状样式”面板中“起点箭头”和“末端箭头”会有很大概率的显示不全问题，但不影响功能。而 Mac 版则没有此现象）。

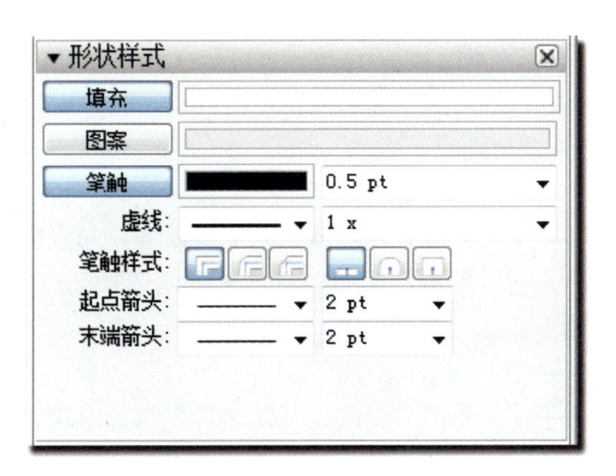

当使用这个面板时，可以先选择图形线段再改变其样式；也可以先设置所需要的图形样式，然后再绘制图形。

- 填充。
  - ➢“填充”按钮 填充：单击该按钮可以显示 / 隐藏 LayOut 中图形元素的填充色块，默认为显示状态。
  - ➢ 填充色显示框：位于“填充”按钮的右侧，单击该显示框可以打开“颜色”面板，对图形的颜色进行更改，默认为白色。
- 图案。
  - ➢“图案”按钮 图案，单击该按钮可以显示 / 隐藏 LayOut 中图形元素的填充图案，默认为隐藏状态。
  - ➢ 填充图案显示框：位于“图案”按钮的右侧，单击该显示框可以打开“图案填充”面板，对图形进行图案填充，默认为灰色。
- 笔触。
  - ➢“笔触”按钮 笔触：单击该按钮可以显示 / 隐藏 LayOut 中图形元素的笔触边框，默认为显示状态。
  - ➢ 笔触颜色显示框：位于“笔触”按钮的右侧，单击该显示框可以打开“颜色”面板，对图形的边框颜色进行更改，默认为黑色。
  - ➢ 笔触宽度 2 pt ▾：位于“笔触颜色”显示框的右侧，单击右侧的倒三角▾可以选择笔触的宽度，当然也可以输入相应的宽度值。
- 虚线。
  - ➢ 虚线图案 ——▾：单击右侧的倒三角▾可以选择线型样式。
  - ➢ 短横比例 1 x ▾：单击右侧的倒三角▾可以选择虚线线段的大小，当然也可以输入相应的数值。
- 笔触样式。
  - ➢ 交点样式：“斜接角点”可以将图形元素的角点改为直角；“圆角点”可以将图形元素的角点改为圆角；“倾斜角点”可以将图形元素的角点改为斜切角。
  - ➢ 端点样式：“平面结束”可以将线元素的端点改为普通平面端点；“圆形端”可以将线元素的端点改为凸出圆形端点；“正方形结束”可以将线元素的端点改为凸出正方形端点。
- 起点箭头。
  - ➢ 起点箭头样式 ——▾：单击右侧的倒三角▾可以选择起点的箭头样式。
  - ➢ 起点箭头比例 2 pt ▾：单击右侧的倒三角▾可以选择起点的箭头大小，当然也可以输入相应的数值。
- 末端箭头。
  - ➢ 末端箭头样式 ——▾：单击右侧的倒三角▾可以选择末端的箭头样式。
  - ➢ 末端箭头比例 2 pt ▾：单击右侧的倒三角▾可以选择末端的箭头大小，当然也可以输入相应的数值。

4. 图案填充

在“形状样式”面板中，单击“图案”按钮，可以打开“图案填充”面板。系统内置了四大板块的填充图案：“几何图块”“材质符号”“场地背景图案”“色调图案”，用户可以根据自己的需要直接选择相应的图案。

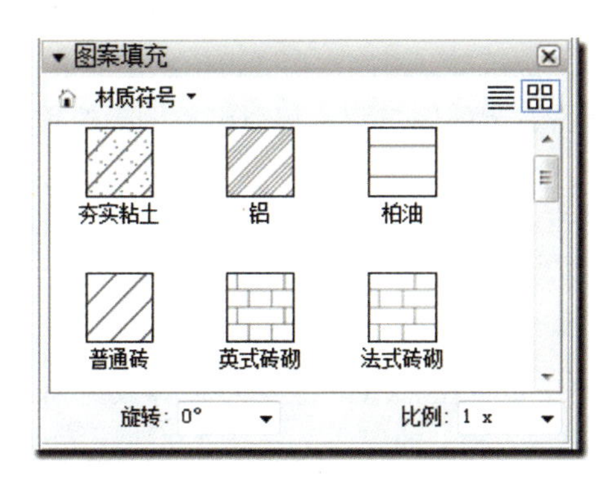

（1）选择此面板中的某一个图案，再绘制图形，图形将自动填充所选择的图案。

（2）选择一个或多个已有的图形，再选择相应的图案，新填充图案就会替换原填充图案。

（3）替换图形的已有填充图案时，还可以使用拖动的方式，将图案直接拖动到图形上，替换原有的填充图案。

面板中各参数的具体含义介绍如下：

- 文档中的图案：单击该按钮可以显示在本 LayOut 文件中用到的所有图案。
- 图案样式选项 所有图案 ：单击该下拉按钮可以切换不同的图案样式包。

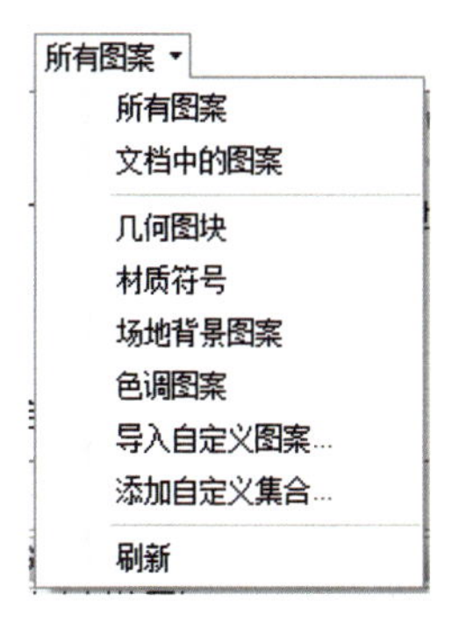

提示

所选择的图案样式包会在下方的图案样式列表框中显示。

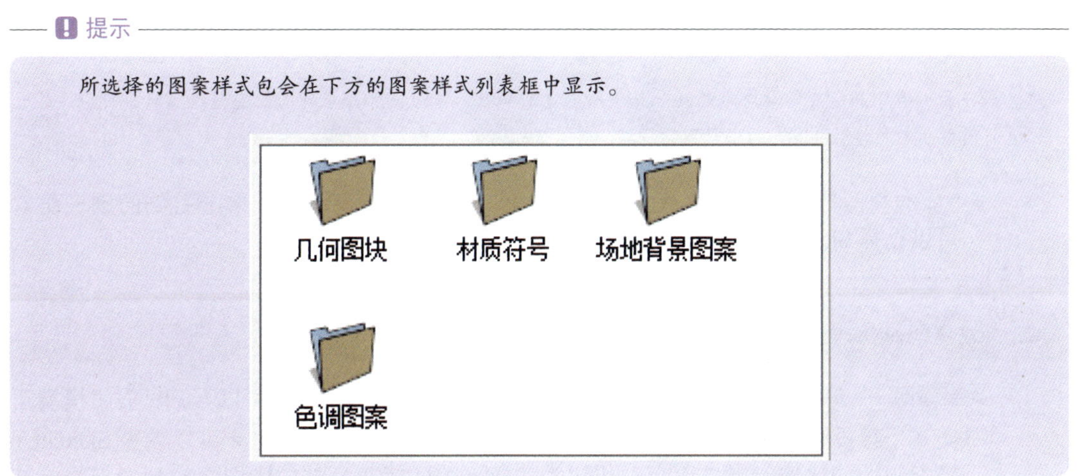

第1章
第2章
第3章
第4章
第5章
第6章

- 列表视图☰：单击该按钮可以将图案样式以列表的形式显示在下方的列表框内。
- 缩略图视图▦：单击该按钮可以将图案样式以缩略图的形式显示在下方的列表框内。
- 旋转 旋转: 0° ▾：单击右侧的倒三角▾可以调整图案的角度，当然也可以直接输入相应的数值。
- 比例 比例: 1 x ▾：单击右侧的倒三角▾可以调整图案的比例大小，当然也可以直接输入相应的数值。

5. SketchUp 模型

"SketchUp 模型"面板用于设置在 LayOut 文件中所导入的 SketchUp 模型属性。因此，在使用此面板之前，必须先完成导入模型的工作（选择"文件→插入"命令，在"文件"对话框中找到创建好的模型），否则面板中的选项都呈灰色不可用状态。

在此面板中，最重要的是当前比例，首先图纸必须处于正交模式，然后为模型设置比例，这是为了让图纸能够以合适的比例显示在页面上，以方便后期打印（正交模式的作用和 SketchUp 中的平行投影类似，开启正交模式可以方便后期的标注及出图）。

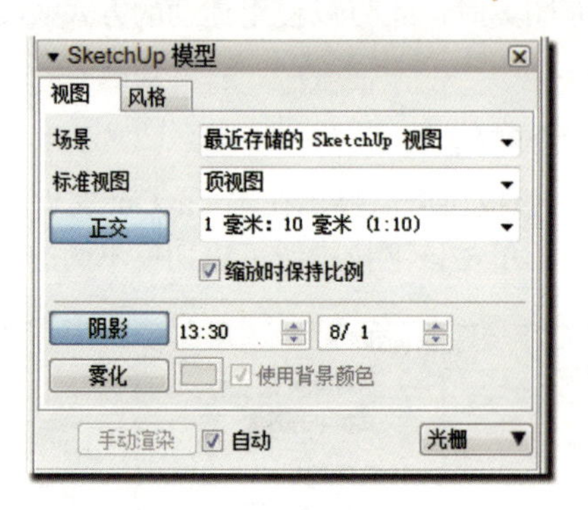

面板中各参数的具体含义介绍如下：

- "视图"选项卡 视图 ：在该选项卡中可以对 SketchUp 模型进行场景、标准视图、正交比例、阴影和雾化等设置。
  - ➢"场景"下拉列表框 场景 隔音墙_外部剖视图 ▾：单击右侧的倒三角▾可以选择 SketchUp 模型的场景。

提示

该下拉列表中的所有场景均为SketchUp中所创建的场景，当SketchUp中的场景发生改动时，可以通过"更新模型参考"与SketchUp的场景取得同步。

  - ➢"标准视图"下拉列表框 标准视图 （无） ▾：单击右侧的倒三角▾可以选择 SketchUp 模型的标准视图。

提示

不建议在LayOut中更改SketchUp模型的视图，请先在SketchUp中设置好。

  - ➢ 正交 当前比例 (1:6.6342) ▾：单击"正交"按钮 正交 ，可以开启/关闭模型正交（平行投影）模式；单击 当前比例 (1:6.6342) ▾ 右侧的倒三角▾可以调整 SketchUp 模型视图的比例。当"正交"按钮为灰色（关闭状态）时，比例下拉列表框将不被激活。

提示

（1）要添加自定义比例，先单击比例下拉列表框右侧的倒三角▼，选择最底下的“添加自定比例”选项，在弹出的对话框中进行设置。在对话框中选择一个新的比例添加即可。

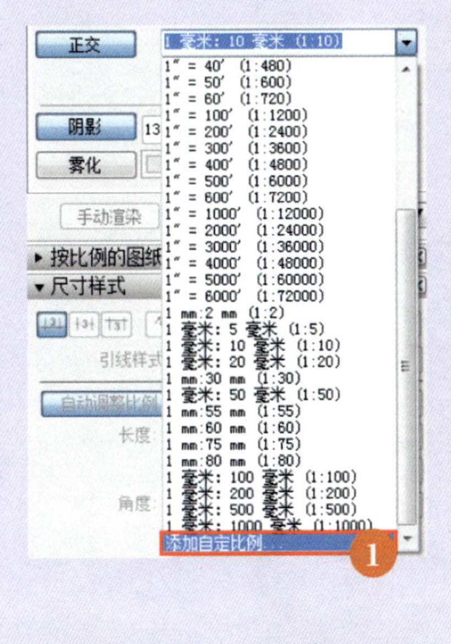

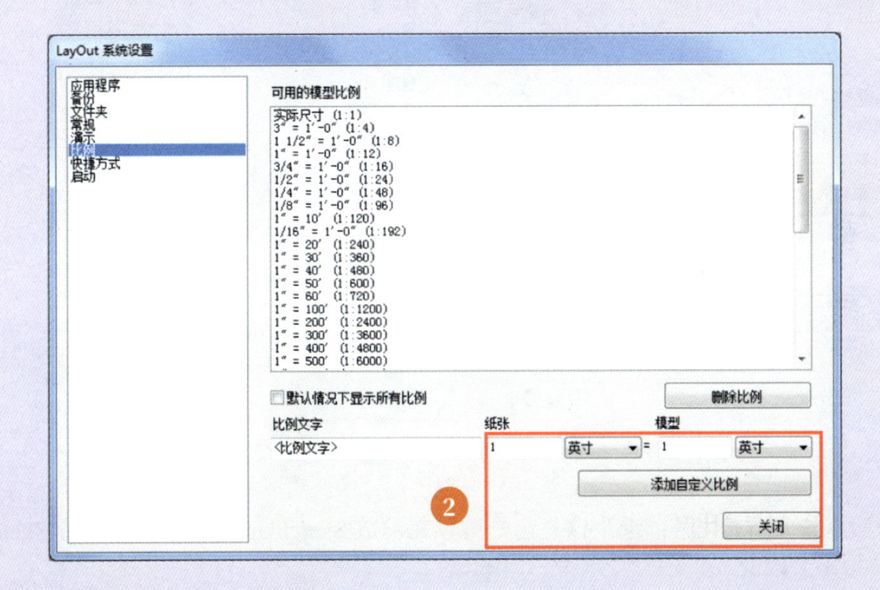

（2）正交模型比例设置的具体步骤如下：

① 选中图形元素，单击鼠标右键。

② 选择“比例”命令。

③ 在“比例”子命令中选择相应的比例。

④ 在“SketchUp模型”面板中单击“正交”按钮，关闭模型的正交模式即可。

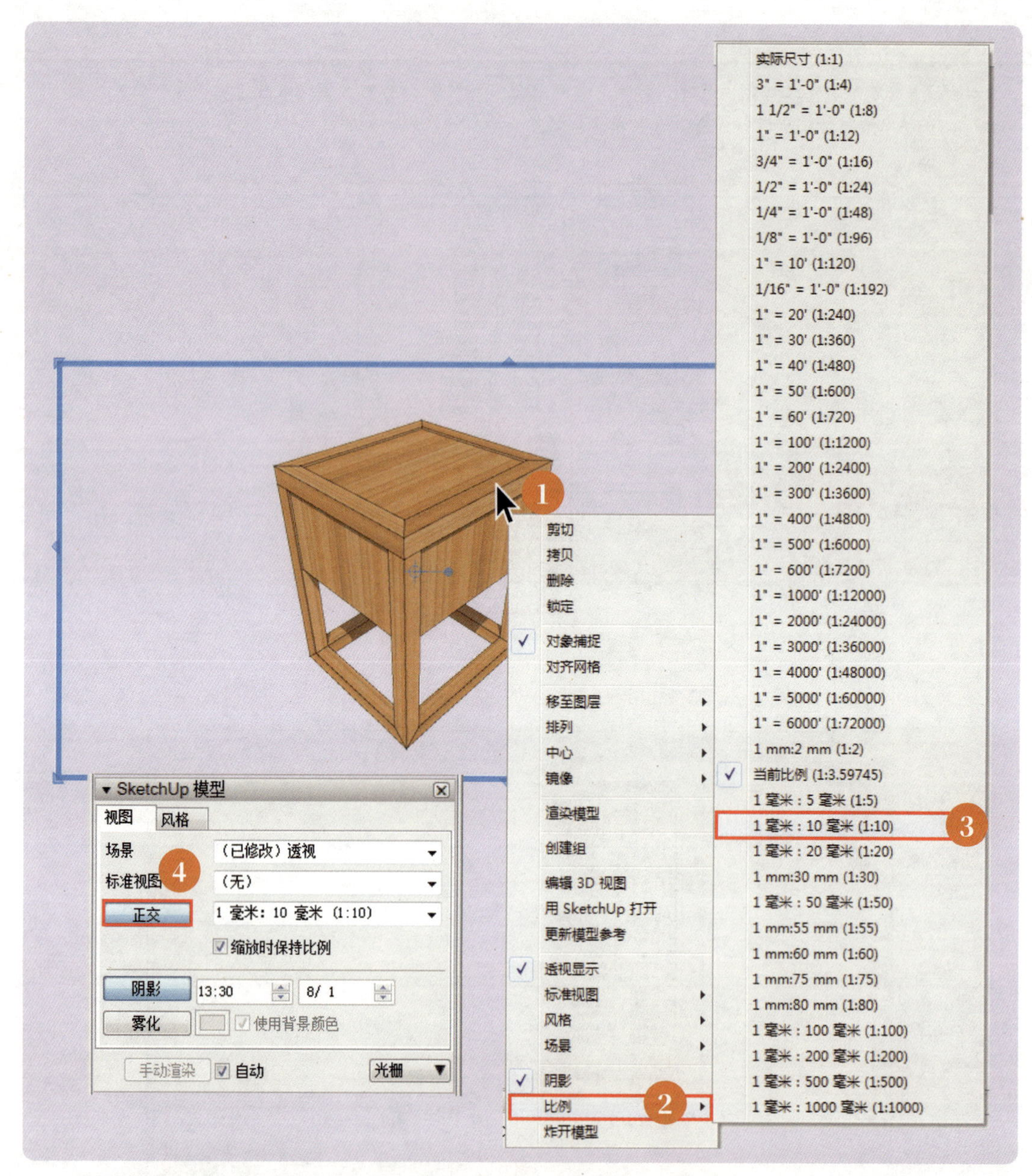

➢ **缩放时保持比例**：选中该复选框可以在缩放 SketchUp 模型视图时保持 SketchUp 模型不会改变。

➢ 阴影 13:30 8/ 1：单击“阴影”按钮，可以开启 / 关闭 SketchUp 模型视图中的阴影；时间微调框 13:30 用于设置阴影显示的具体时间；日期微调框 8/ 1 用于设置阴影显示的具体日期。

➢ 雾化 使用背景颜色：单击“雾化”按钮，可以开启 / 关闭 SketchUp 模型视图中的雾化效果；单击“雾化颜色”按钮，可以打开“颜色”面板以设置雾化的颜色；选中 **使用背景颜色** 复选框可以把 SketchUp 模型的背景颜色用作雾化颜色。

- “风格”选项卡 风格 ：在该选项卡中可以对 SketchUp 模型进行风格样式、背景样式及线宽设置。

➢ 样式集合：单击该按钮可以在“风格集”和“模型中的样式”之间进行切换。

提示

“风格集”是指LayOut中的风格集合；“模型中的样式”是指用于在本LayOut文件中SketchUp模型所使用的风格样式。

➢ 列表视图：单击该按钮可以将风格样式以列表的形式显示在下方的列表框内。

➢ 缩略图视图：单击该按钮可以将风格样式以缩略图的形式显示在下方的列表框内。

- 手动渲染 自动：通过取消选中 / 选中“自动”复选框，可以切换手动渲染 / 自动渲染。手动渲染需要手动单击进行 SketchUp 模型视图的加载渲染；自动渲染可以自动进行 SketchUp 模型视图的加载渲染。
- 样式下拉列表框 光栅 ▼：单击右侧的下拉按钮▼，可以切换 SketchUp 模型的“矢量”“光栅”和“混合”3 种样式。具体内容请参考 2.4.6 一节的相关讲解。

特别提示

通常在两种情况下“SketchUp模型”面板会处于灰色状态。一种是LayOut中没有插入SketchUp模型；一种是LayOut中的SketchUp模型被炸开/分解了。

6. 按比例的图纸

在 LayOut 2018 之前的版本中，用 LayOut 绘图工具按比例绘制图形，几乎是一件不可能完成的事情。因为要想按比例绘制图形，就必须先将实际尺寸根据图上的比例进行换算，换算成图上尺寸，其过程的复杂可想而知。LayOut 2018 版新增的这个功能，能快速有效地绘制出带比例的 LayOut 图形。

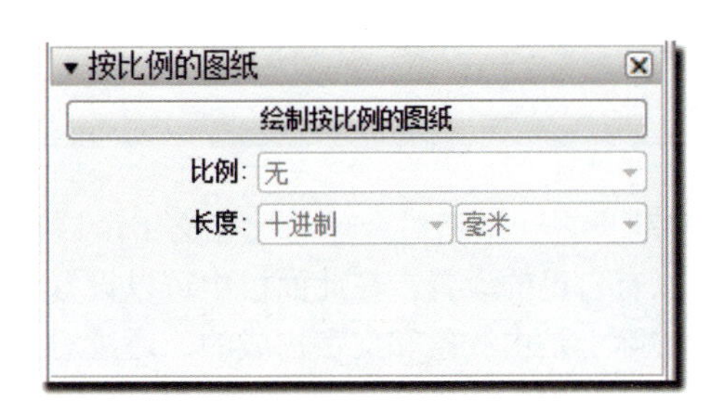

参数的具体含义介绍如下：

- 绘制按比例的图纸：单击该按钮可以按比例绘制 LayOut 图形元素，并在 LayOut 页面中显示“选择比例”，以提醒用户选择一个比例。

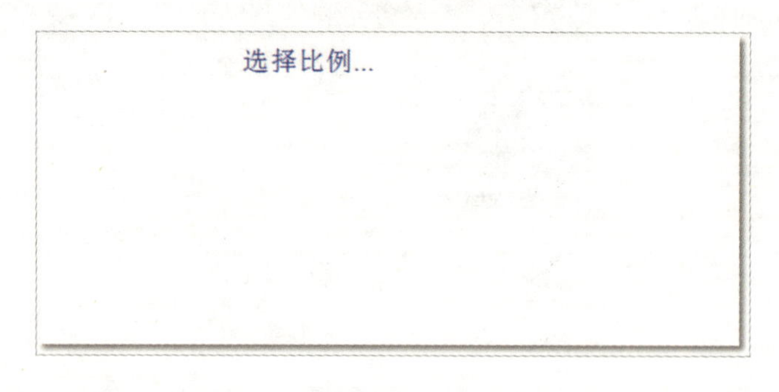

- 比例：选择比例...：该选项是在单击“绘制按比例的图纸”按钮后才被激活的，单击右侧的倒三角▼可以选择一个比例。
- 长度：十进制 英尺：该选项也是在单击“绘制按比例的图纸”按钮后才被激活的，单击右侧的倒三角▼可以设置长度类型和单位，如设置为“十进制，毫米”。

绘制一个有比例的图形元素，具体操作如下：

① 在“按比例的图纸”面板中，单击“绘制按比例的图纸”按钮。
② 设置“长度”选项为“十进制，毫米”。
③ 选择一个比例。
④ 用“矩形工具”绘制出一个矩形。
⑤ 输入矩形的长宽尺寸（500,500），按 Enter 键即可。

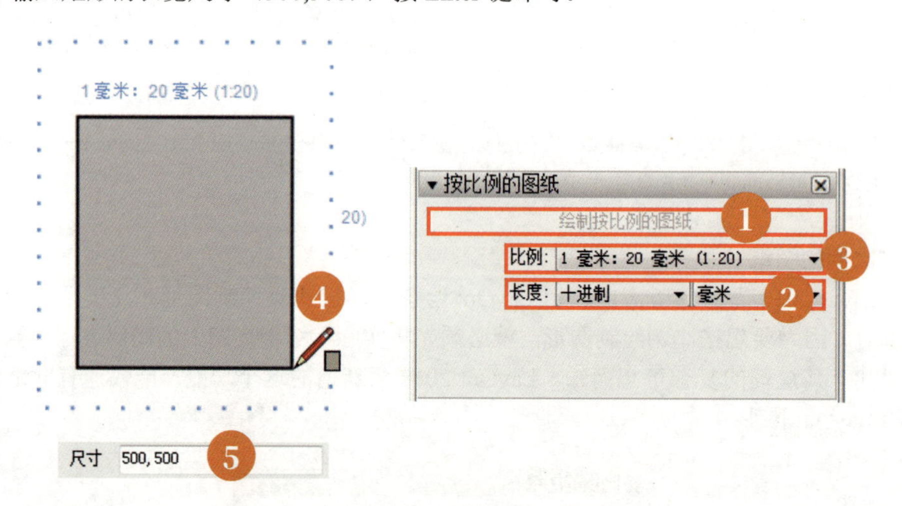

7. 尺寸样式

在 LayOut 中，系统会自动设置一个相对合理的尺寸文字，这也让它的标注工具显得更为人性化。当然每个用户也可以有自己的设置，在此面板中可以设置文字的位置、单位、比例、精确度等。同时，由于尺寸实际上是由线条和文字构成的，通过对文字样式的修改，便可改变标注内文字的大小。

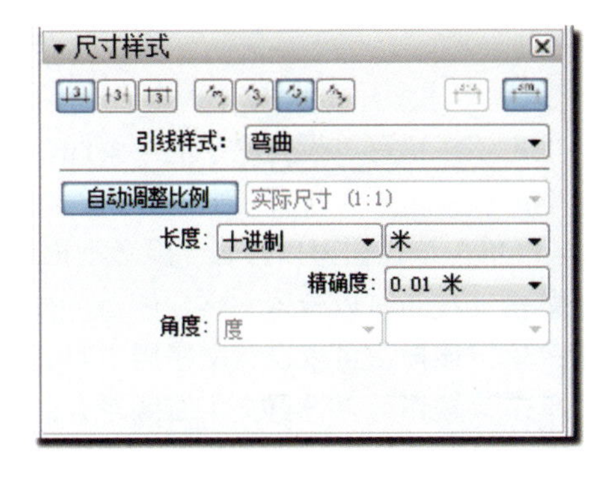

具体介绍如下：

- 文字位置选项：“上方”可以将尺寸数字设置在尺寸线的上方；“中心”可以将尺寸数字设置在尺寸线的中心；“下方”可以将尺寸数字设置在尺寸线的下方。
- 文字对齐选项：“垂直”可以将尺寸数字设置成与水平面垂直的状态；“水平”可以将尺寸数字设置成与水平面平行的状态；“已对齐”可以将尺寸数字设置成与尺寸线平行的状态；“已对齐”可以将尺寸数字设置成与尺寸线垂直的状态。
- 显示虚线：该按钮不常用。
- 显示单位：单击该按钮可以控制尺寸单位的显示 / 关闭状态。
- 引线样式：弯曲：单击右侧的倒三角可以选择尺寸引线的样式。
- 自动调整比例 实际尺寸 (1:1)：当“自动调整比例按钮”为蓝色（开启）时，系统会根据所捕捉到的图形元素比例进行自动调整。当按钮为灰色时，可以手动在右侧的下拉列表框中自行选择相应的比例。
- 长度：十进制 毫米：用于可以设置尺寸的单位样式。
- 精确度：1：单击右侧的倒三角可以选择设置尺寸的精确度。
- 角度：度：在使用角度尺寸时该选项会被激活，可以对角度尺寸的角度和弧度进行设置。

8. 文字样式

任何类型的文字都是可以更改样式的，利用此面板中的选项可以设置各种样式。在这个面板中能看到大家所熟悉的传统文字编辑样式的选项卡，对于这些常规的设置，大家应该都能熟练地运用。

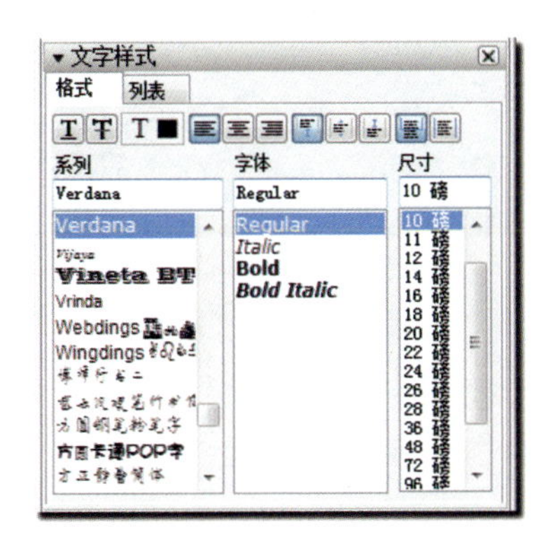

第1章 第2章 第3章 第4章 第5章 第6章

参数的具体含义介绍如下：

- “格式”选项卡 格式 ：该选项卡主要用于设置文字的字体样式、粗细、大小和对齐方式等。
  - ➢“下画线”按钮 T ：单击该按钮可以设置文字的下画线。
  - ➢“删除线”按钮 T ：单击该按钮可以在文字上设置删除线。
  - ➢“文字颜色”按钮 T■ ：单击该按钮可以打开“颜色”面板设置文字颜色。
  - ➢“左对齐”按钮 ☰ ：单击该按钮可以设置文字左侧对齐。
  - ➢“居中对齐”按钮 ☰ ：单击该按钮可以设置文字居中对齐。
  - ➢“右对齐”按钮 ☰ ：单击该按钮可以设置文字右侧对齐。
  - ➢“定位到顶部”按钮：单击该按钮可以设置文字顶部对齐。
  - ➢“定位到中心”按钮：单击该按钮可以设置文字中心对齐。
  - ➢“定位到底部”按钮：单击该按钮可以设置文字底部对齐。
  - ➢“无边框”按钮：单击该按钮可以把调整好的文字边框设置成默认边框。
  - ➢“有边框”按钮：单击该按钮可以显示哪些文字有调整好的文字边框，但不能把设置成默认边框的文字设置回去。
  - ➢“系列”列表框：在该列表框中可以设置文字字体样式。

  - ➢“字体”列表框：在该列表框中可以设置文字字体粗细。

  - ➢“尺寸”列表框：在该列表框中可以设置文字字体大小。

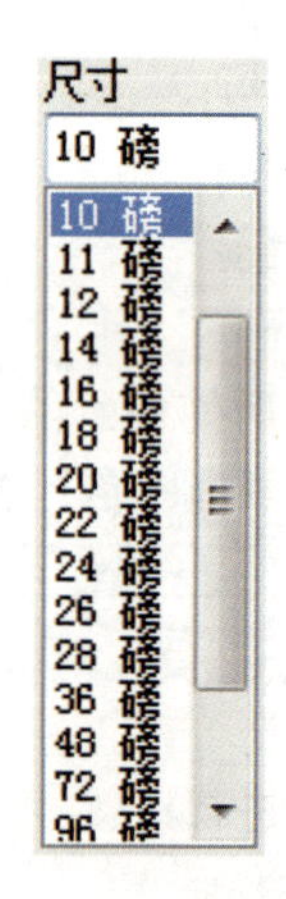

- “列表”选项卡 列表 ：该选项卡主要用于设置文字的项目符号和分隔符。

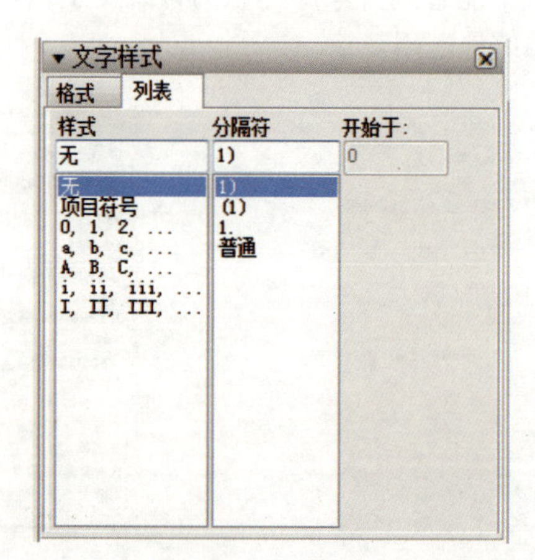

9. 页面

“页面”面板用于管理所有的页面，在这里可以添加、复制、删除页面及切换页面。

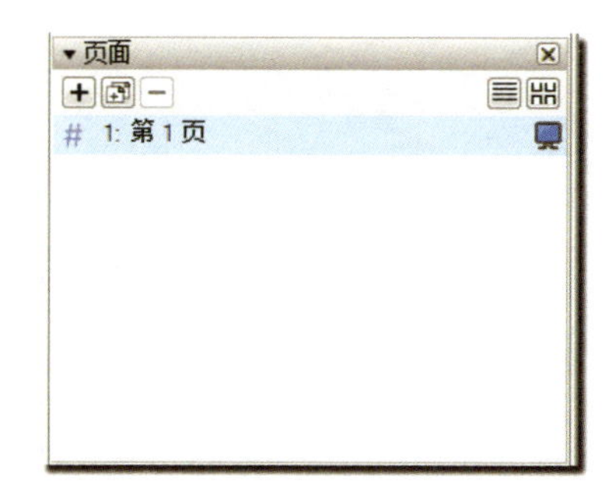

提示

如果是在演示模式的情况下可以使用左右键切换页面。

参数的具体含义介绍如下：

- “添加新页面”按钮➕：单击该按钮可以在 LayOut 中添加一个新的空白页面。
- “复制选定页面”按钮：单击该按钮可以在 LayOut 中复制添加一个已选定的页面。
- “删除选定页面”按钮➖：单击该按钮可以在 LayOut 中删除已选定的页面。
- “列表视图”按钮☰：单击该按钮可以将页面以列表的形式显示在下方的列表框内。
- “缩略图视图”按钮：单击该按钮可以将页面以缩略图的形式显示在下方的列表框内。
- “自动图文集页面编码开始页面（简称页码起始页）”按钮#：标记所在的页面，表示页面开始于该页面。

提示

在页面中创建页码可以通过插入自动图文集的方式进行创建。具体操作如下：

①单击“文本”按钮，在页面中创建一个文本。

② 单击“文字注释”菜单。

③ 选择“插入自动图文集→<页码>”命令。

④ 最后按Esc键结束操作。

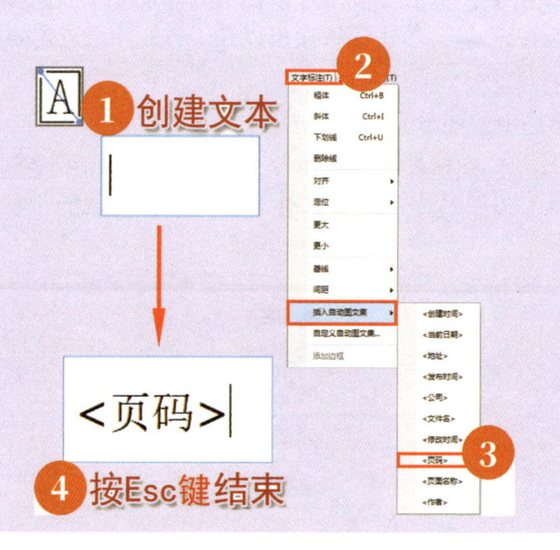

第1章
第2章
第3章
第4章
第5章
第6章

- 页面名称1: 第 1 页：当将鼠标指针悬停在上面时，会出现页面的名称。双击可进行更改提示，此时双击可以修改页面名称。单击鼠标右键时，会出现右键快捷菜单，可以根据需求选择相应的命令。

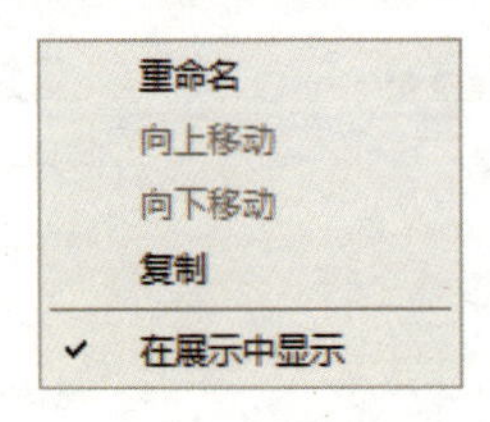

- 包含在演示中：当该图标为蓝色时，表示该页面可以进行演示播放；当该图标为灰色时，表示该页面不可以进行演示播放。

提示

“页面”面板的相关内容与操作请参考“2.3.3设置LayOut页面”一节的讲解。

10. 图层

在“图层”面板中，可以管理所有图层。眼睛图标可以控制图层的显示隐藏；锁图标控制的是图层内元素能否被选择及修改；最右边的类似纸张的图标决定图层内的内容是否被共享，单页纸张表示不被共享，多层纸张则表示该图层上的元素将出现在文档中的所有页面上。

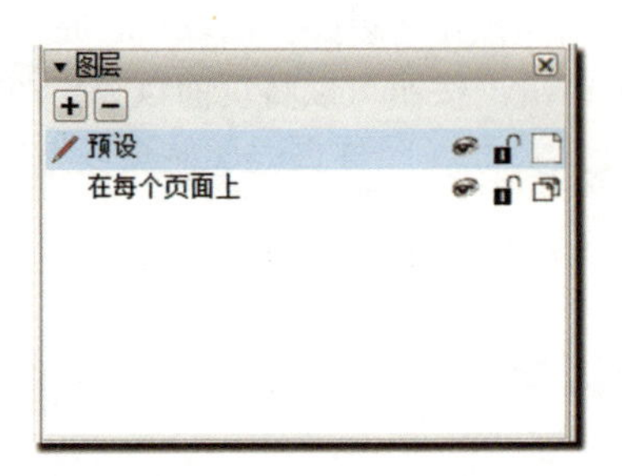

参数的具体含义介绍如下：

- “添加新图层”按钮+：单击该按钮可以在下方添加一个新的图层。
- “删除选定图层”按钮−：单击该按钮可以在下方删除已选定的图层。
- ：表示所在的图层为当前编辑图层。
- ：表示当前所选中的图形元素所在的图层。
- 图层 2（图层名称）：当将鼠标指针悬停在上面时，会出现图层的名称。双击可进行更改提示，此时双击可以修改图层名称。单击鼠标右键时，会出现右键快捷菜单，可以根据需要选择相应的命令。

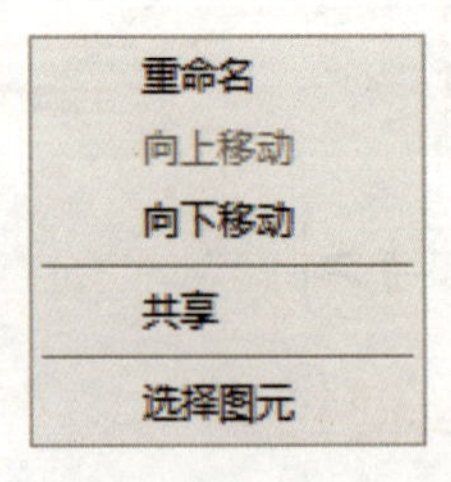

- 切换图层的可见性：单击该图标可以切换图层的可见性，单击后此图标会变为。
- 切换图层的锁定：单击该图标可以切换图层的锁定，单击后此图标会变为。
- 控制是否在所有页面之间共享图层：单击该图标可以切换是否在所有页面之间共享此图层，单击后此图标会变为。

提示

"图层"面板的具体操作请参考"2.3.4设置LayOut图层"一节的内容讲解。

11. 剪贴簿

剪贴簿相当于 LayOut 里面的图块库，里面储存了许多人物、符号、物件等图案，方便大家日常绘图所需的基本图块。当然，在绘图的过程中，有时候需要自己绘制一下特殊图案，也许这样的图案会在文档里多次被使用，而每次都需要重新画一个实在不便。剪贴簿的另一个功能正好可以解决这个困惑，新建一个页面，绘制想要的图形，选择"文件→另存为剪贴簿"命令，当下次需要再次使用它的时候，就可以直接到剪贴簿里把它拖出来使用。

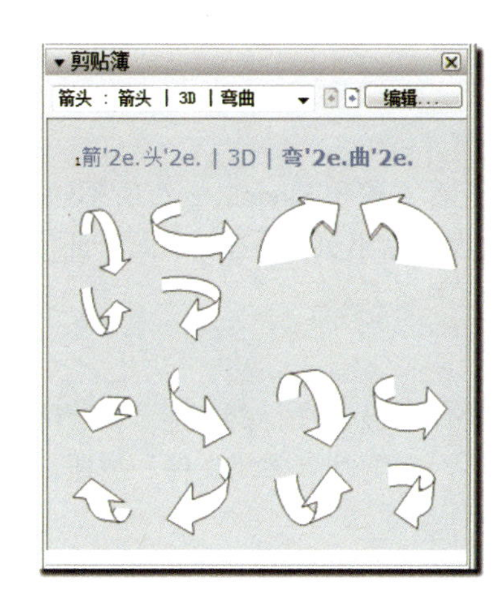

参数的具体含义介绍如下：

- 剪贴簿文件调用下拉列表框 车辆 : 微型车，细部 ：单击右侧的倒三角 可以选择剪贴簿文件。
- "上一页"按钮：单击该按钮可以将剪贴簿页面切换到上一页。
- "下一页"按钮：单击该按钮可以将剪贴簿页面切换到下一页。
- 编辑... 编辑：单击该按钮可以打开剪贴簿文件进行编辑。

提示

"剪贴簿"面板的具体操作请参考"2.9 剪贴簿"一节的内容。

2.1.6 绘图区介绍

绘图区（又称绘图窗口）占据了软件操作界面中最大的区域，大部分操作都会在这里进行。

LayOut 文档的一些显示及查看方式和 SketchUp 有所不同，比如它可以同时打开多个文件同时操作。滑动鼠标滚轮即可放大或缩小页面。在“页面”面板中单击标题栏即可切换文件（此处最容易和 SketchUp 的场景页面混淆）。

1. 标题栏

标题栏位于绘图区上方，文件名显示在标题栏上，旁边显示当前页数，单击右侧的倒三角 ▾ 则可以选择已经打开的文件，右侧是“关闭文件”按钮。

2. 数值控制栏

绘图区右下方是数值控制框。

提示

在执行LayOut命令的过程中，数值控制栏中的文字将会以不同的名称显示，例如，在绘图过程中会显示为“长度”，而在缩放图形时则显示为“比例”，也可以接受直接使用键盘输入的数值。

数值控制框支持所有的绘图工具，其工作特点如下：

（1）正在被修改的元素数值会在数值控制框中动态显示。如果当前数值不符合系统属性里指定的数值精度，数值前面会显示“~”符号，这表示该数值不够精确。

（2）用户可以在命令完成之前输入数值，也可以在命令完成后并且还没有开始其他操作之前输入数值，然后再按 Enter 键确定。

（3）只要当前命令还未结束（开始新的操作命令之前），就可以持续不断地修改数值。而一旦退出命令（按空格键），数值控制框就不会再对该命令起作用了。

（4）在绘图过程中，在输入数值之前不需要单击数值控制框，可以直接用键盘输入，数值控制框随时候命。

数值控制框右侧的比例下拉列表框主要作用是显示绘图区域的比例大小。

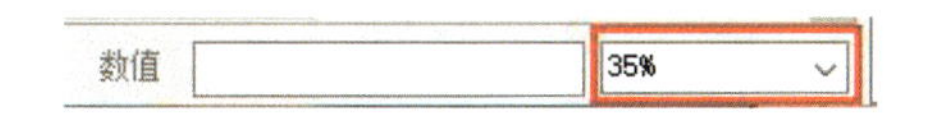

3. 命令提示栏

命令提示栏位于软件界面的左下角，用于显示命令提示和状态信息，是对命令的描述和操作提示，这些信息会随着切换命令而改变。在命令操作过程中也起到一定的提示帮助作用。

点按可选择要操控的项目。 在按住 Shift 的同时点按可扩展选择范围。 点按并拖动可选择多个项目。 双击可打开编辑器。

2.1.7　小结

（1）了解各面板及工具栏的功能。

（2）当需要设置形状里的填充或图案时，双击填充色或填充图案矩形框，将会自动弹出相应的设置面板。

（3）每个页面都有自己的图层所属元素，可以对其设置可见性、共享和锁定。

（4）学会使用工具向导，了解每个工具的用途及使用方式。

2.2　LayOut的操作与编辑

被放置在 LayOut 页面上的图形、文字、图片、SketchUp 模型都被认为是一个个的“元素”。下面是各种不同类型的“元素”例子。

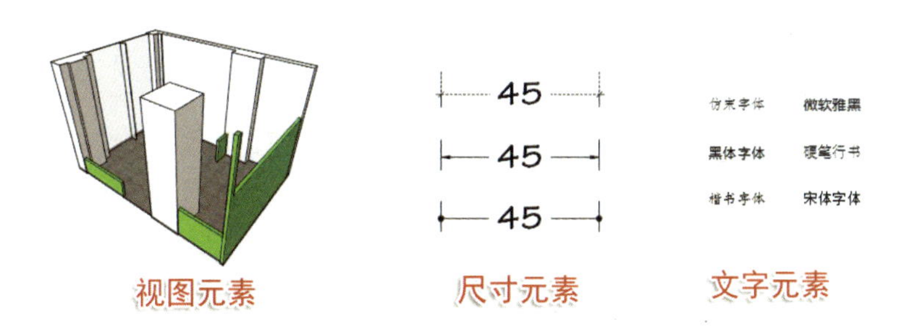

视图元素　尺寸元素　文字元素

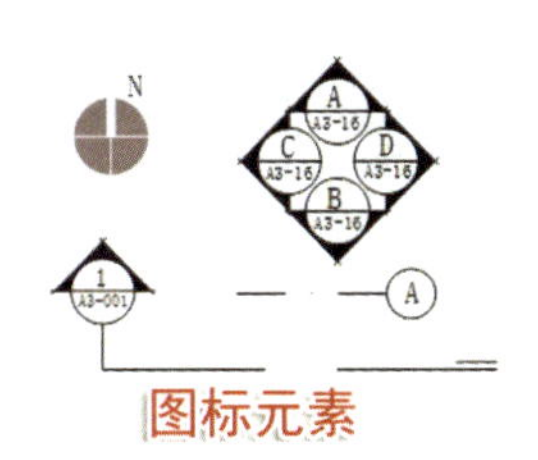

图标元素　线形元素

当选中一个元素后，单击鼠标右键可以弹出右键快捷菜单。选择不同的命令会弹出相应功能的扩展菜单。

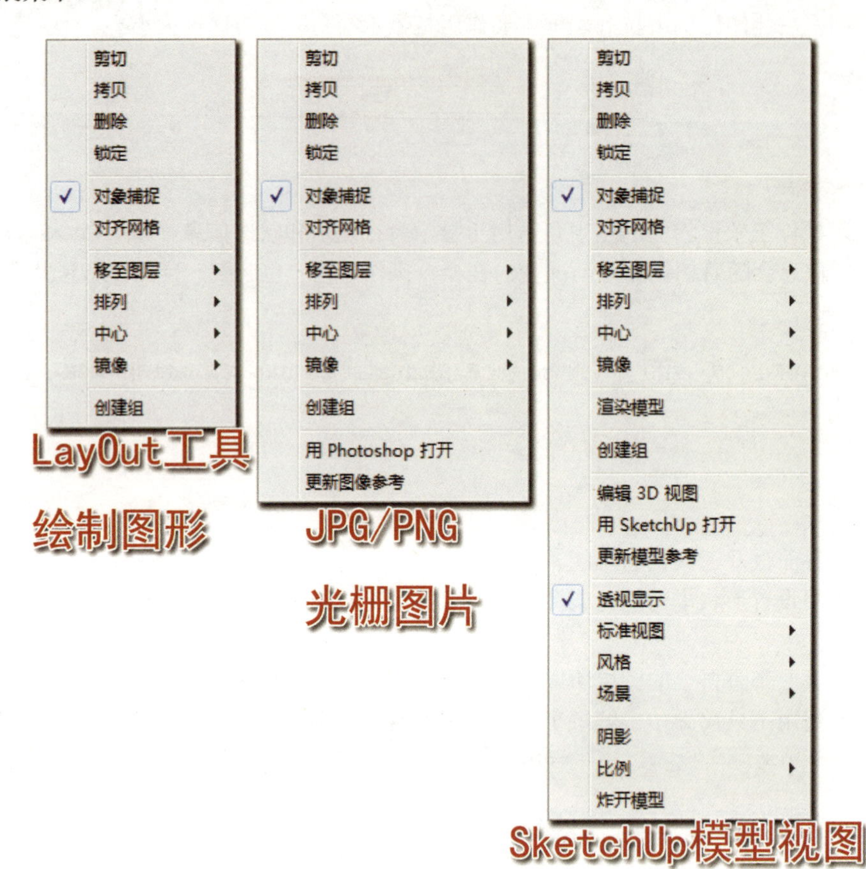

- 剪切：选择该命令可以对所选中的元素进行剪切。
- 复制：选择该命令可以对所选中的元素进行复制。
- 删除：选择该命令可以对所选中的元素进行删除。
- 锁定：选择该命令可以对所选中的元素进行锁定，但不能对其他未选中同图层的元素锁定。
- 对象捕捉：选择该命令可以切换开启 / 关闭对象捕捉功能。
- 对齐网格：选择该命令可以切换开启 / 关闭对齐网格功能。
- 移至图层：选择该命令可以将选中的元素移动到相应的图层上（添加或修改图层在“图层”面板中进行，具体操作请参考“2.3.4 设置 LayOut 图层”一节的内容）。
- 排列：选择该命令可以将所选中的图形元素置于所有图形的最前方、前移、后移和所有图形的最后方。

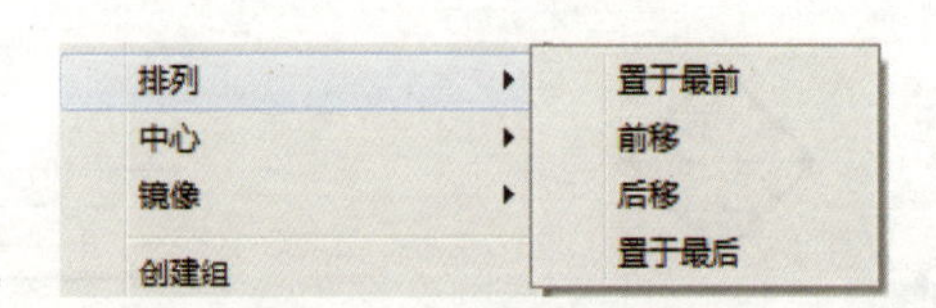

- 中心：选中图形元素，执行该命令，即可将图形元素在页面上的垂直和水平方向居中排列。

中心　　在页面上垂直排列
镜像　　在页面上水平排列

- 镜像：选中图形元素，执行该命令，即可将图形元素进行上下翻转和从左到右的镜像设置。

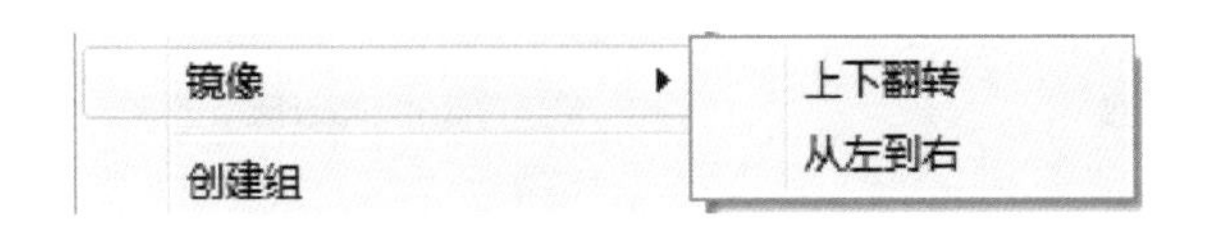

- 创建组：用于对选中的两个或多个图形元素执行创建组合的操作。
- 用 Photoshop 打开：单击该按钮可以打开 Photoshop 软件对所选中的图片进行修改。

 提示

如果显示的是“用图像编辑器打开”字样，请选择“编辑→使用偏好”命令，在“应用程序”中，单击默认图像编辑器窗口右侧的“选择”按钮，在弹出的对话框中选择桌面上的Photoshop软件即可。

- 更新图像参考：选择该命令可以将所选中的图像更新到最新修改的状态。
- 渲染模型：选择该命令可以对所选中的 SketchUp 模型进行加载渲染。
- 编辑 3D 视图：选择该命令可以进入所选中的 SketchUp 模型的模型空间。有关 LayOut 的图纸空间和模型空间的具体介绍请参考“2.4.4 图纸空间与模型空间”一节的内容。
- 用 SketchUp 打开：选择该命令可以打开 SketchUp 软件，对所选中的 SketchUp 模型进行修改。
- 更新模型参考：选择该命令可以将所选中的 SketchUp 模型更新到最新修改的状态。
- 透视显示：选择该命令可以将所选中的 SketchUp 模型在透视 / 正交之间进行切换。
- 标准视图：选择该命令可以为所选中的 SketchUp 模型选择标准视图。

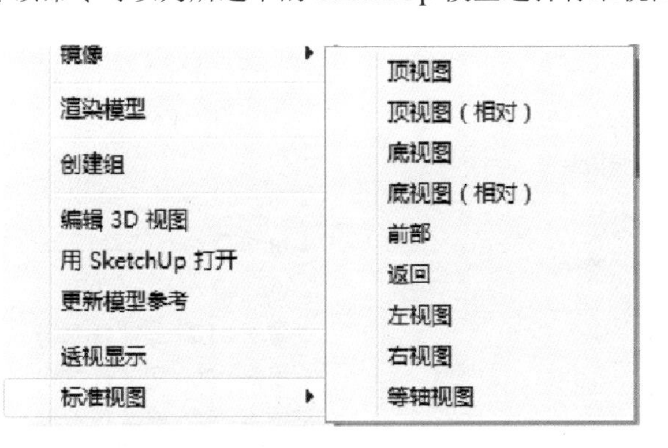

- 风格：选择该命令可以为所选中的 SketchUp 模型选择风格样式。

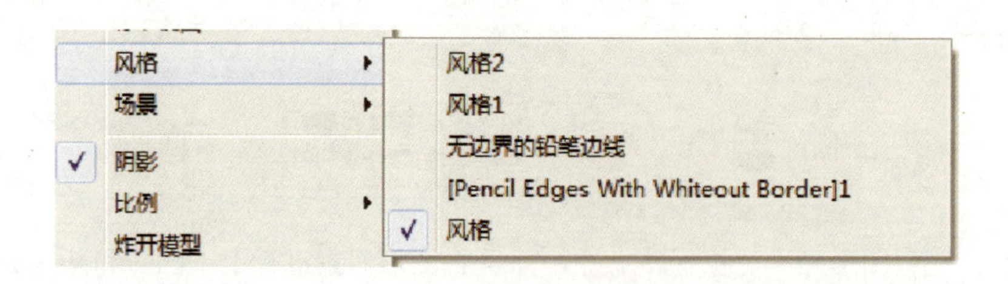

- 场景：选择该命令可以为所选中的 SketchUp 模型选择场景。

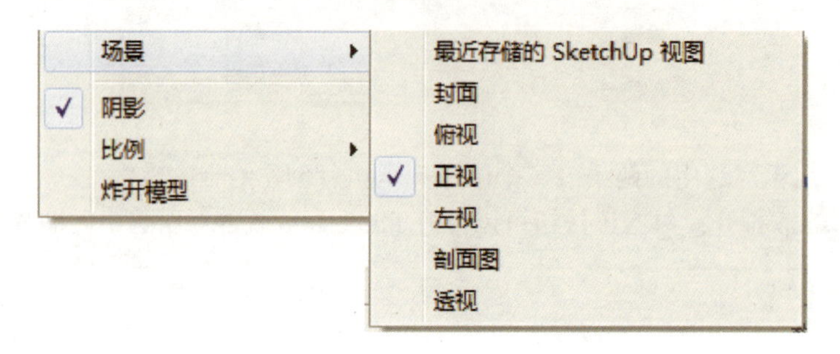

- 阴影：选择该命令可以将所选中的 SketchUp 模型在显示 / 隐藏阴影之间进行切换。
- 比例：选择该命令可以为所选中的 SketchUp 模型设置比例。

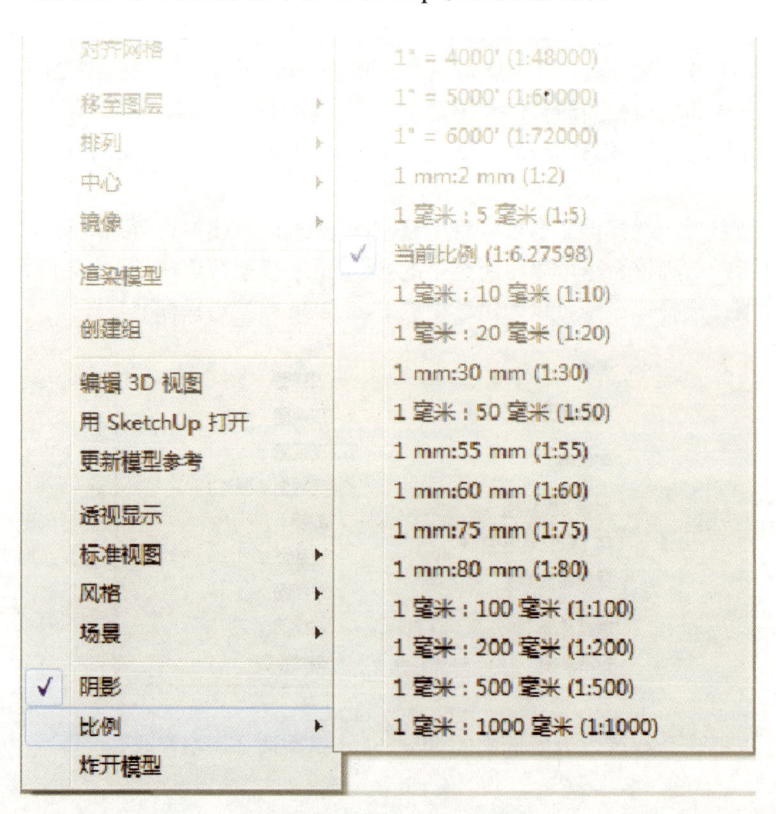

- 炸开模型：选择该命令可以对所选中的 SketchUp 模型执行分解操作。

2.2.1 移动

这里的移动与 SketchUp 里的移动有所区别，不需要先单击“移动工具”按钮，就可以直接选择想要移动的对象进行拖动，操作步骤如下：

（1）单击需要移动的元素。

（2）将鼠标指针悬停在元素上，当鼠标指针变为移动图标时，按住鼠标左键不放即可拖动元素进行移动了。

通过按住 Shift 键可以一次选择多个元素，然后将鼠标指针悬停在所选择的其中一个元素上，同样的，看到鼠标指针变为移动图标之后，即可拖动所选的元素。

当需要移动准确的距离时，有两个方法：

（1）捕捉网格和元素上的点（此知识点参考“2.2.5 捕捉工具”一节）。

（2）可以直接输入数值。

- 垂直 / 水平方向移动：单击元素，向想要的方向移动一段距离并按住 Shift 键锁定，输入想要移动的距离数值，如 110mm，则元素会向该方向移动 110mm。

提示

如果输入数值时不输入单位，则系统将会识别上一个命令的单位作为本命令的默认单位。所以在此建议还是输入单位。

- 斜角方向移动：单击元素，向想要的斜角方向移动一段距离（调整移动的方向），输入想要移动的距离数值，如 110mm。

当移动物体时在移动标注的右下角会显示移动的数值，从左往右分别为水平移动的距离和垂直移动的距离，但它显示的只是一个大概数值，尽管依靠这个大概的数值找到我们要的位置十分困难，不过它可以起到一个测量的作用。

移动元素时的大概距离数值显示如下图所示。

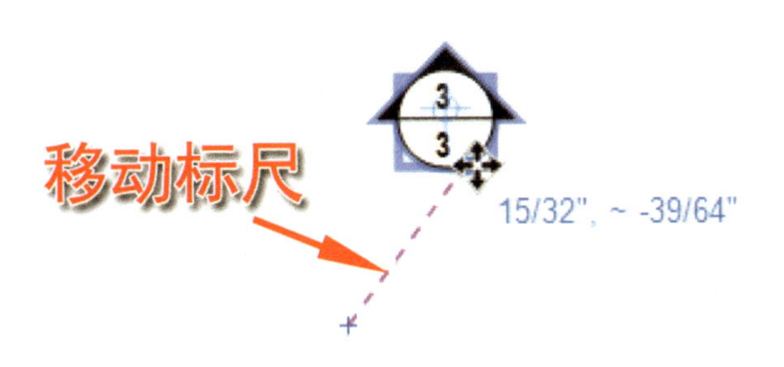

2.2.2 网格

利用网格，用户可以更轻松地排列对齐各个元素。网格线默认是不会被打印出来的，除非特别指定要打印。具体操作步骤如下：

（1）打开“视图”菜单。

（2）选择“显示网格”命令。

修改网格大小的步骤如下：

（1）打开“文件”菜单。

（2）选择“文稿设置”命令。

（3）打开“文档设置”对话框，选择“栅格”选项。在该界面可以调整网格的颜色、间距、细分和打印时能否预览。

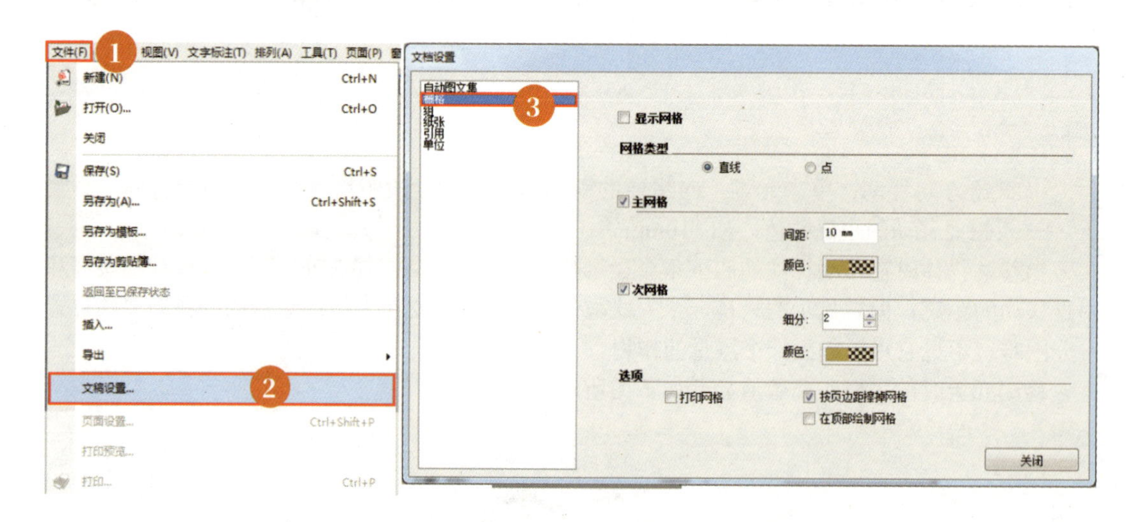

2.2.3 旋转

选择一个元素，元素中间会出现旋转中心 。其中，大的空心圆是旋转中心，旁边小的实心圆是旋转臂。当把鼠标指针移动至旋转中心时，鼠标指针变为小手形状，这时可以把旋转中心移动至其他位置。当把鼠标指针移动至旋转臂上时，鼠标指针变为圆弧箭头形状。这时移动鼠标就可以围绕这个旋转中心进行元素的旋转操作。

旋转元素的操作步骤如下：

（1）选择一个想要旋转的元素。

（2）挪动物体的旋转中心到指定的位置（默认的旋转中心在所选择元素的中心位置）。

（3）单击并拖动旋转臂旋转元素即可。

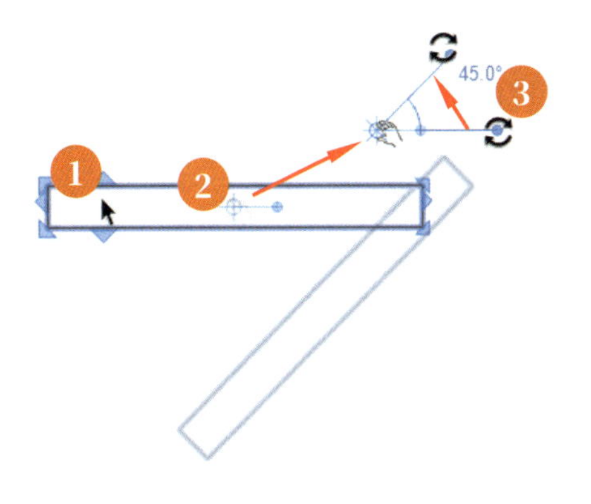

提示

若把旋转中心点挪动到指定位置后进行旋转，一旦完成本次旋转，系统将默认完成本次旋转，旋转中心点也将回到物体中心。

2.2.4　缩放

选择一个元素，此时元素被一个隐形的矩形包围，矩形的 4 个角和边上会显示蓝色的小箭头◥。单击并拖动这些箭头便可缩放元素。

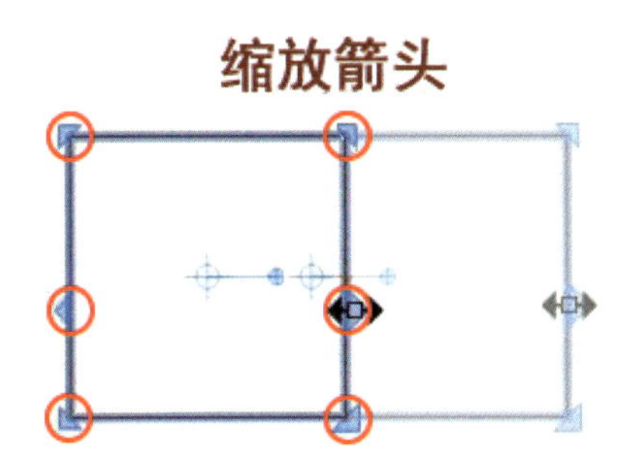

在对不同类型的元素进行缩放时，会产生不同的变换，下面为大家具体介绍一下。

1. 文本框

缩放文本框元素时，文本框会改变大小，而内部文字则保持字号大小不变。随着文本框的改变，文字将自动换行排列。当然，如果希望改变文字大小也是可以的，双击文本框进入文本框内部，全选文字，然后打开“文字样式”面板调整文字尺寸数值，就可以改变文字字号的大小了。

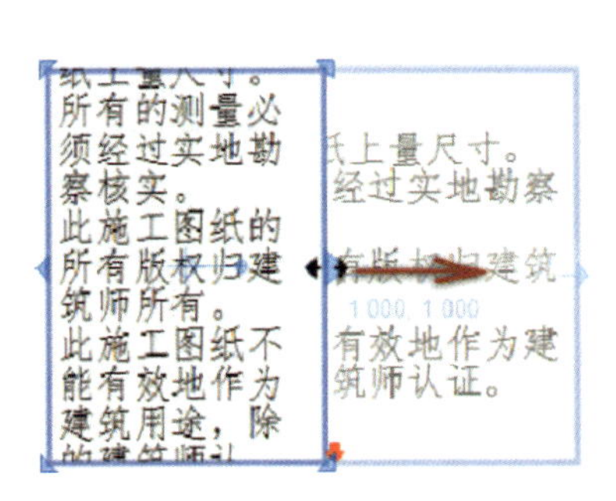

2. 尺寸

如果想改变测量的长度，可以使用“缩放工具”缩放尺寸，但是一般不建议这么做，因为它不能精确地调整到想要的长度，而且还会失去尺寸与图形元素的联动性。比较人性化的操作是，双击尺寸线，然后移动尺寸界线的位置，通过此方式也可以缩放尺寸。如果要想更改其数值，可以双击数值，直接输入想要的数值。

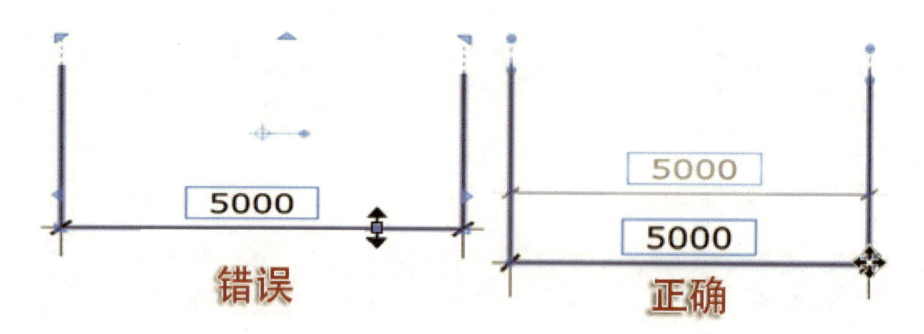

3. SketchUp 模型视图

如果没有选中“缩放时保持比例”复选框，在缩放 SketchUp 模型视图时，SketchUp 模型视图会跟着视图窗口的缩放而缩放。而选中了“缩放时保持比例”复选框后，再进行缩放，只能改变视图窗口的大小，而 SketchUp 模型视图大小则不会改变，只不过在视图窗口以外的部分将不被显示。

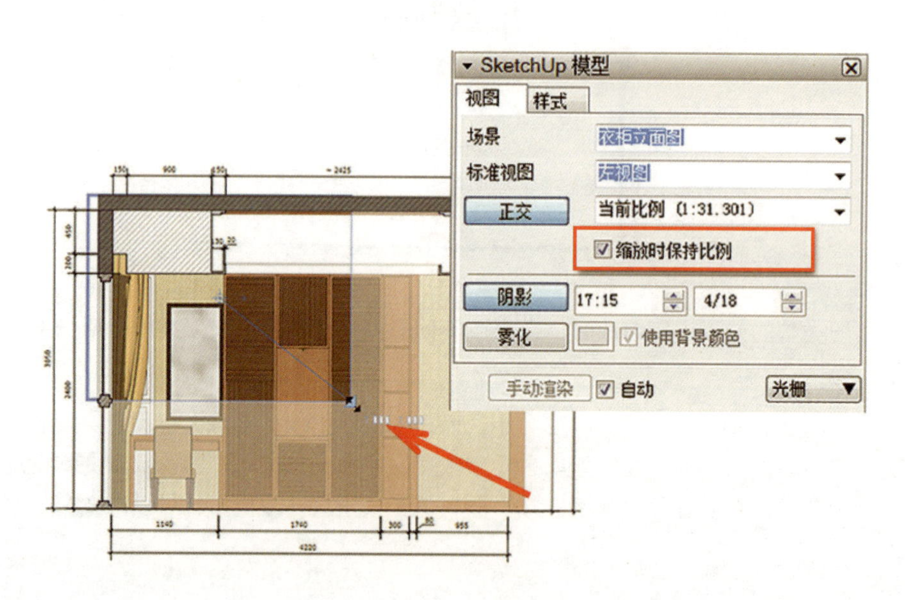

4. LayOut 图形形状

在对利用 LayOut 的图形工具绘制的图形进行缩放的时候，图形内部的所有填充元素会一起被放大或缩小，如果只想改变图形内一个元素的大小，请双击图形，进入图形内部，选择想要的元素，单独进行缩放就可以了。

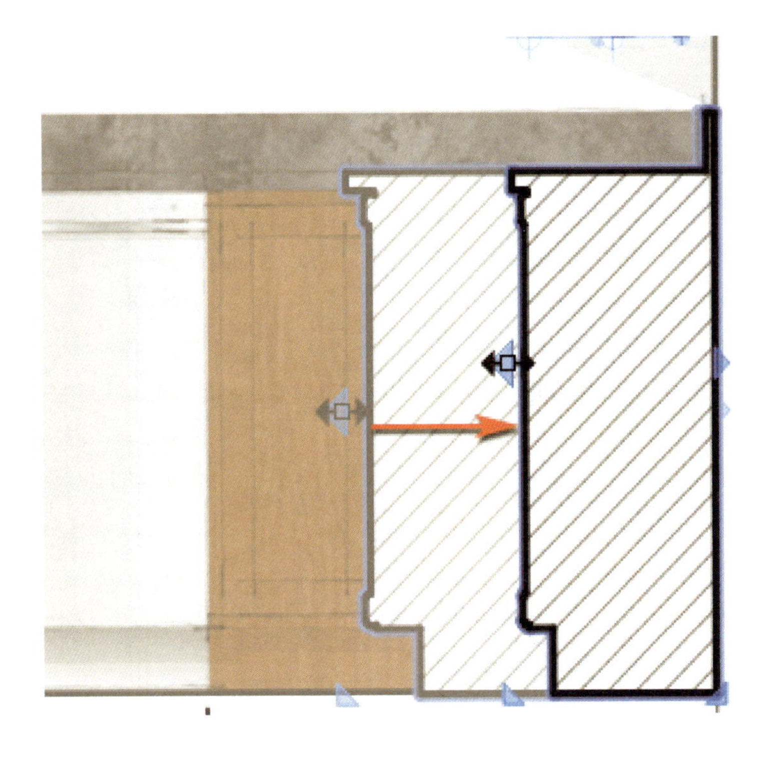

5. 组 / 多重选择

缩放组和选择多个物体的情况相同，所有被选中的元素将一起被缩放。

2.2.5　捕捉

在布局图形对象时，利用捕捉工具可以帮助用户把元素很容易地放到想要的位置。LayOut的捕捉工具有两个，分别是“对象捕捉”和“对齐网格”。

打开捕捉工具的方法：在空白处单击鼠标右键，选择“对象捕捉”或“对齐网格”命令。

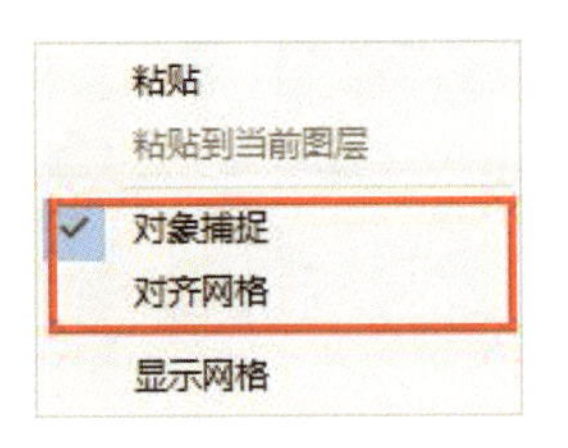

提示

在“排列”菜单中也可以设置和显示对象捕捉和对齐网格的状态。

如下左图表示当前“捕捉”均为开启状态；如下右图表示当前“捕捉”均为关闭状态。

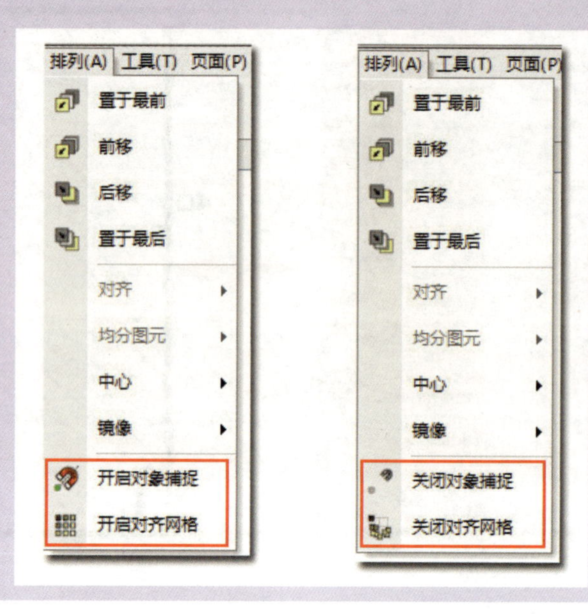

前面介绍旋转操作的时候提到了旋转中心，其实它只是一个旋转中心，在移动元素时，它也可以成为一个自定义的捕捉点。

如下图所示，选择一个元素后，单击并拖动其中心到在页面中的其他地方，再对元素进行移动时，即可利用刚才移动的中心点进行捕捉，从而重新定位蓝色中心光标以创建自定义的捕捉点。

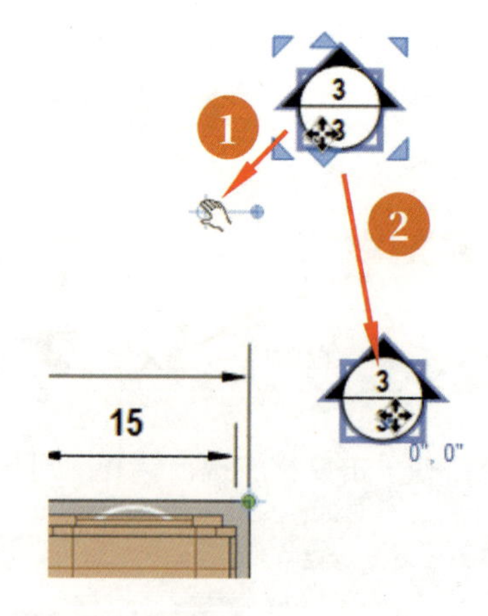

2.2.6 编辑

不同的元素被编辑时涉及的设置面板也会有所不同，这取决于该元素的类型，下面具体介绍。

1. 文字

若要编辑文字，双击文本框即可对其中的文字进行修改。文字的字体、大小、颜色等文字样式的编辑在“文字样式”面板中进行；添加边框、填充颜色或图案在“形状样式”面板中进行。

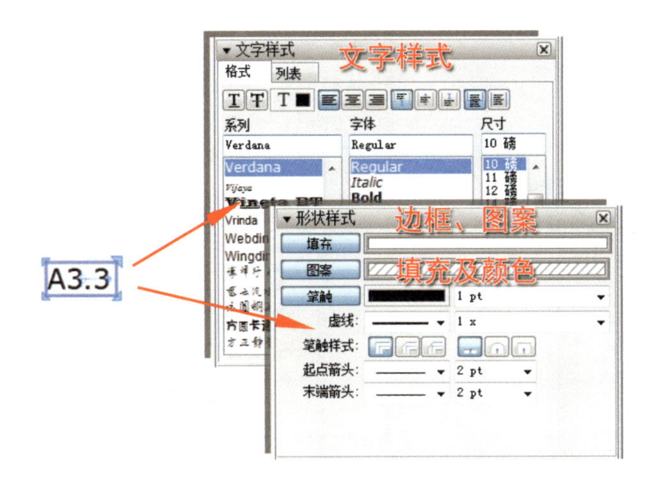

2. 尺寸

若要修改尺寸，双击尺寸标注即可对尺寸进行修改。长度、单位、角度、精确度和对齐方式的编辑在“尺寸样式”面板中进行；添加尺寸文字的背景，以及改变尺寸线的端点风格、线条粗细、样式或颜色在“形状样式”面板中进行；编辑尺寸标注的文字样式在“文字样式”面板中进行。

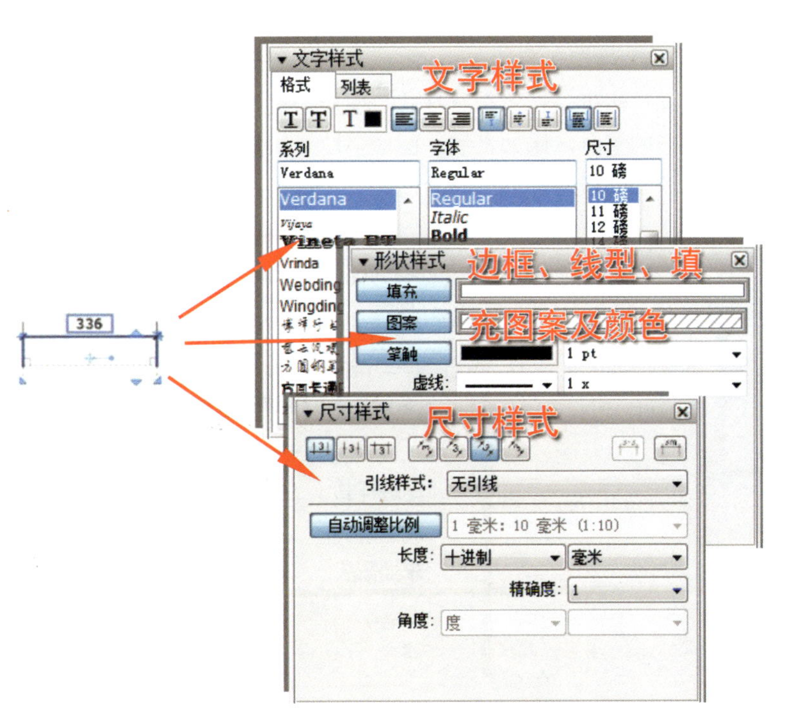

3. SketchUp 模型视图元素

要手动操纵模型的相机角度，可以双击 SketchUp 模型视图，进入“模型空间”进行编辑；

要改变视图的场景及视图的显示样式，可在“SketchUp 模型”面板中进行编辑；添加边框或填充背景则在“形状样式”面板中进行。

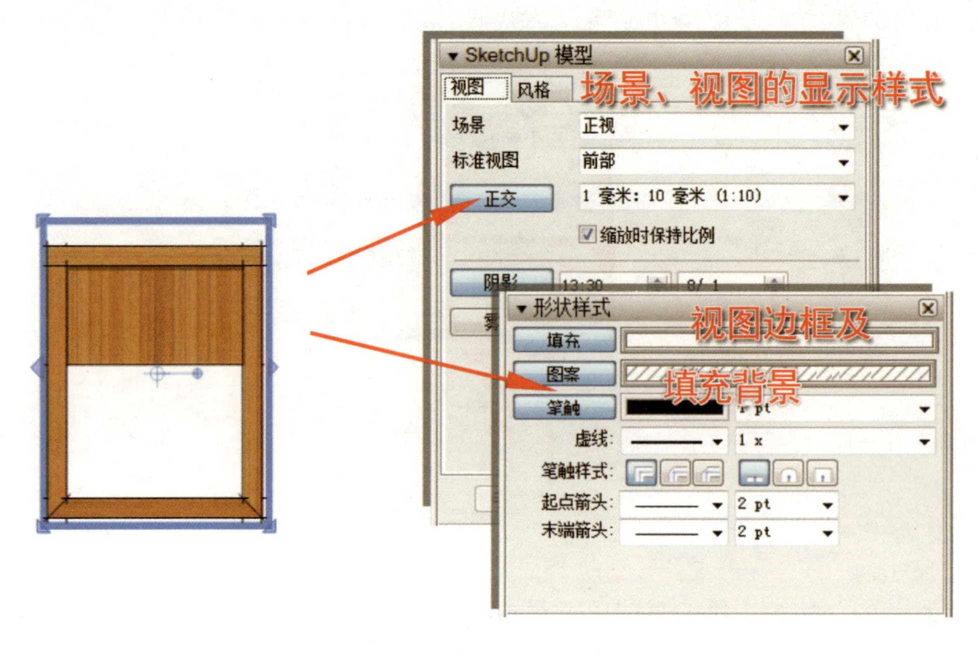

提示

在填充SketchUp模型视图背景图案时，必须确保SketchUp模型场景是无背景样式，否则无法填充。

4. 图形

改变图形的填充和边线可以在“形状样式”面板中进行；改变图形的形状则可以双击图形进入图形内部拖动图形的节点，比如直线、圆、多边形的端点。但正方形不能用此方法，不过使用“缩放工具”足以完成它所有可能的变形。

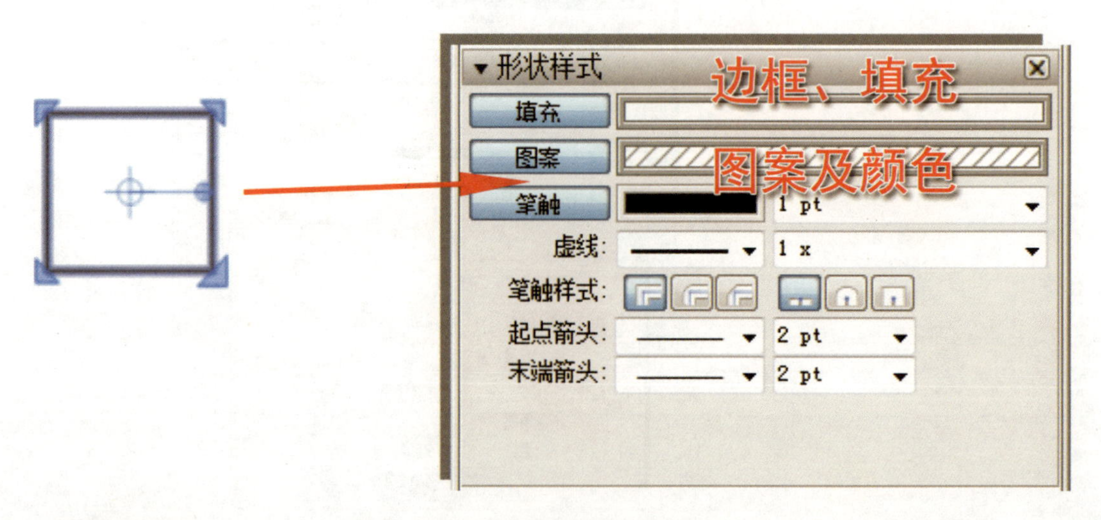

5. 组元素

当更改一个组或同时选择多个元素进行更改时，所有在其内部的元件将被一起修改，如果只想编辑单个组内的元素，则需要双击该组进入组内，然后选择要编辑的元素进行编辑。

提示

如果想要建立组，首先需要选择想要组合在一起的几个元素，然后单击鼠标右键，选择“组”命令。

2.2.7　小结

（1）移动元素：选择需要移动的元素，直接拖动即可，使用 Shift 键可将移动锁定在垂直线或水平线上。

（2）旋转元素：可以通过拖动改变旋转中心的位置。

（3）缩放元素：在调整元素的大小时，元素的变化有所不同，这取决于它是什么类型的元素。

（4）捕捉元素：使用中心点，或建立自定义捕捉点可以捕捉对象。

（5）不同面板影响特定类型的元素，一些面板会影响多个类型的元件，如“文字样式”面板、“形状样式”面板。

2.3　新建LayOut图纸文件

在开始布局时，需要打开现有的文件或新建一张图纸。“使用入门”对话框提供了创建新文档的模板。通过模板可以定义纸张尺寸、默认的工具样式，以及标题栏等内容。

2.3.1　利用已有文件创建自己的模板

在第一次打开软件时，默认模板只有空白的页面，要根据模板创建自己的文件，可以按照下列流程先双击打开随书附赠的文件“图框 1.layout”，然后按照以下步骤操作：

（1）选择“文件”菜单。

（2）选择“另存为模板”命令。

（3）在“模板名称”文本框中输入自己设定的模板名称。

（4）单击“确定”按钮。

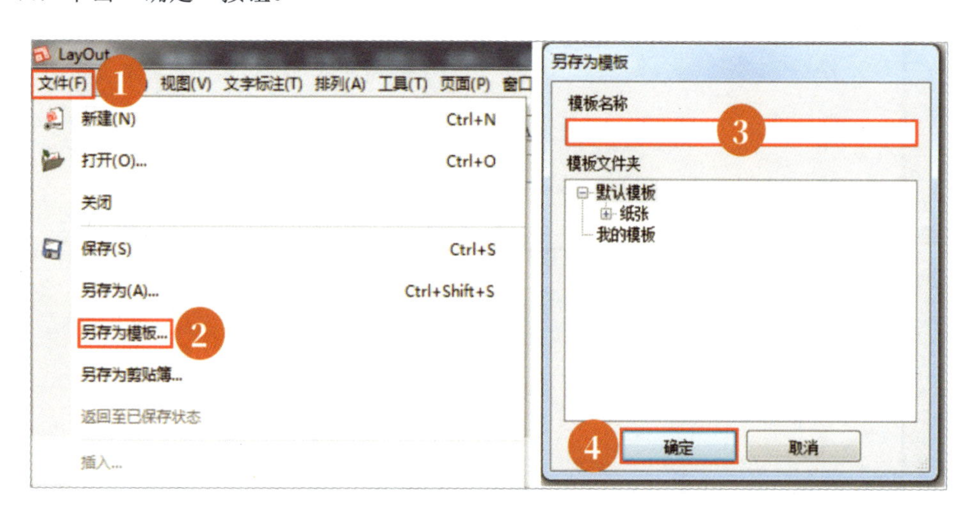

按类型将模板分类，方便下次作图时使用。当然，也可以自己动手绘制图框，保存一个属于自己的模板文件。

2.3.2 利用模板创建新文件

通过模板创建新文件，请按照下列步骤操作：选择“文件→新建”命令，在弹出的对话框中选择想要的模板，单击“打开”按钮。

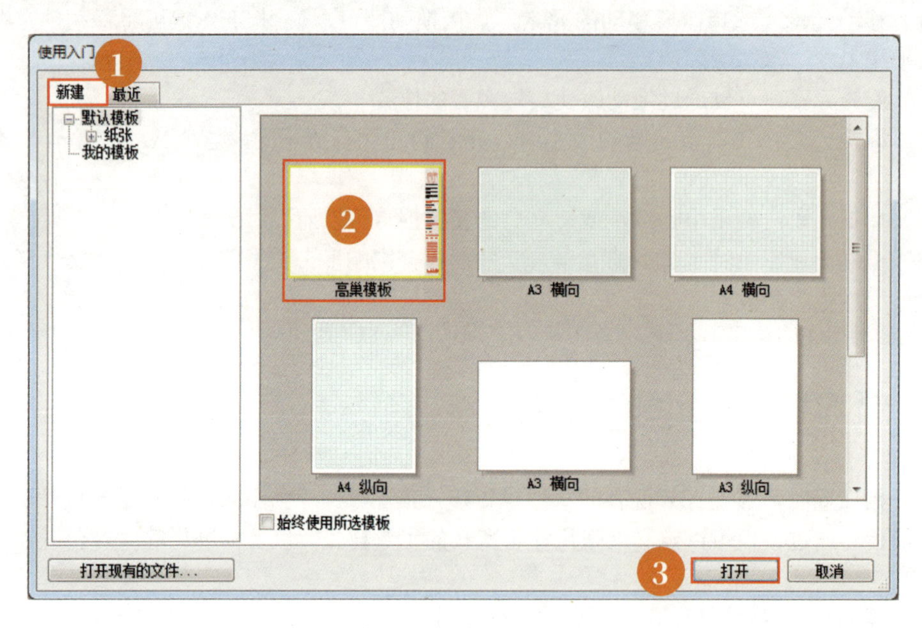

2.3.3 设置LayOut页面

单击“页面”面板中的标题，可以切换查看想要查看的页面。

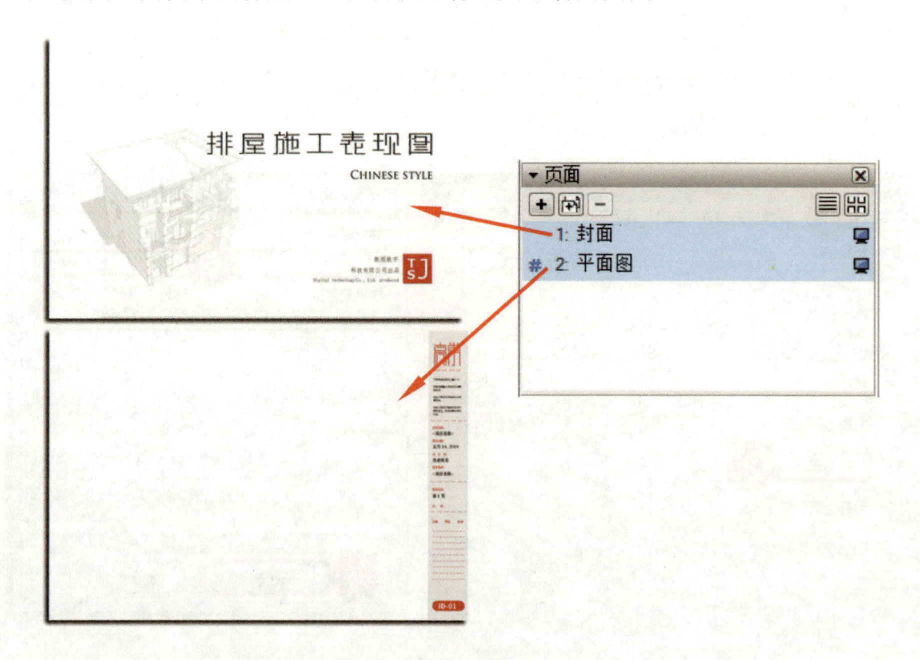

1. 添加页面

在“页面”面板中只需单击⊞按钮就可添加页面。插入一张新的页面之后，如果需要重新排列顺序，只需在“页面”面板中选择想要重新排序的页面标签并拖动即可。

2. 重命名页面

在 LayOut 里面，系统会自动给页面编号，如 < 未命名 > - 第 1 页 、 < 未命名 > - 第 2 页。如果想为页面重新命名，可以在“页面”面板中双击页面名称并输入新的名称。

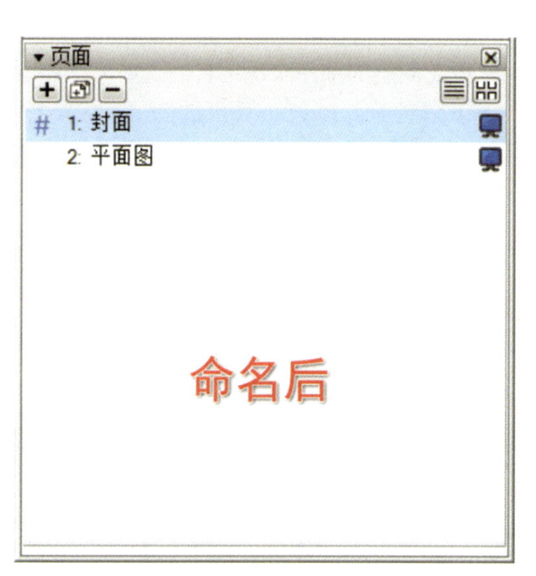

3. 复制页面

“复制选定页面”按钮：选择一个页面，单击此按钮将会在其下方产生一个相同的页面。

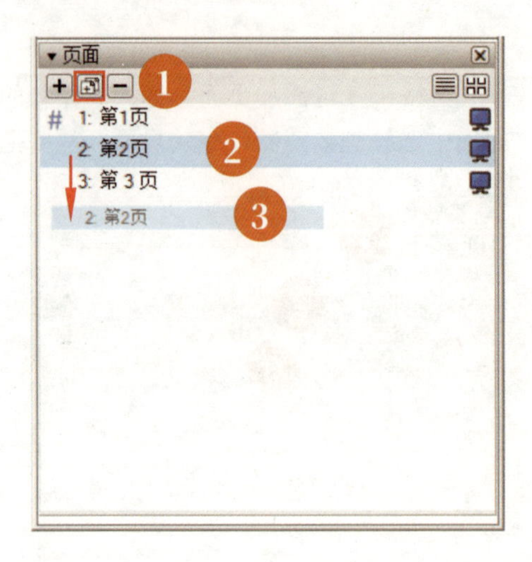

操作步骤：

（1）选择想复制的页面。

（2）单击“复制选定页面”按钮。

（3）拖动新页面到想要的位置。

2.3.4 设置LayOut图层

图层是 LayOut 的重要编辑工具，它可以使页面以多种不同的方式显示，通过控制图纸上元素所在图层的顺序来决定它们是如何互相叠加在页面上的。

下图展示了 LayOut 图纸的图层组成及排列顺序。

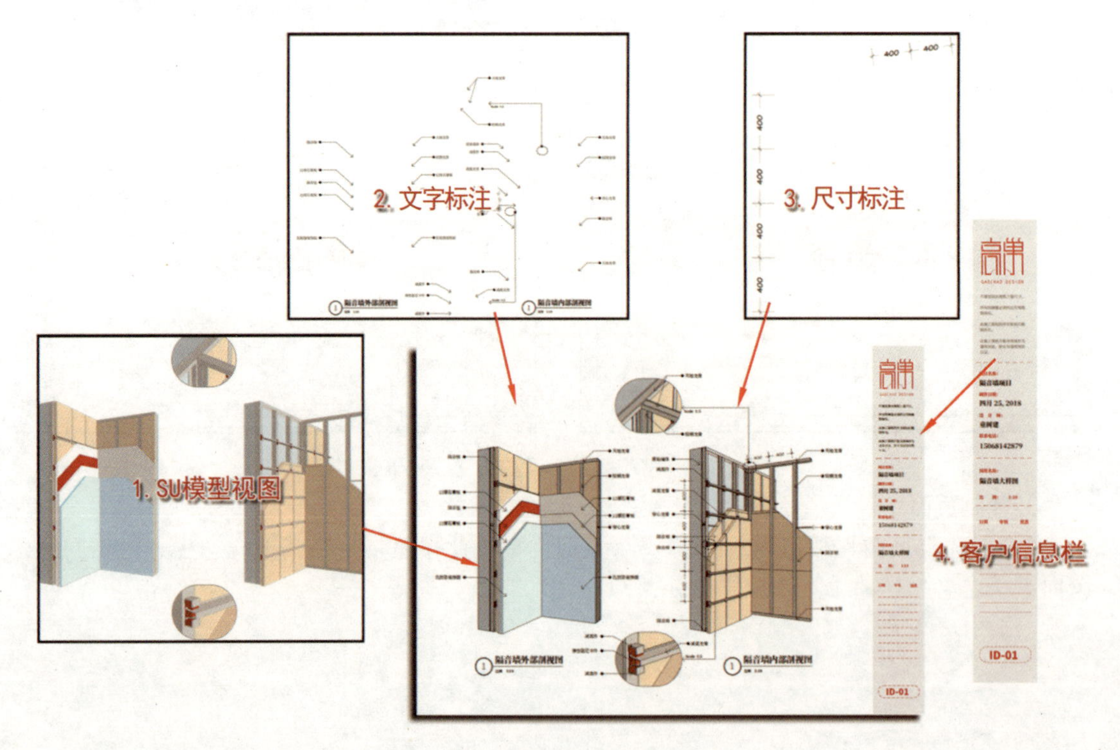

接下来为大家介绍“图层”面板中三大主要图标的功能。

“图层”面板中三大图标的功能如下：

- 切换图层的可见性：系统默认每个页面的每一图层都可见，可以通过单击该图标关闭当前图层的显示。
- 切换图层的锁定：系统默认所有图层为不锁定状态。如果一个图层被锁定，则这个图层上的元素都会被锁定，用户将无法选择或编辑该图层上的元素。通过单击该图标可以切换图层是否锁定。
- 图层元素共享：单击该图标，则此图层为共享图层，共享图层上的元素会自动出现在所有页面上。比如标题栏和水印，有了这个功能可以在共享图层里随时修改元素，而其他页面共享图层上的元素也会自动更改。

提示

如果需要在一张特定的页面上不显示共享图层的内容，只需要单击图层前面的眼睛图标，关闭图层在该页面上的可见性即可。

1. 在图层中插入一个元素

当在图层中插入一个元素时，元素将会自动被放入当前的图层上。因此操作时需要注意正在被编辑的图层，以确保将元素放到正确的图层上。

图层名称旁边的铅笔图标表示此图层正在被编辑。如果需要编辑某一图层，只需单击“图层”面板中的相应图层，铅笔图标就会出现在相应的图层上。

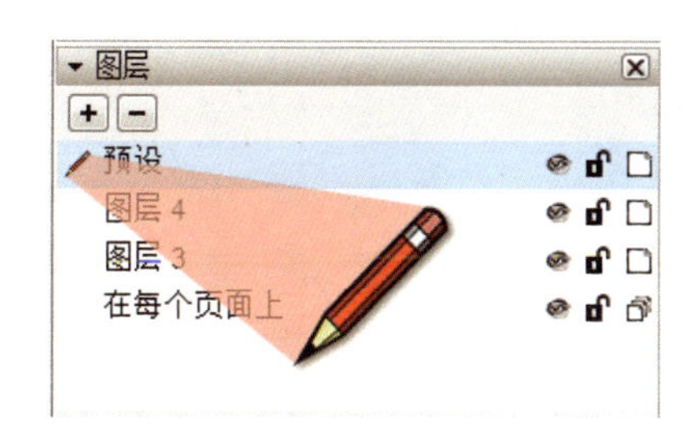

2. 查看图形所在的图层

当用鼠标单击任意元素时，图层名称前会出现一个小黑点。这个小黑点表示所选择的元素归属于哪个图层。这时编辑元素，是不会改变该元素的图层信息的。

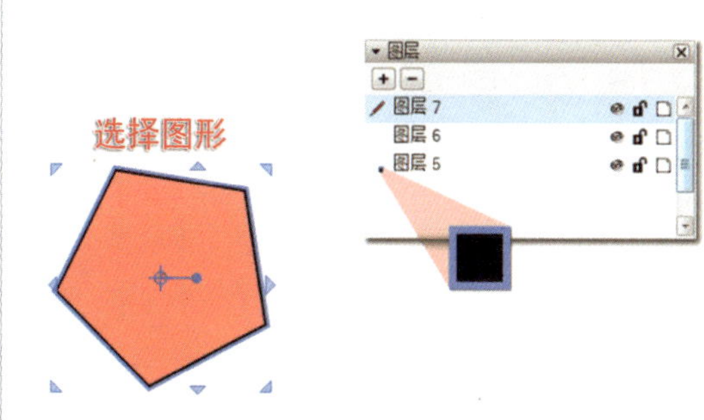

3. 重新分配图层

当不小心把一个图形元素放错图层，想更改其所在图层时，请按照下列步骤操作：

（1）选择所需要更改图层的图形元素，然后单击鼠标右键。

（2）在右键快捷菜单中选择“移至图层”命令，弹出扩展菜单。

（3）在扩展菜单中选择相应的命令即可。

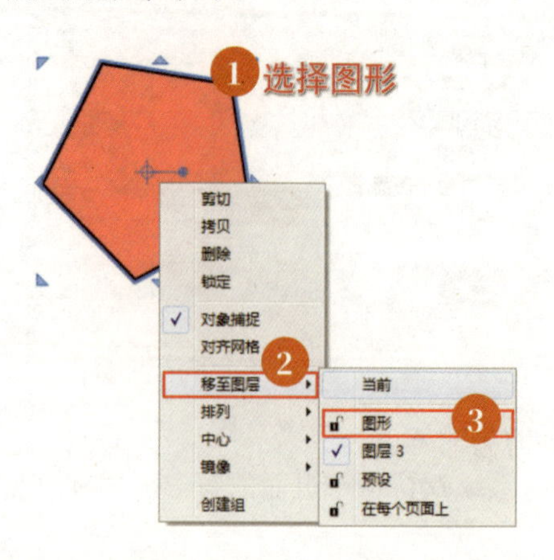

4. 修改图层内图形元素的前后顺序

图形元素在图层内的前后顺序也是可以被改变的，具体请按下列步骤操作：

（1）选择需要更改图层顺序的图形元素，然后单击鼠标右键。

（2）在右键快捷菜单中选择“排列”命令。

（3）通过选择“置于最前”“前移”“后移”或“置于最后”命令来调整图层内图形元素的前后顺序。

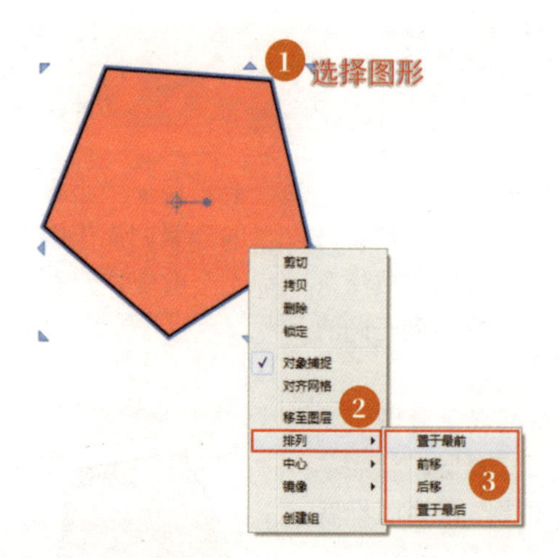

2.3.5 创建自己的图框信息栏

如果要对模板中的元素进行修改，首先要确定其模板是否在可编辑状态。如果单击一个元素，却不能对其进行任何修改，这可能是因为该模板中的元素所在的图层处于锁定状态。

1. 修改 LOGO

接下来学习制作自己的模板。重新打开文件，在“使用入门”对话框中选择之前保存的模板。将公司的信息添加到模板中，并将其保存为供以后使用的一个新模板。首先打开一个新的模板文件，从现在开始按以下步骤操作：

（1）双击进入客户信息栏，选中默认的 LOGO 并将其删除。

（2）插入自己的 LOGO：选择“文件→插入”命令，选择的文件格式为“光栅图片”（如果没有自己的 LOGO，可以跳过此步骤），将 LOGO 拖动到合适的位置。

（3）拖动边框的蓝色箭头调整大小，并将 LOGO 移到指定位置。

（4）为了防止意外编辑，也可以将图层锁定。

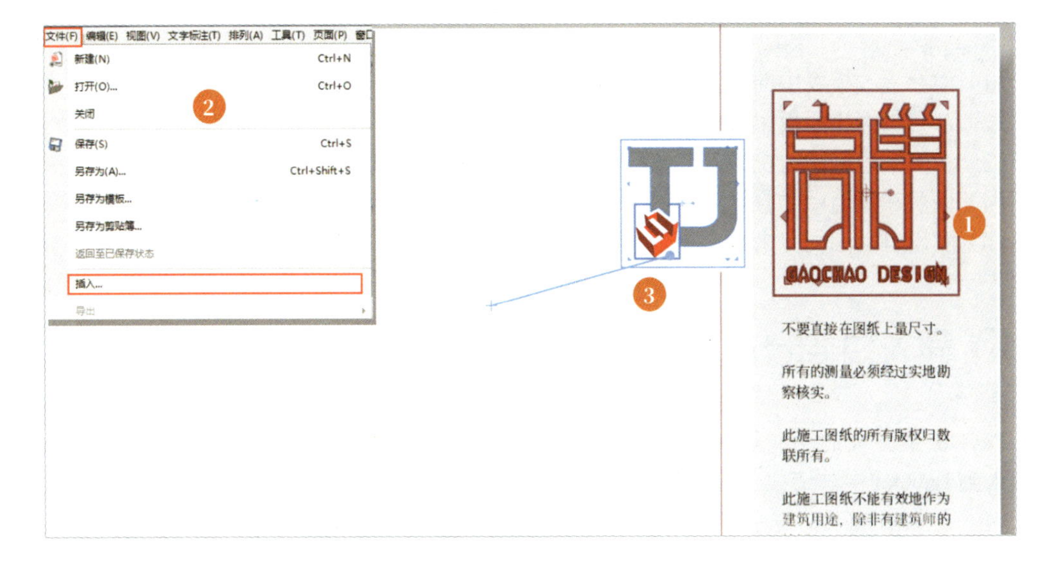

注意：LOGO 可以是 JPG、PNG 等格式的图片。

2. 更改文本

接下来更改客户信息栏中的客户信息，请按照下列步骤操作：

（1）选择“文件”菜单。

（2）选择“文稿设置”命令。

（3）在弹出的“文档设置”对话框中，选择“自动图文集”选项。

（4）选择一个要编辑的图文集，如选择“< 项目名称 >”选项。

（5）在下方的自定义文本框中定义项目的名称。

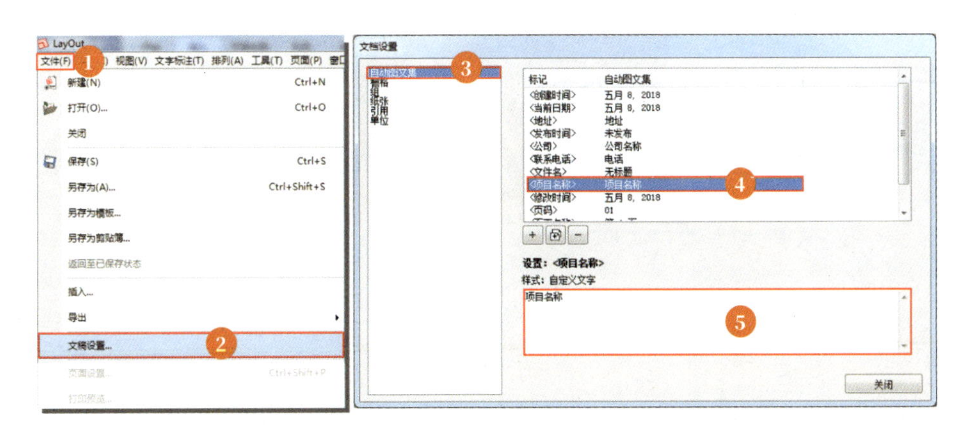

提示

以同样的方式在此页面上更改其他信息，完成新的信息栏并将其保存成新的模板。选择“文件→另存为模板”命令，选择想要保存的位置，单击“确定”按钮。

特别提示

把客户信息栏的图层设置为“在所有页面上显示”，即可在所有页面上进行显示。

2.3.6 小结

（1）学会更改模板中的 LOGO、文本等元素。

（2）从“页面”面板中选择页面进行编辑。

（3）在不被隐藏的情况下，共享图层上的元素将出现在每个页面中。

（4）图层在页面中的叠加顺序可以被改变。

（5）利用自动图文集来定义图框中的客户信息。

2.4 导入SketchUp模型

LayOut 最强大的功能是和 SketchUp 模型建立实时动态链接视图。要将 SketchUp 模型视图插入到 LayOut 中，请按照下列步骤操作：

（1）在 LayOut 中，选择“文件→插入”命令。

（2）在弹出的对话框中选择需要插入的 SketchUp 模型，单击“打开”按钮。

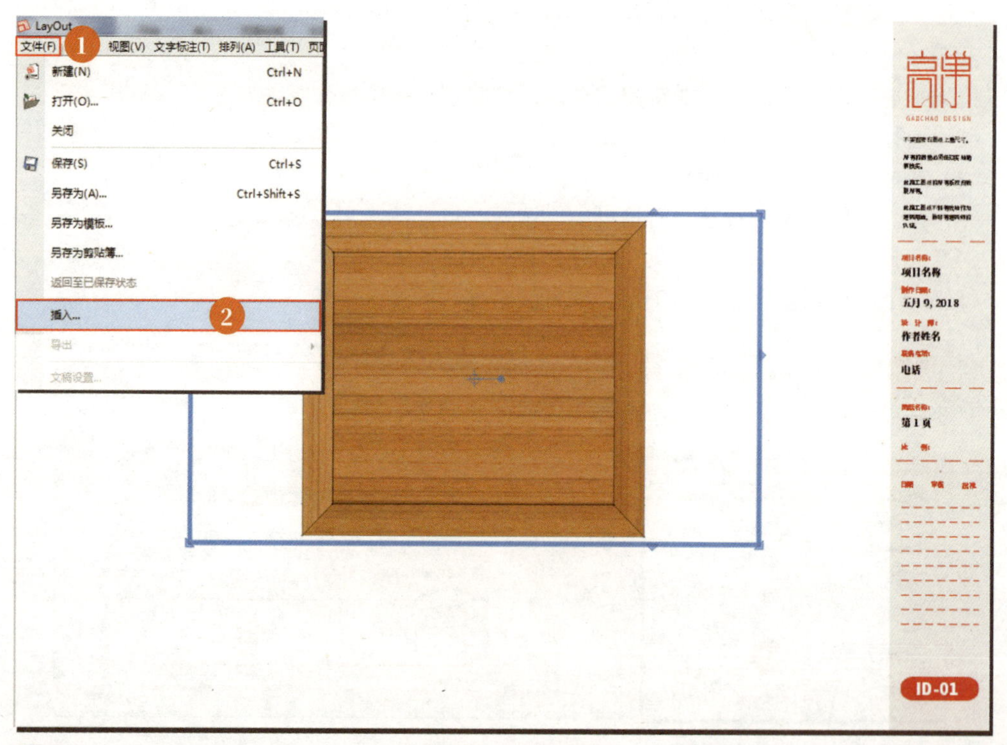

提示

在LayOut中插入模型，默认显示的是该SketchUp模型最近保存的场景视图。

2.4.1　选择SketchUp场景页面

前面提到过，当插入一个新的 SketchUp 模型视图到 LayOut 中时，系统会默认显示最近保存的 SketchUp 模型的视图。当然这不一定是你想要的，可以在 LayOut 中的“SketchUp 模型”面板里选择之前在 SketchUp 中设置好的场景页面。具体请按照下列步骤操作：

（1）选中模型视图，单击鼠标右键。

（2）选择“场景”命令，弹出“场景”扩展菜单。

（3）在“场景”扩展菜单中选择所需要的场景页面即可。注意：该处信息取决于 SketchUp 模型所设置的场景页面。

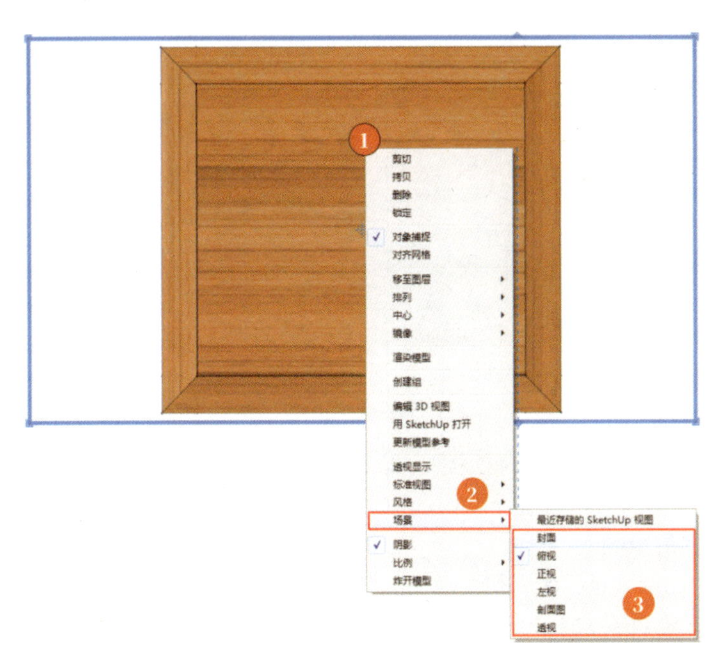

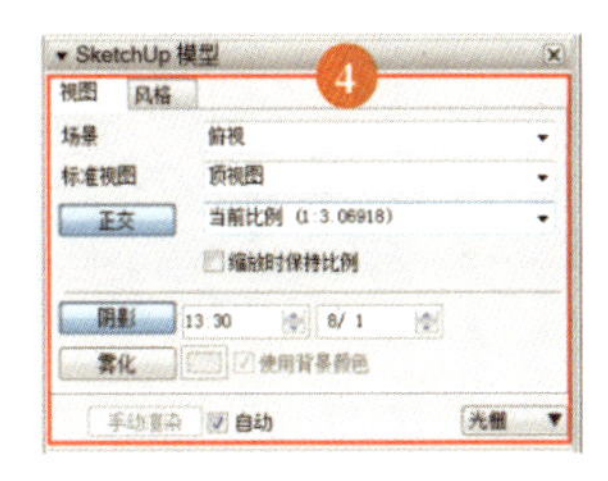

2.4.2　SketchUp模型视图的定位

导入 SketchUp 模型视图后，首先，需要思考要把它放在哪张页面上，或者设置在所有页面上共享。其次，要考虑将它放在页面的什么位置，在选择模型视图后，将鼠标指针悬停在模型视图上时，鼠标指针会变成移动工具的样子，此时便可以在页面上自由移动模型视图。将它移动到想要的位置即可。下面是一些提示，帮助定位模型视图。

（1）选择“视图→显示网格”命令，打开网格模式，方便模型视图的定位。

（2）LayOut 的捕捉系统可以帮助用户调整模型视图的位置。如果想关掉或开启对象捕捉和对齐网格功能，可以在“排列”菜单中切换相应的选项。

（3）选中模型视图，可以使用键盘上的箭头键微调模型视图的位置。

（4）每个模型视图或图形元素都有一个可移动的中心点，它可以在页面上自定义捕捉点来帮助定位。

2.4.3　调整SketchUp模型视图的大小

在 LayOut 中有两种控制 SketchUp 模型视图大小的方法。

1. 第 1 种方法

在未设置 SketchUp 模型视图比例时，通过拖动视图边框，SketchUp 模型会随着视图边框的改变而改变；如果想要改变模型视图的大小，单击并拖动任何一个沿着模型视图的边缘出现的蓝色三角形即可。

调整模型视图时，请遵循以下提示：

（1）拖动拐角箭头调整比例时，高度和宽度将会一起被调整。

（2）按住 Shift 键的同时拖动箭头缩放视图时，可以锁定模型视图高宽比。

（3）按住 Alt 键的同时拖动箭头会使模型视图以中心为基点进行缩放。

（4）可以拖动模型视图的边缘箭头到任何一点，甚至可以拖动至页面以外。

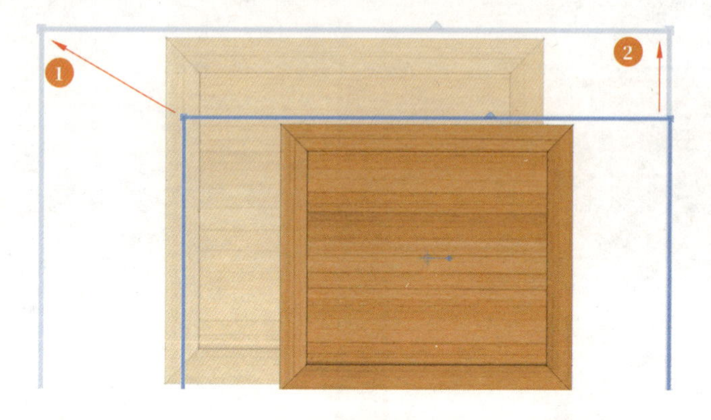

2. 第 2 种方法

在已设置 SketchUp 模型视图比例时，可以精确地控制 SketchUp 模型在视图窗口中显示的大小。在为 SketchUp 模型视图设置比例后，系统会默认选中“缩放时保持比例”复选框，因此 SketchUp 模型将不再受视图边框的影响。

模型视图的大小取决于模型的比例大小。所以想要添加一个大的视图，首先要将 SketchUp 模型的比例调得大一些。如果不想要调整 SketchUp 模型的比例，而只是想调整视图框大小，那么，请按以下步骤操作：

（1）选择“SketchUp 模型”面板，选中“缩放时保持比例”复选框。

（2）拖动模型视图边缘的蓝色小箭头，即可在不影响模型比例的情况下调整视图框大小。

2.4.4　图纸空间与模型空间

对于用过 AutoCAD 布局的人来说，可能对“图纸空间”和“模型空间”这两个术语比较熟悉，而 LayOut 也存在这两个空间。

图纸空间存在于 LayOut 布局工作区域，在这里，可以添加视图、尺寸、注释、标题等；模型空间则是一个 SketchUp 的三维模型空间，只存在于模型视图内。而“SketchUp 模型”面板控制着整个模型空间中所有元素的显示样式。

双击视图，进入模型空间，就会发现 SketchUp 的相机导视工具，可以快速调整模型视图内的相机角度，具体请按以下步骤操作：

（1）双击视图，以进入模型空间。

（2）按下鼠标滚轮拖动调整相机角度，滚动鼠标可以放大和缩小视图。

（3）按住 Shift 键启用“平移工具”，可以重新定位模型在视图中的位置。

（4）快速缩放模式填补了视图的面积，单击鼠标右键，选择“缩放范围”命令。

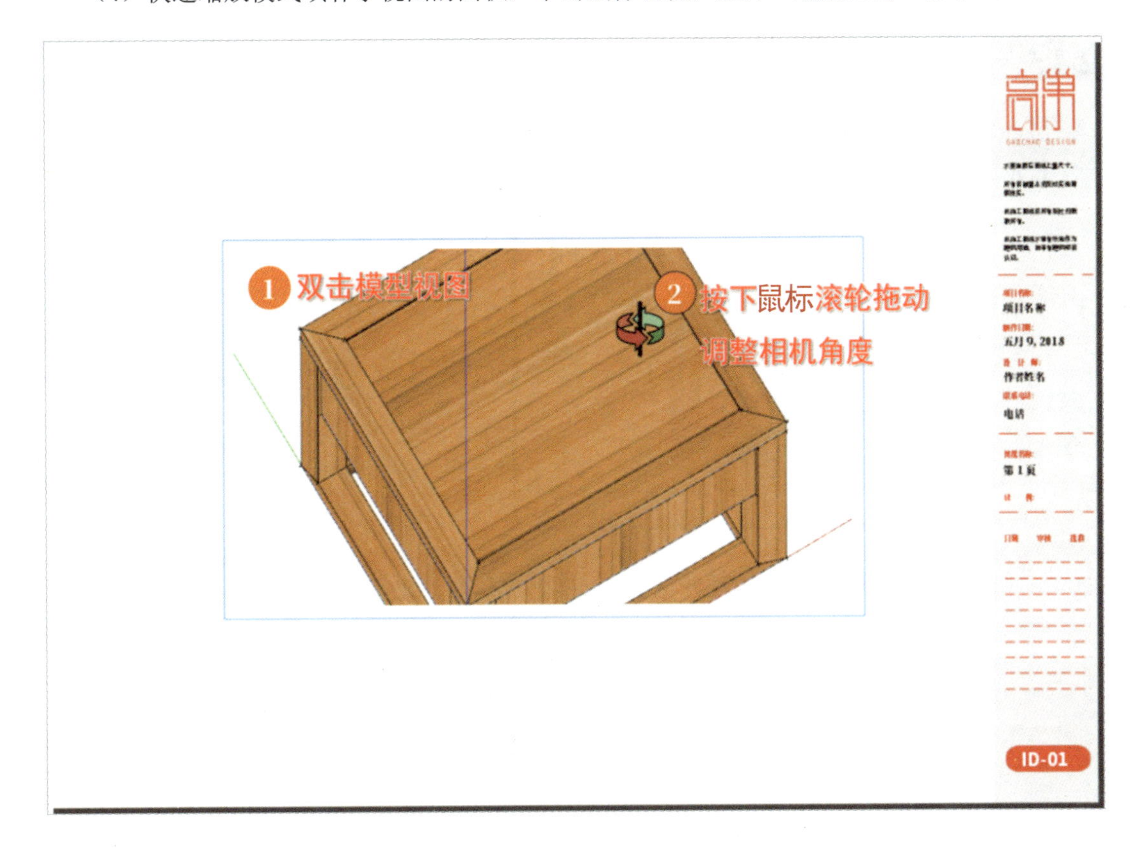

在“SketchUp 模型”面板中选择现有的场景，并在模型空间里对所选的场景进行修改后，再在空白处单击进行确认，在“SketchUp 模型”面板的“场景”下拉列表框中的场景名称前就会出现“已修改”字样。

每当在 LayOut 中修改场景时，只会更新场景页面显示，而不会修改 SketchUp 的模型或者对相机角度所做的更改。

如果在 SketchUp 模型上进行了风格或相机设置更改，并希望它们出现在 LayOut 的视图中，需要在 SketchUp 模型视图上单击鼠标右键，在“场景”下拉菜单中重新选择场景页面即可。

2.4.5 正交和透视视图

SketchUp 模型主要有两种类型的视图：正交视图和透视视图。对于正交视图，可以设置一个特定的比例，从而运用在可打印图纸的文件中，而透视视图则不能分配比例。

2.4.6 光栅、矢量和混合

光栅、矢量和混合这 3 种不同的渲染设置都可以运用在视图中，每一种渲染样式都能使视图在外观上有着不同的视觉效果。

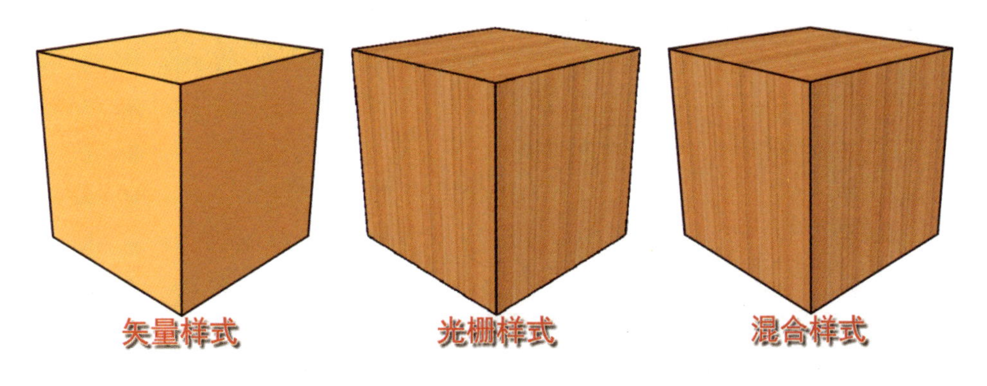

- 光栅：当将视图设置为“光栅”渲染样式时，布局将产生场景的图像，还能显示来自 SketchUp 风格的真实纹理贴图和边线的样式。这个渲染设置是最快的一个，但弊端是质量不高，放大视图时会出现模糊。
- 矢量：“矢量”渲染样式会使来自 SketchUp 的所有边线变为可编辑的线，而纹理则显示为纯色，但会产生准确、清晰的边缘。放大边缘时，不会产生像素点，但 X 射线等这些 SketchUp 里的风格不会在“矢量”样式下显示，而且“矢量”渲染将需要更多的处理时间。
- 混合：“混合”是前两者样式的结合，既会产生像“矢量”样式一样清晰的边缘，也会产生像“光栅”样式一样真实的纹理图像。而 LayOut 人性化的一面是这 3 个样式之间可以相互切换，只要在“SketchUp 模型”面板中选择任意样式即可。

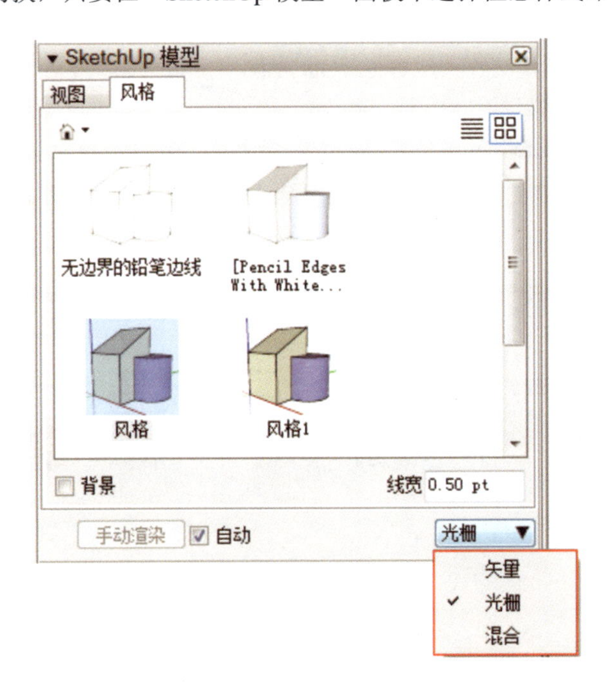

2.4.7　控制线宽

在布局视图时，可能需要调整视图线宽。具体请按以下步骤操作：

（1）选择模型视图。

（2）单击“SketchUp 模型”面板上的“风格”选项卡。

第1章
第2章
第3章
第4章
第5章
第6章

（3）在面板右下角的线宽参数栏内输入一个新的视图线宽值即可。

2.4.8　更新SketchUp模型

在项目的制作过程中，有可能会发生 SketchUp 模型与 LayOut 模型视图失去链接的情况，要想重新引用 SketchUp 模型文件到所有 LayOut 视图中，请按照以下步骤操作：

（1）选择“文件→文稿设置→引用”命令。

（2）选择想更新的 SketchUp 模型文件。

（3）单击“更新”按钮，等待加载该文件，然后单击“关闭”按钮即可。

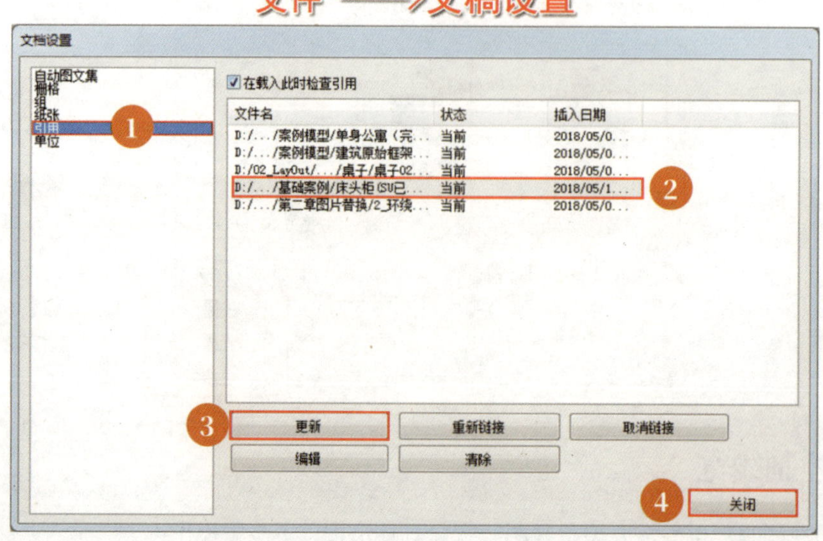

2.4.9　更新LayOut页面上的SketchUp场景视图

在大多数情况下，建议保持打开 SketchUp 与 LayOut 的动态链接状态，这样就可以方便地给 SketchUp 模型做一些小的调整，而不用担心 LayOut 文件中所引用的模型文件不被更新。但必须要记住的是，一定要保存修改后的 SketchUp 模型，以确保所进行的更改被系统记录，然后再尝试更新模型参考。

具体流程请按照以下步骤操作：

（1）选择一个想要更新的视图，单击鼠标右键。

（2）选择“更新模型参考”命令。

2.4.10　小结

（1）要插入 SketchUp 模型视图，选择“文件→插入”命令。

（2）提前在 SketchUp 中创建场景，并调出视图布局。

（3）视图大小取决于 SketchUp 模型的比例。

（4）双击视图，可以进入模型空间进行修改。

（5）在正交模式下可以显示更精确的比例。

（6）可以一次或多次更新视图的模型参考。

2.5 添加尺寸标注

基于大家对 SketchUp 场景设置的熟悉及理解，加上对之前章节内容的学习，想必大家已经熟悉 LayOut 的基本功能了。接下来将跳过 SketchUp 的建模阶段，直接导入现有的 SketchUp 模型。在设置完所有的场景视图后，就可以进行尺寸标注、文字注释等后期的排版了。

尺寸工具有自动捕捉功能，可以捕捉模型上的点，主要用于测量并且标注精确的尺寸。

在 LayOut 里，可以先设置尺寸样式，比如线条粗细、风格、位置、终点款式、颜色、计量单位、精度、比例、文字位置和字体的外观等，然后再绘制线性尺寸线和角度尺寸线。

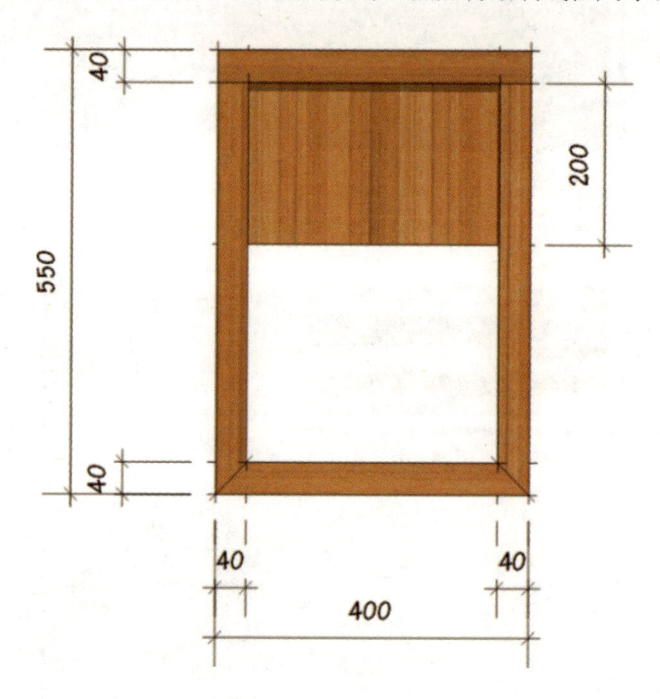

2.5.1 创建尺寸标注

想要创建精确的尺寸标注，首先必须确保 SketchUp 模型规范，包括模型的边线和视图角度、样式等，这样才能精确地捕捉到点，也才能标注出正确的尺寸。

要创建线性尺寸标注，请按以下步骤操作：

（1）激活线性尺寸工具。

（2）选择想要创建尺寸标注的图层：在“图层”面板中单击要创建尺寸标注的图层。如果没有用于创建尺寸标注图层，新建一个图层，并将其放置在所有图层之上。

（3）捕捉一个测量起始点，然后单击这个点。

（4）捕捉第二个点，然后单击以确定第二个测量点。

（5）通过拖动鼠标控制尺寸标注的朝向及长度，单击进行确认。

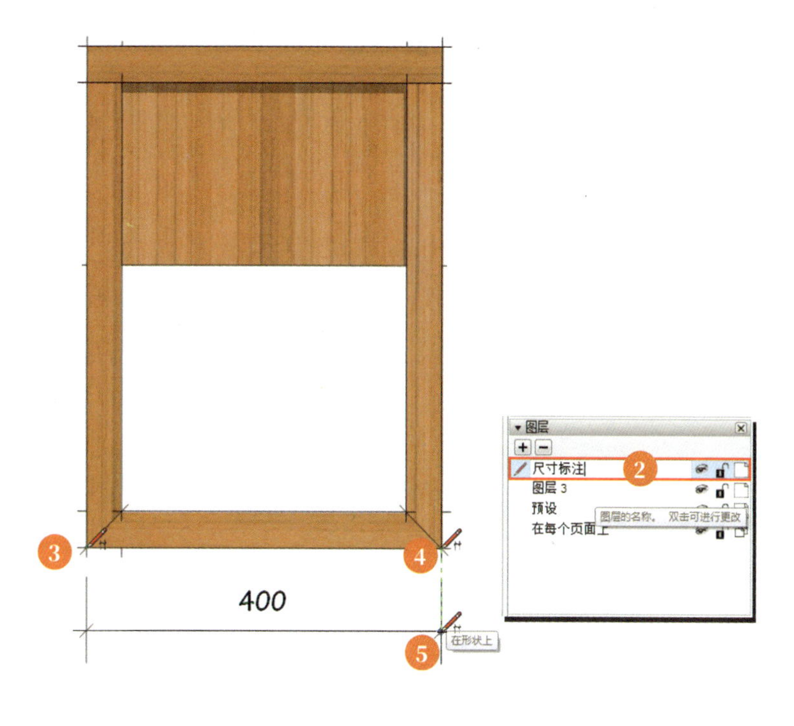

2.5.2　编辑尺寸标注所需面板介绍

在编辑尺寸标注时，双击尺寸线，除了可以修改尺寸线长度外，还将应用到一些不同的工具面板。

（1）角度、精确度及单位设置——“尺寸样式”面板。

（2）添加文字的背景，改变尺寸标注起止符号的风格、线条粗细、样式或颜色等——“形状样式”面板。

（3）编辑尺寸标注的文字样式——“文字样式”面板。

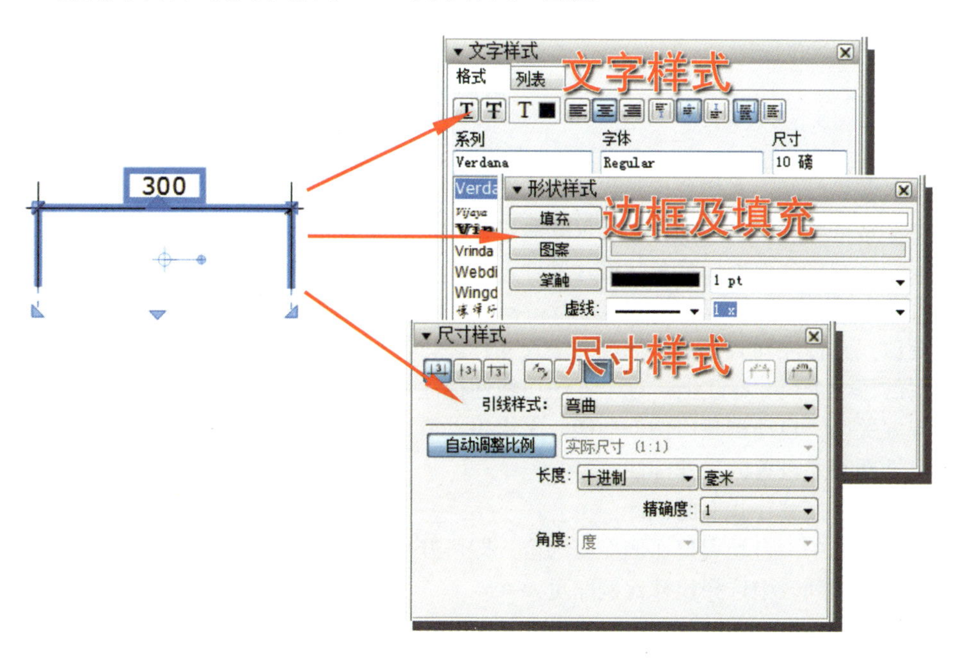

2.5.3 尺寸标注比例

在视图中选取两个点添加尺寸标注时，LayOut 会给出一个和视图比例相匹配的尺寸比例（视图比例：“SketchUp 模型”面板中的当前比例），这个就是“尺寸样式”面板的“自动调整比例”功能。

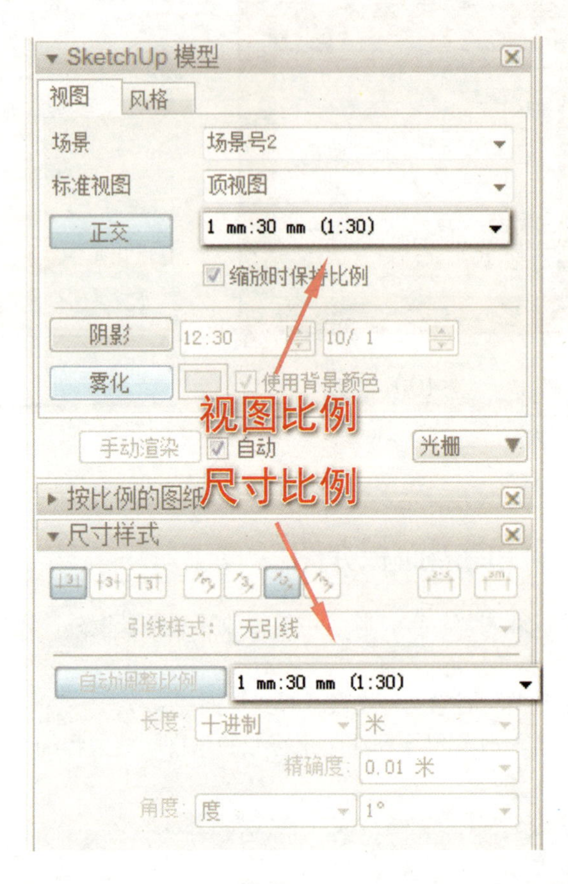

注意

视图比例和尺寸比例要一致。

虽然大多数时候，系统会自动选择跟视图比例相匹配的尺寸比例，但还是需要仔细检查，因为这个非常重要。其实，笔者不建议开启“自动调整比例”功能，因为一旦开启这项功能，图纸的尺寸比例将会被委托给系统进行管理，一旦对视图的修改有小错误，就很有可能影响已经标注好的尺寸。

要更改尺寸标注样式，首先添加一个尺寸标注，然后对其进行样式设置，并将这些设置运用到之后的每一个尺寸标注上。这个方法在线性标注或者角度标注上都能运用。

如果要关闭“自动调整比例”功能，采用手动方式设置尺寸比例，请按照以下步骤操作：

（1）选择想要设置的尺寸标注。

（2）展开“尺寸样式”面板。

（3）取消选中“自动调整比例”复选框，即可开启手动调整比例选项。

（4）在下拉列表中选择尺寸比例即可。

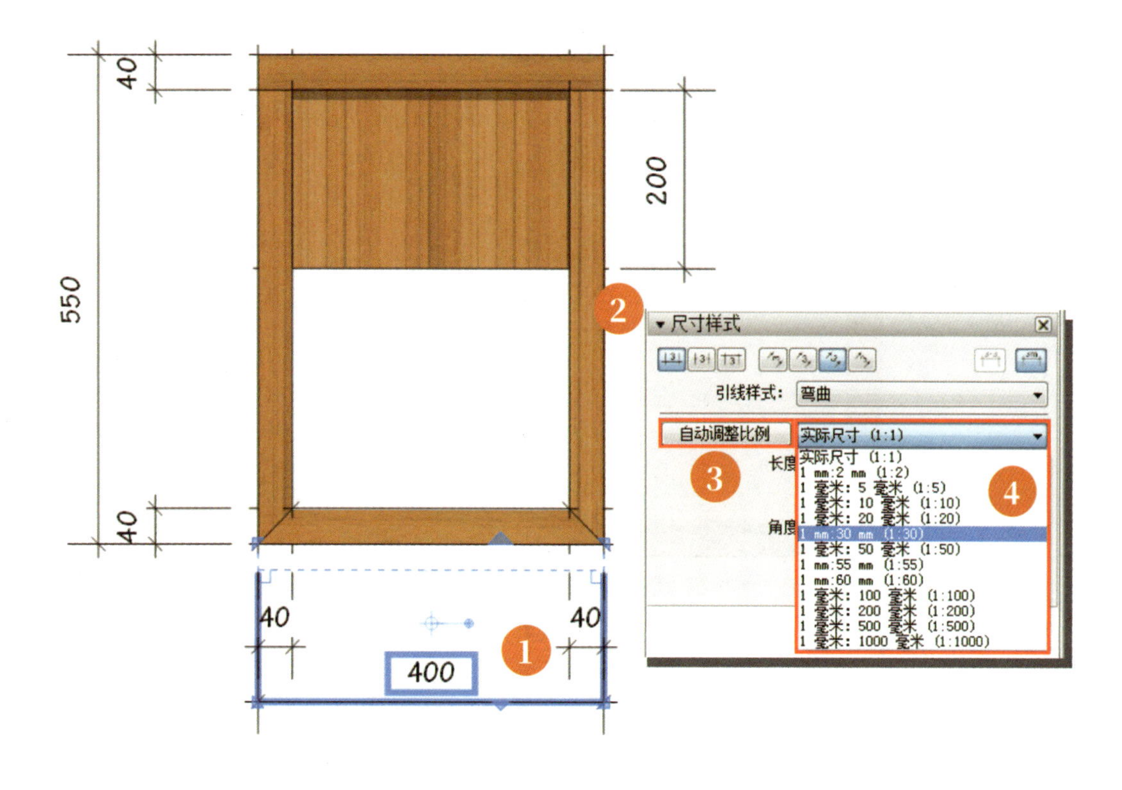

2.5.4　尺寸标注单位和精确度的设置

如果系统默认的尺寸标注的尺寸单位不是自己想要的，那么可以展开“尺寸样式”面板进行修改，在“尺寸样式”面板中有很多尺寸单位及样式可以选择。

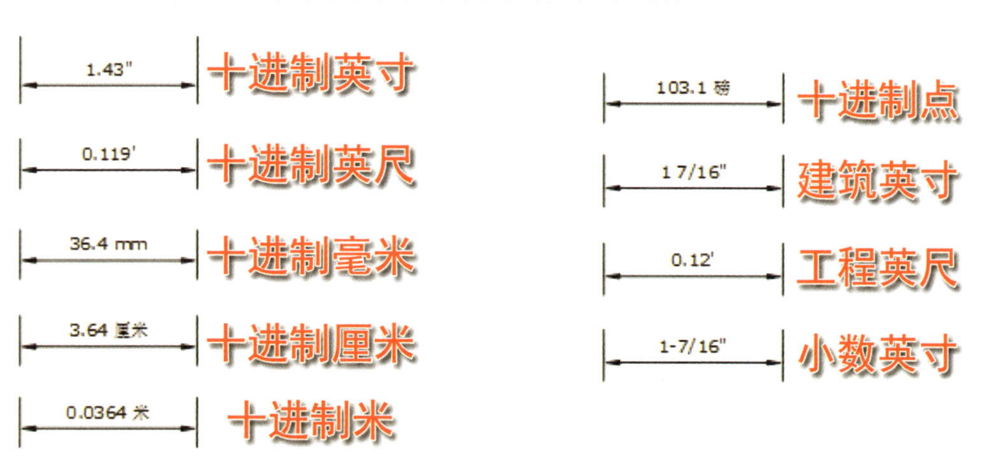

修改尺寸标注的测量单位，请按照以下步骤操作：

（1）选择想要修改测量单位的尺寸标注。

（2）展开“尺寸样式”面板。

（3）在“长度”下拉列表中选择一个标注的尺寸显示类型。

（4）在“单位”下拉列表中选择合适的单位即可。

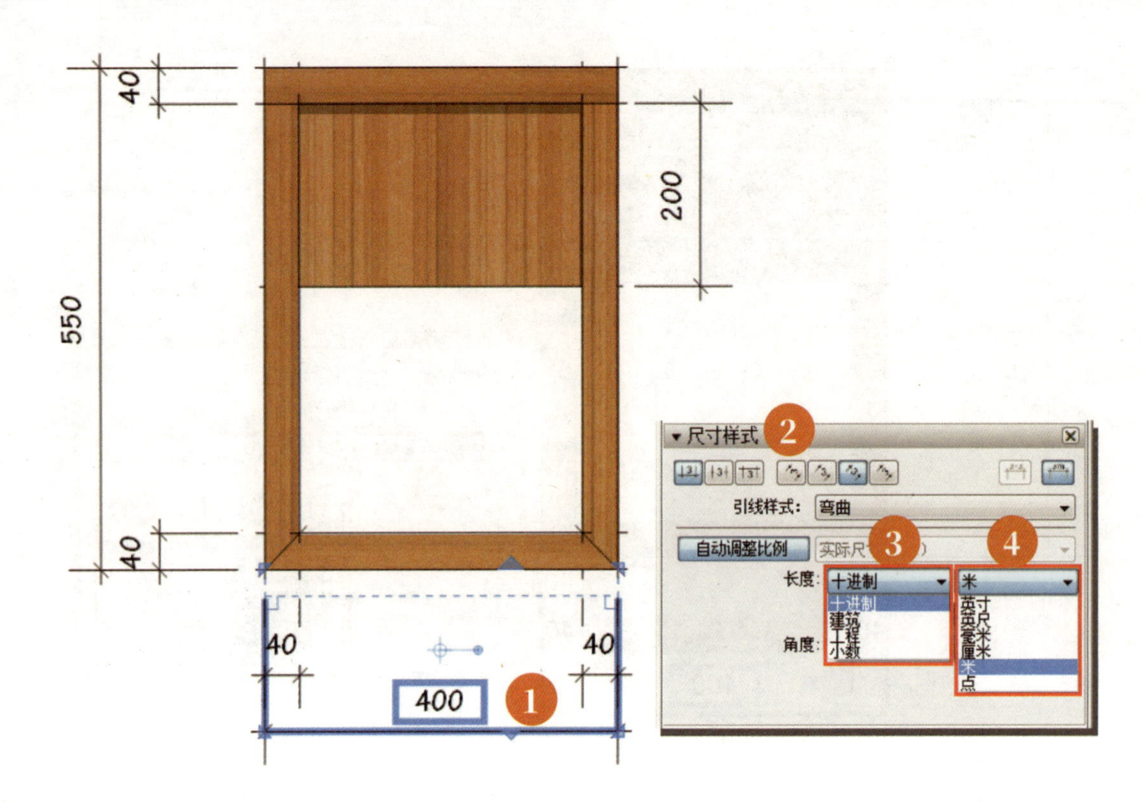

还可以选择显示数字的精确度，更改数值的小数位数。

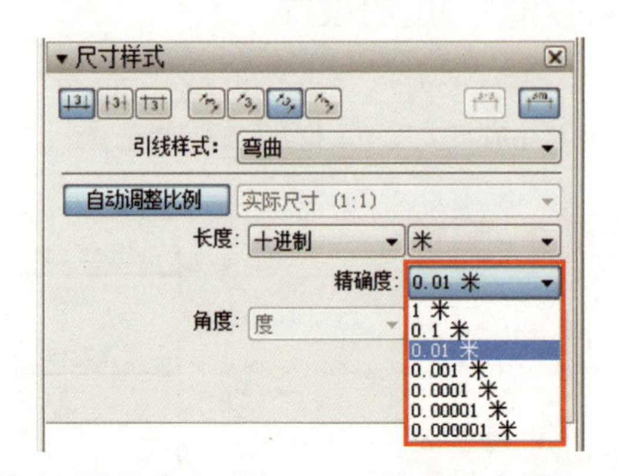

不用担心尺寸标注的精确度，系统将准确地捕捉到端点，并且测量出模型中两个端点之间的实际长度。不过，要确定捕捉到的端点是正确的。

如果有好多个端点重叠在一起，那么捕捉到正确端点将会变得很难，在这种情况下，可以通过以下方法来解决这个问题：

（1）利用鼠标滚轮放大页面显示，进一步观察，以确保捕捉到正确的端点。

（2）在保存 SketchUp 模型时，尽量选择简单清晰的直线边线风格样式，如果做到这一步，就可以直接在 LayOut 中进行修改（在“SketchUp 模型”面板的“风格”选项卡中进行），否则还要回到 SketchUp 中去改变样式风格。

（3）降低尺寸的精确度，以隐藏不精确的尺寸小数位数（不过不建议这么做，最好还是能够确保捕捉到的是正确的端点）。

2.5.5 尺寸标注对齐设置

在“尺寸样式”面板中，可以更改尺寸标注的对齐样式，也就是尺寸标注中文字与尺寸线之间的位置关系。在“尺寸样式”面板的顶部单击不同的对齐按钮，可以使文字在尺寸线的上方、下方或与该尺寸线的中间对齐。也可以设置文字是否垂直、水平、对齐或者垂直于尺寸线。

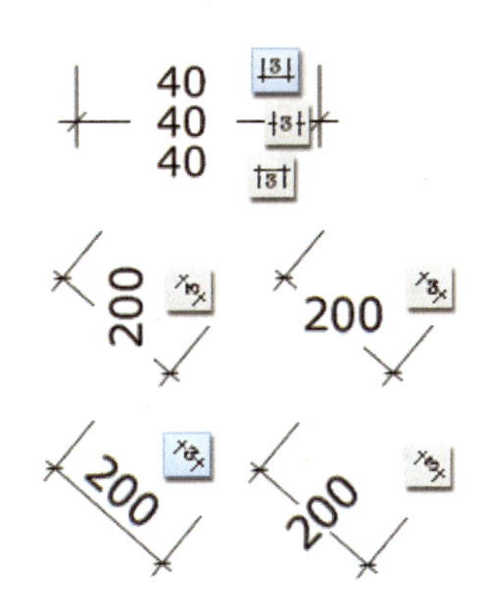

如果这些样式选项中没有想要的样式，也可以手动自行调整，为它重新定位。手动自行调整尺寸标注位置，请按照以下步骤操作：

（1）在尺寸标注位置双击。

（2）单击并拖动尺寸标注中的文字，在手动更改文字位置之后，依然可以在“尺寸样式”面板中选择文字是垂直还是平行于尺寸线。

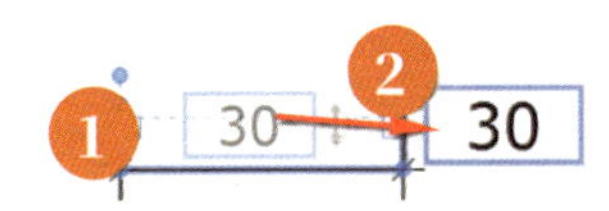

2.5.6 分解尺寸标注

在创建一些小的尺寸标注时，如果不希望尺寸标注文字框的白色背景覆盖尺寸线，但在“尺寸样式”面板中却没有办法设置，这个时候只能通过“分解”来解决这个问题。

将一个尺寸标注分解之后，系统会把尺寸标注的组成部分独立为单独的个体元素。这意味着，尺寸标注不再是一个“组合部件”了，也就意味着尺寸线不会再自动对齐模型上的点，它们只是普通的线段而已。在文本框内输入任何东西，都可以随意改变其样式，或者可以删除尺寸标注中的任何内容，但是分解尺寸是最后的办法，因为分解尺寸后，也会失去尺寸的智能优势。

2.5.7 尺寸标注的线型样式和文字样式

在 LayOut 中，可以更改的尺寸标注的样式选项还有很多，比如尺寸线的起点和末端样式、尺寸标注文字的大小等。

要修改尺寸线的样式，可以展开“形状样式”面板，这里有一些选项可以帮助用户更改尺寸标注的更多属性。

修改尺寸线的样式按以下步骤操作：

（1）设置尺寸线的颜色及粗细。

（2）设置尺寸线的起点及末端箭头样式。

（3）设置尺寸线的起点与末端箭头大小。

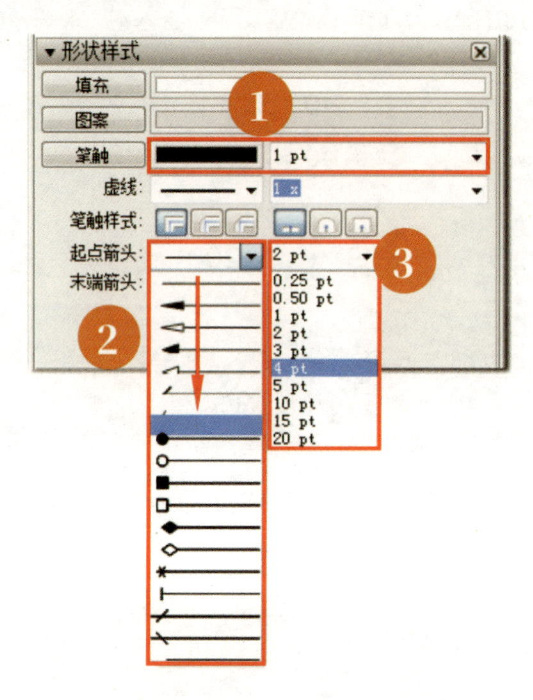

修改尺寸标注的文字样式：想要更改尺寸文字的样式，可以展开“文字样式”面板，更改字体、大小、颜色、样式、对齐方式等。

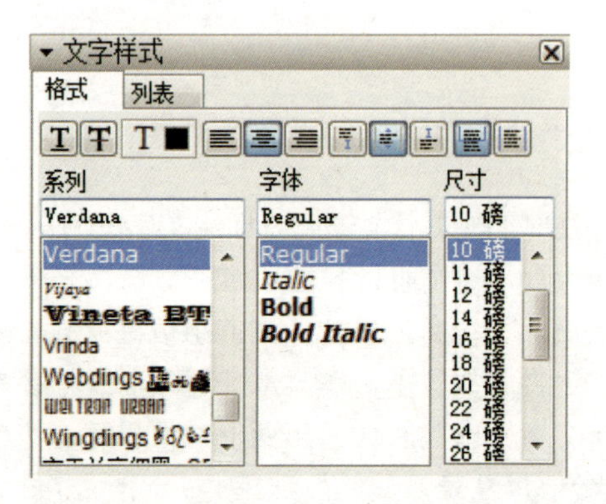

2.5.8 小结

（1）取消选中“自动调整比例”复选框，并且手动调整与视图比例相吻合的比例，以免意外修改尺寸比例。

（2）如果还有无法实现的特殊修改要求，可以先分解尺寸再进行修改，分解后的尺寸可塑性更强，但会失去尺寸原本的智能功能，因此这个方法只能作为最后的手段。

（3）在“形状样式”面板中更改尺寸线样式。
（4）在“尺寸样式”面板中更改尺寸设置。
（5）在“文字样式”面板中更改尺寸文字的样式。

2.6　高级尺寸标注技巧

在绘制尺寸时，可以利用一些高级技巧，更快、更容易地创建尺寸标注。

2.6.1　非平行尺寸

在通常情况下，当标注尺寸时，需要捕捉不在同一水平线的两个点，系统会根据用户选择的这两个点自动捕捉对齐到垂直或水平方向。然后再向垂直或者水平方向推动，即使这两个点不在同一水平线上，也不会影响其实际测量结果。LayOut 还可以绘制两点间这条斜边的距离，只需要选择这两点后向斜边的垂直方向推动即可。

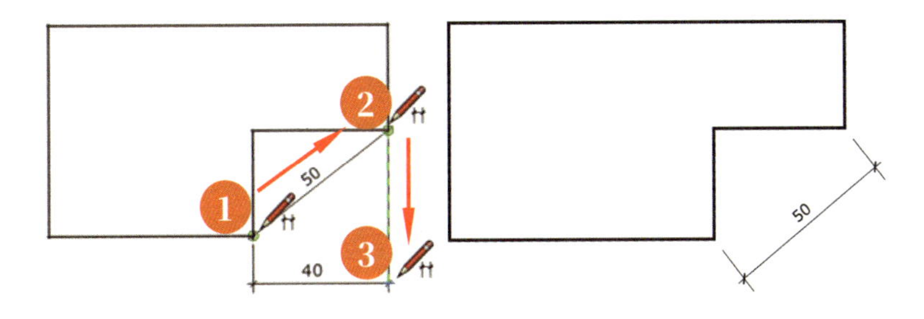

2.6.2　调整尺寸界线的端点

双击尺寸进入尺寸线的编辑状况，可以发现尺寸上显示多个可以被拖动的端点，通过单击和拖动来编辑这些点。

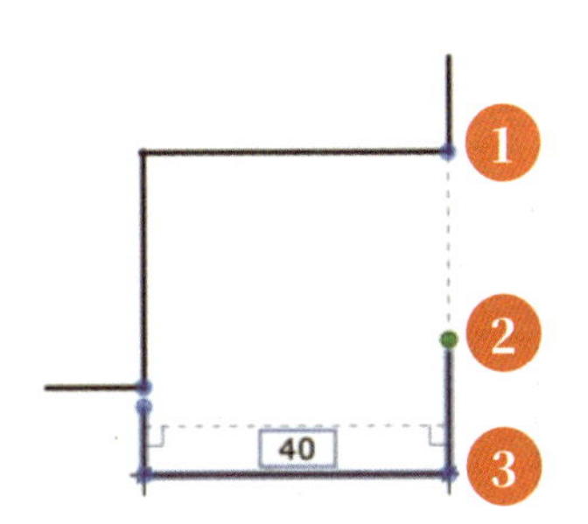

- 锚点：默认锚点①会叠在所捕捉的模型端点。
- 尺寸界线端点：锚点②能调整尺寸界线的长短。
- 尺寸线端点：锚点③用来调整尺寸线的位置。

如果移动锚点，尺寸的数值是有可能发生变化的，这可以用来重新选择捕捉的物体参考点。而拖动尺寸界线端点，移动操作将会被锁定在尺寸界线上，用于改变尺寸界线的长度，这更便于锁定原先的数值。

第1章
第2章
第3章
第4章
第5章
第6章

2.6.3 快速绘制同等高度的尺寸

在绘制第二个尺寸时，你会发现在准备放置尺寸线的时候，LayOut 的捕捉系统会指引你捕捉与第一个尺寸相持平的点，以帮助你绘制出同等高度的尺寸线。

下面教大家快速建立同等高度尺寸的方法：

（1）创建新的尺寸标注，将其放置到合适的位置。

（2）创建第二个尺寸标注，在需要捕捉的端点上双击。

（3）系统自动将尺寸高度拉至与第一个尺寸相同的高度上。

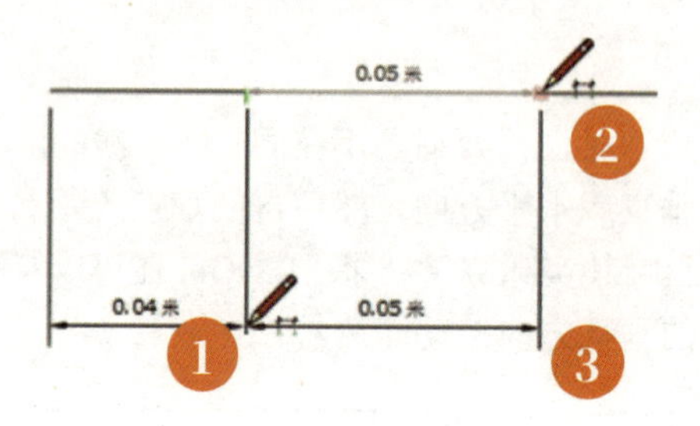

提示

需要注意的是，尺寸的高度是与上一个尺寸保持一致的，而向上或向下却取决于第一个尺寸的方向。

2.6.4 绘制角度尺寸标注

在 LayOut 中，可以使用角度尺寸工具对角度进行尺寸标注。

要创建一个角度尺寸标注，首先需要将尺寸工具切换到角度尺寸工具，选择“工具→尺寸→角度”命令，然后请按照下列步骤操作：

（1）单击所要测量的模型的角的交点。

（2）单击第一条角边线上的任意一点。

（3）再次单击角的交点。

（4）单击第二条角边线上的任意一点。

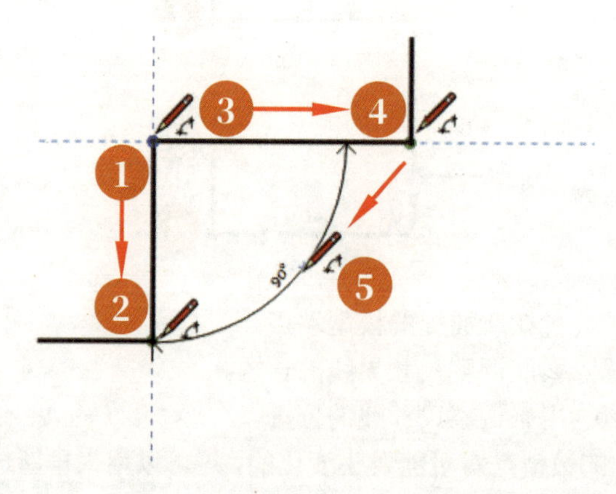

绘制锐角和钝角的方法：将鼠标向角的内侧拖动，则测量锐角的角度；而向外侧拖动，则测量钝角的角度，单击即可放置角度尺寸。

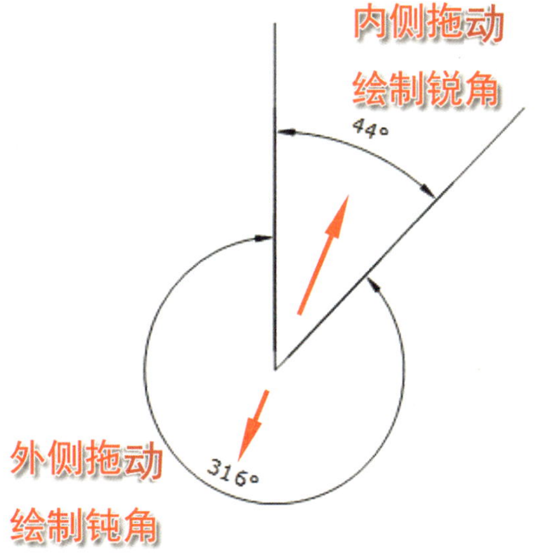

2.6.5　在透视图上标注尺寸

如果插入了透视模式的视图，也可以为它标注标准的尺寸，尽管这个视图不是正交模式的视图。

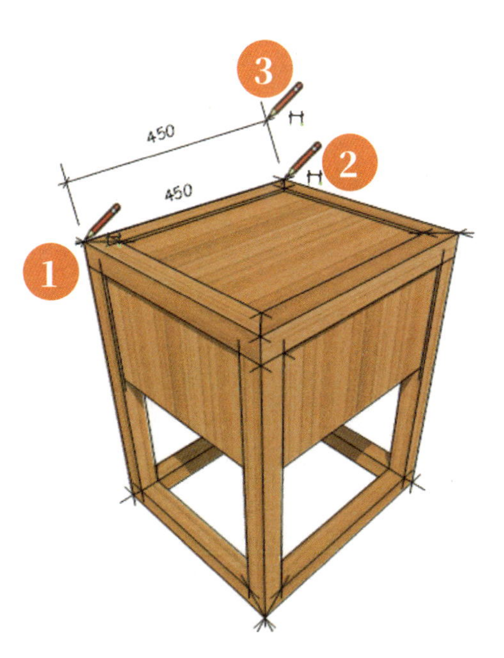

使用尺寸工具捕捉两个模型视图中的参考点，系统将自动显示 SketchUp 模型中这两个点之间的真实尺寸，这是一个三维空间的尺寸。

不过这种方式不能保证标注尺寸万分精确，必须确保捕捉到了正确的点，但在三维空间中很难做到，因为在角度不同的情况下，有好多点是相互重叠的。

提示

当拖动尺寸时，可以按住Alt键，这样有助于更好地控制尺寸线的位置。

2.6.6 小结

（1）尺寸标注中的各端点可以通过双击标注尺寸进行修改。

（2）通过双击尺寸的第二个锚点，可以快速偏移尺寸。

（3）测量锐角或钝角的角度的拖动方向不同。

（4）透视模式的模型视图也可以标注标准尺寸。

2.7 文字注释

在 LayOut 中，可以添加文字或文字注释，比如可以在视图上添加文字注释进行说明。

1. 新建文本框

使用“形状样式”面板和“文字样式”面板可以控制文本框的外观及内部文字的样式。

要插入一个文本框，首先要激活想添加文字的图层，然后调出“文本框工具”，并按照下列步骤操作：

（1）通过拖动鼠标定义文本的边界框。

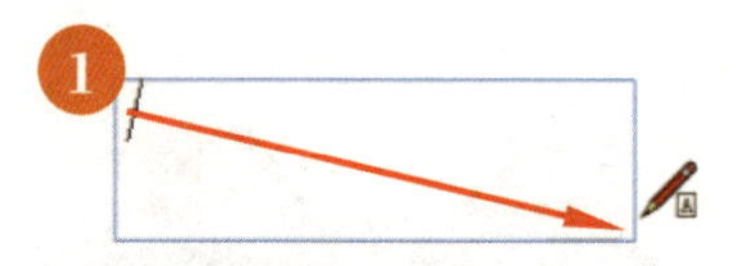

（2）输入文字或者粘贴文字，单击页面空白处结束输入，文本会自动换行排列。

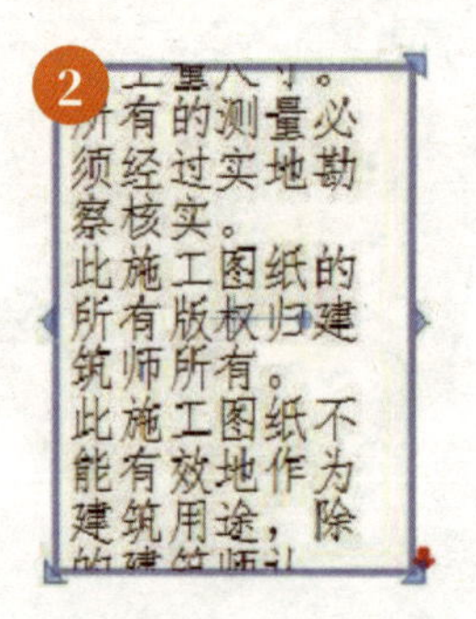

如果文本长度超过一行，它会自动换到下一行。但是，如果文字超过了最初创建的文字框边界，文本将被切断。在这种情况下，文本框的右下角会出现一个红色的小箭头，提醒用户文字没有显示完全。

2. 调整文本框

如果有超出边界的文字无法显示，可以通过拖动文本框的边界给出更多的空间来展现其内部的文字；或者改变文字的大小，让文本框可以展现更多的文字。

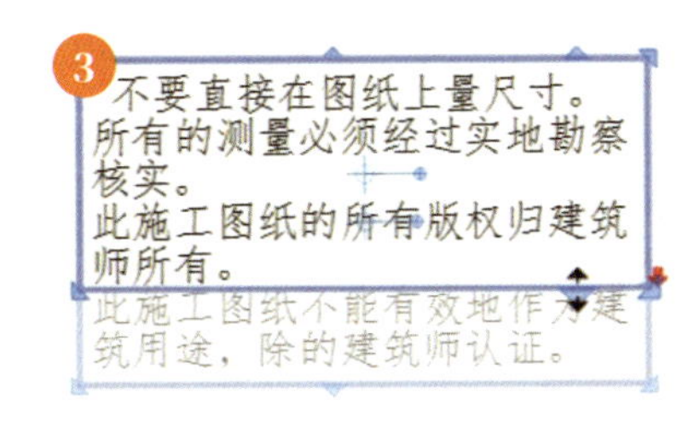

3. 更改字体、大小、颜色、对齐方式

更改文字的字体、大小、颜色、对齐方式或其他样式，可以双击文字，进入文本框，选择内部所有的文字，通过“文字样式”面板进行修改即可。

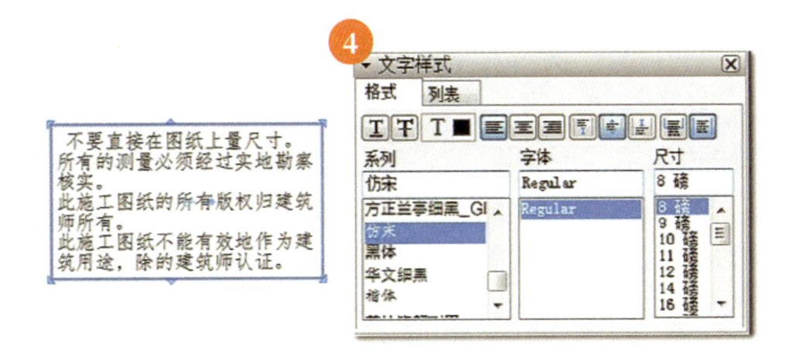

4. 定义文本框的边框和底纹

要添加边框、填充文本框或修改文本框的其他样式属性，先选择文本框，在“形状样式”面板中编辑即可。

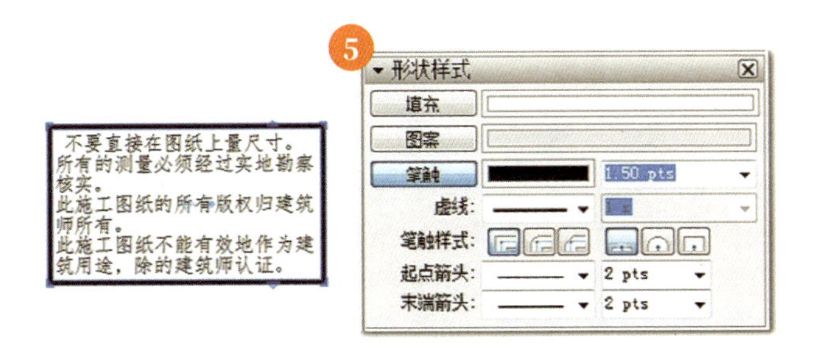

5. 带引线的文字注释

如果想添加一个有引线指着某个物体的注释，可以使用 LayOut 提供的特殊工具，即“标签工具”。这样的标签可以起到明确的指示作用，该工具比较人性化，创建完文字注释，无论怎么移动，系统都会帮助将文本框与指示的元素相连接。

要想添加引线文字注释，请按照下列步骤操作：

（1）单击创建引线的箭头。

（2）绘制出想要的引线形状。

（3）在想要放置文本的位置双击。

（4）输入文字，单击页面空白处结束即可。

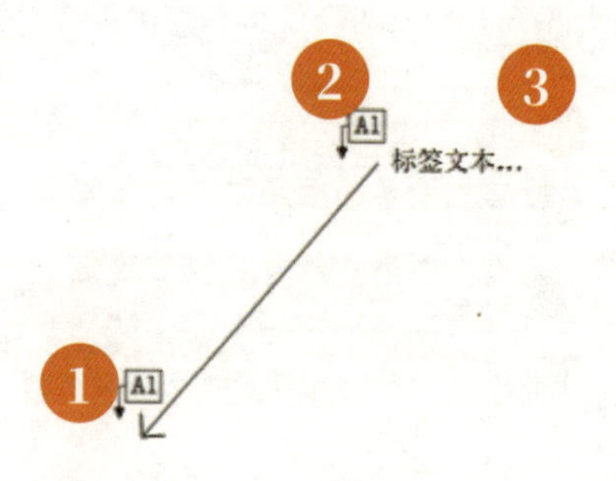

6. 绘制单弧形文字注释

“标签工具”还有一个功能，就是绘制弯曲的引线。这是近几个 LayOut 版本添加的新功能，添加这个功能最大的原因是弯曲的引线不容易使视图上所标的标签发生混乱，可以起到让整体文档更加生动的作用。

要插入一个弯曲的引线标签，请激活想添加标签的图层，并调出引线文字注释工具，然后按照下列步骤操作：

（1）单击确定引线的端点。

（2）单击确定第二点。

（3）单击后不要松开鼠标直接拖动形成一个曲线，然后松开鼠标。

（4）输入文字，单击页面空白处结束操作。

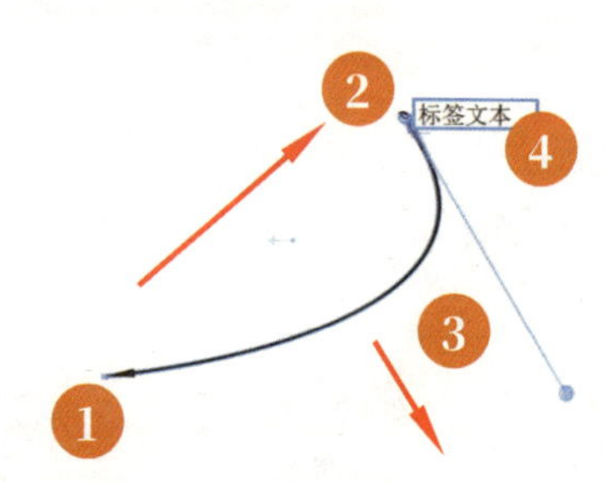

7. 绘制双弧形文字注释

（1）单击确定引线的端点，不要松开鼠标，直接按住鼠标左键拖动箭头的点。

（2）拖动引线直至形成双弧形曲线时松开鼠标。

（3）输入文字，单击页面空白处结束操作。

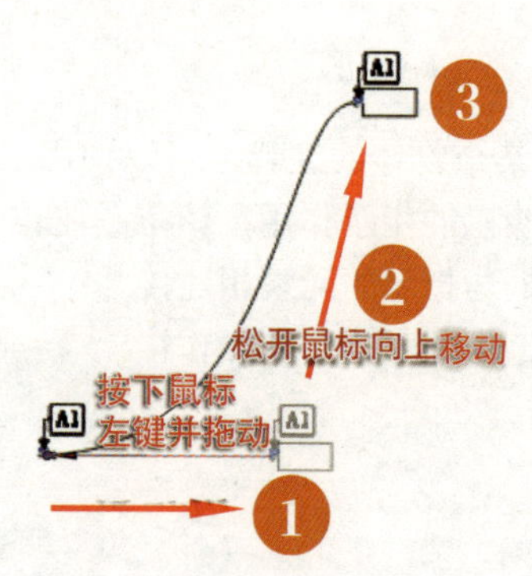

提示

如果后期想要更改曲线弧度，可以双击标签进入引线标签内部，拖动弧度柄进行修改即可。

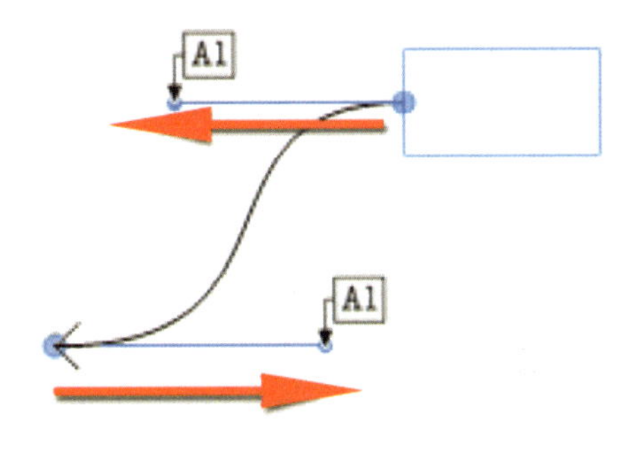

8. 小结

（1）超出文本框的文字将显示一个红色箭头，提醒用户需要增加文本框的大小。

（2）使用“标签工具”可以绘制出直线或曲线两种形式的文字注释。

2.8　图案填充/阴影线

图案填充功能是 LayOut 2013 及之后的版本才有的功能，它可以为图形填充各种图案样式。

首先，必须有一个用来填充图案的形状元素，但是 LayOut 不支持直接在 SketchUp 模型视图上选取区域进行图案填充。因此必须先用绘图工具描绘出想要填充图案的区域。

想要创建一个有填充图案的图形，请先选择想要添加图案填充图形的图层及绘图工具，然后按以下步骤操作：

（1）使用绘图工具在模型视图上描绘要填充图案的图形区域。

（2）选择该区域，单击“形状样式”面板中的“图案”按钮，填充图案到视图。

（3）单击“图案”按钮旁的矩形框打开“图案填充”面板。

（4）在“图案填充”面板中，选择想要的图案并调整“旋转”和“比例”数值。

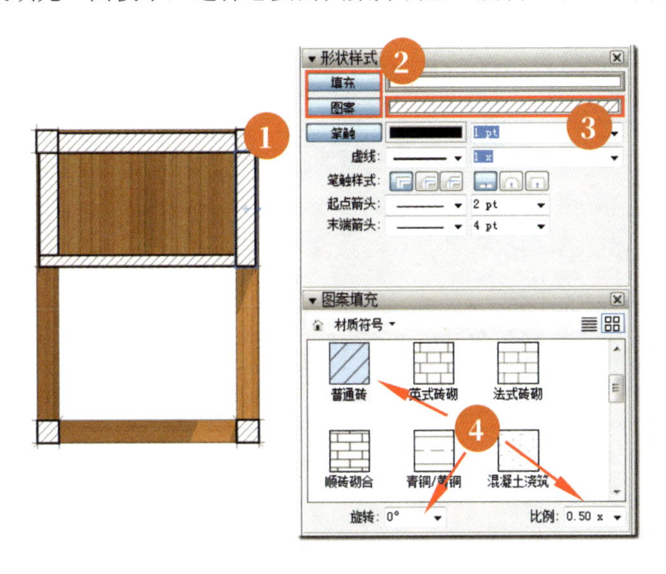

也可以用“样式”工具快速复制其他图案填充到要填充图案的图形上，或者直接从“图案填充”面板中将图案拖动到图形上。

1. 炸开模型

在 SketchUp 模型视图上单击鼠标右键，然后选择“炸开模型”命令，就可以分解 SketchUp 模型。但“SketchUp 模型”面板中的渲染模式设置不同，其分解后的结果也不相同。

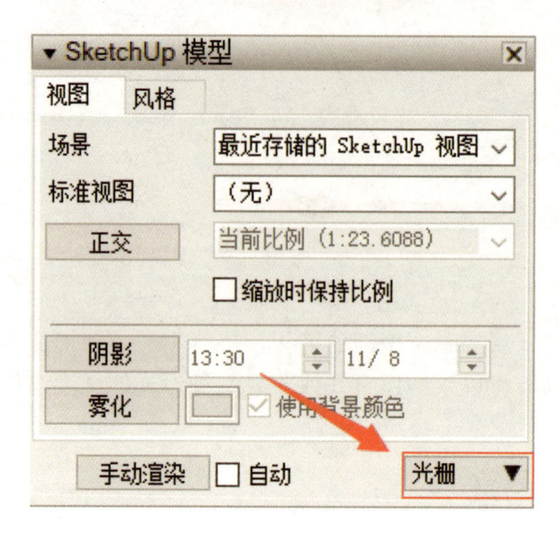

具体如下：

将渲染模式设置为“矢量”模式，将 SketchUp 模型视图分解后，会形成矢量面和矢量线的组合。矢量面和矢量线都可以单独进行编辑。

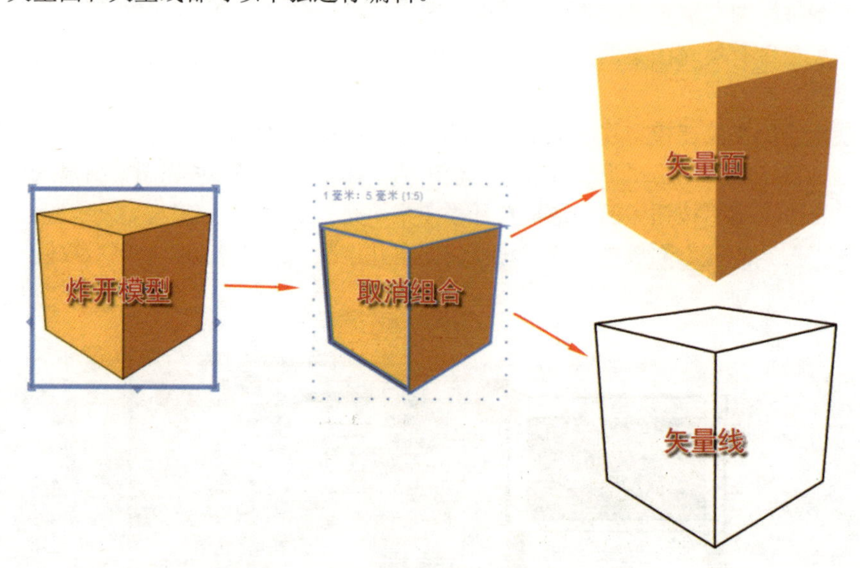

将渲染模式设置为“光栅”模式，将 SketchUp 模型视图分解后，会生成一张当前视角的普通图片，光栅图片无法编辑。

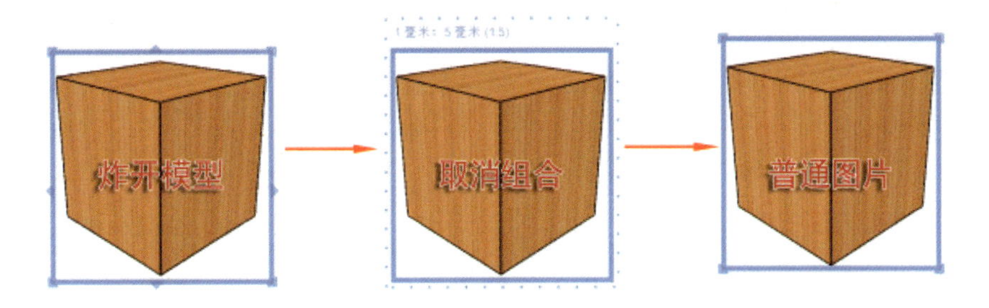

将渲染模式设置为“混合”模式，将 SketchUp 模型视图分解后，会形成普通图片和矢量线的组合，而矢量线可以编辑。

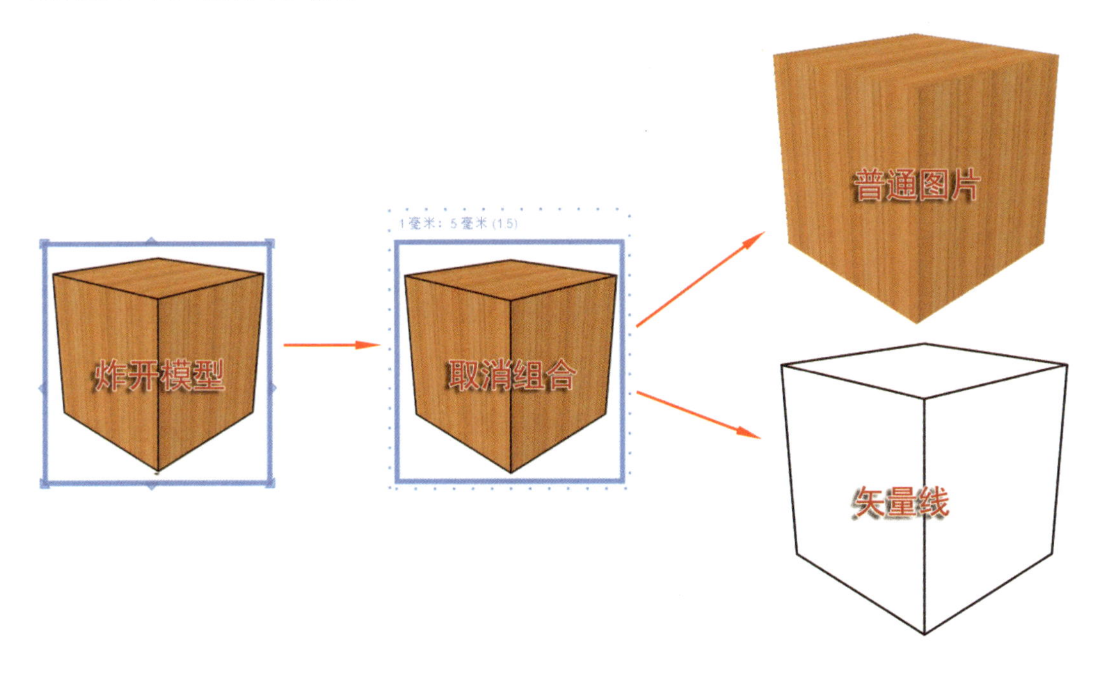

如果 SketchUp 模型视图过于复杂，可能模型分解时间变得很长，也可能无法正确分解。最重要的是，炸开模型后，视图就失去了与 SketchUp 模型的动态链接，所以不建议这样做。

2. 小结

（1）只能为图形元素添加图案，不支持在 SketchUp 模型视图中直接选择区域进行填充。

（2）虽然可以通过分解视图的方法来得到其形状元素，但不建议这么做。

2.9　剪贴簿

LayOut 的剪贴簿相当于 SketchUp 中的组件库，是 LayOut 中最常用的功能，可以帮助用户保存常用的批注集、符号集等，并且在用户需要使用图块的时候可以轻松地将这些元素拖到任意页面上。

剪贴簿还可以充当风格样式库，把用户常用的样式汇集并保存起来，需要使用时直接利用“样式工具”在剪贴簿中吸取，即可采样并运用到任何页面中的元素上。

1. 剪贴簿元素

在 LayOut 中，剪贴簿默认的排列方式是以元素名称进行排列的，同样的元素还会有不一样的比例供选择。这样细致的排列方式可以帮助用户很容易地找到自己想要的样式或各种比例的元素。当然也可以建立自己的排列方式。

2. 打开“剪贴簿”面板

要添加一个剪贴簿中的元素到页面中，请按照下列步骤操作：

（1）展开“剪贴簿”面板。

（2）打开“剪贴簿”的下拉列表。

（3）选择一个剪贴簿。

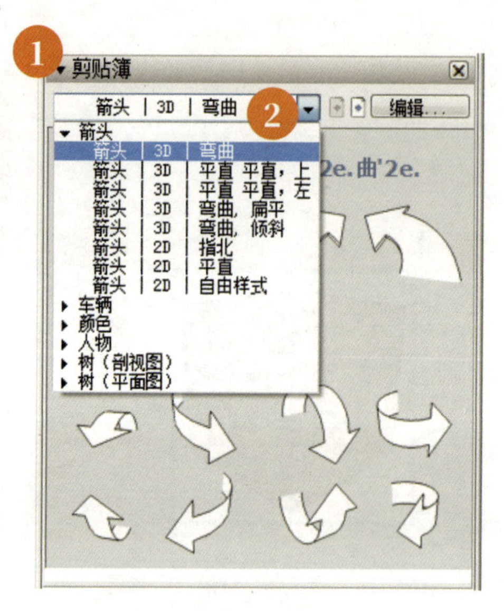

（4）找到想插入的一个元素，单击，即可将其选中。

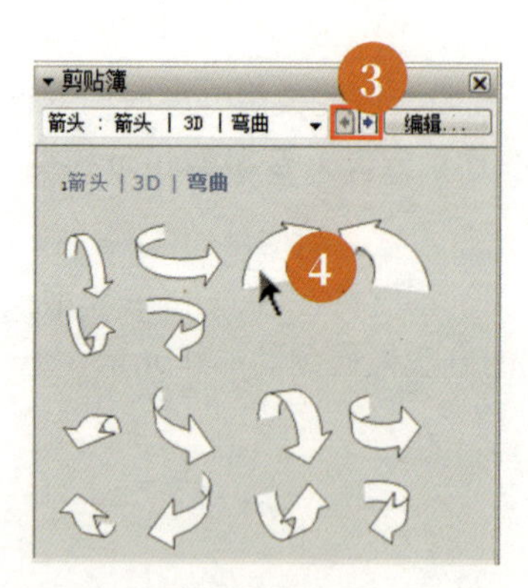

（5）拖动选中的元素，放置到页面上指定的位置。

当插入一个剪贴簿的元素后，便可以像编辑其他元素一样对它进行编辑。大多数剪贴簿中的元素是多个元素组成的元素组，所以有时可能需要双击它们，进入其内部进行编辑。

3. 采集剪贴簿中的样式

设置了样式风格的剪贴簿其实是非常方便的采样工具。这时不必插入剪贴簿中的元素，直接通过“样式工具”吸取剪贴簿中的元素样式，即可复制到页面中的任意元素上。

对剪贴簿中的样式进行采集，请按照下列步骤操作：

（1）选择任意绘图工具，如“矩形工具”。

（2）将鼠标指针悬停在“剪贴簿”面板上，此时鼠标指针变成吸管状。

（3）单击剪贴簿中的任意一个色块吸取它的颜色。

（4）此时就可以在页面上绘制一个具有与剪贴簿相同元素的图形了。

4. 把剪贴簿的样式应用到现有元素中

想要采集剪贴簿中的样式将其应用到现有元素中，请按照下列步骤操作：

（1）激活“样式（吸管）工具”。

（2）单击剪贴簿中想要吸取的样式。

（3）单击想改变的元素，此时鼠标指针变为油漆桶状。

5. 添加自定义剪贴簿路径

剪贴簿实际上就是显示在“剪贴簿”面板中的LayOut文件，可以在“剪贴簿”面板中选择一个剪贴簿，对其进行编辑。

重新指定一个新的文件路径来保存剪贴簿文件，请按照下列步骤操作：

（1）选择“编辑→使用偏好”命令。

（2）打开“LayOut系统设置”对话框，选择“文件夹”选项。

（3）在“剪贴簿”选项区域，单击 + 按钮添加选中的文件夹。

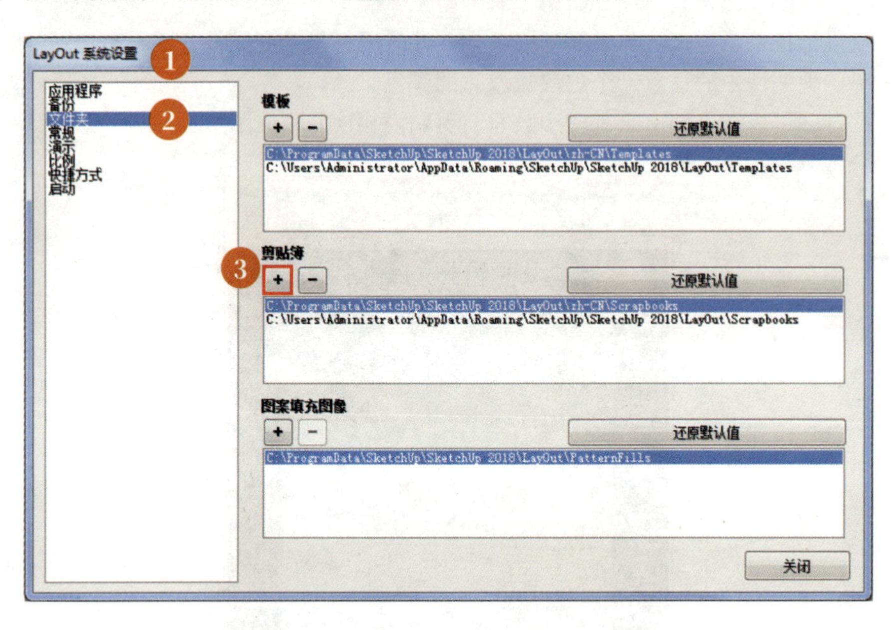

用户可以事先设置想要的剪贴簿的分类样式及内容，并把它保存为文件夹，在这里选择添加文件夹后，它将会出现在剪贴簿中。

创建剪贴簿之前，请先确保所有的元素是成组的（全选所有组成元素，单击鼠标右键，选择“组”命令），以便之后使用剪贴簿时可以采集完整的组元素。此外，一些不想被采集或吸取的元素，可以锁定该元素所在图层，锁定后元素只能显示在剪贴簿中，却不能被采集。

6. 小结

（1）剪贴簿可以保存用户常用的元素，以便快速采集和吸取。

（2）可以利用剪贴簿保存各种样式设置，将其作为样式吸取器使用。

（3）用户可以创建自己的自定义剪贴簿并且在LayOut中使用。

2.10 打印/演示

在LayOut中有许多直接输出的方式，也有一个内置的互动演示工具，能在很大程度上展示LayOut文件。本节将介绍这几个基本的导出功能。

1. 打印设置纸张尺寸

在建立文档之初，先设置纸张尺寸，以方便后期打印，可以通过在菜单栏中选择“文件→文稿设置”命令来对文稿进行设置，建议在设置模板时就确定好这些设置。

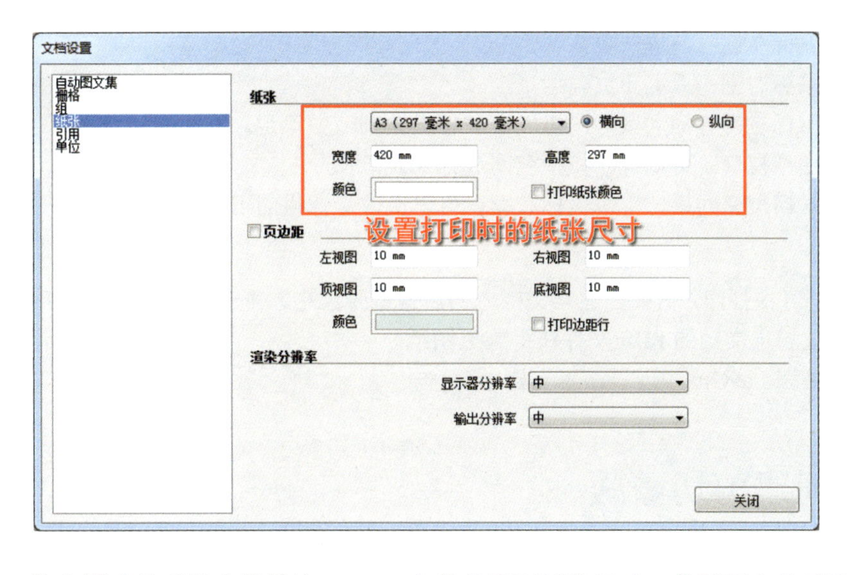

若在工作中期或者后期才设置该 LayOut 文件的页面纸张尺寸，其页面上的元素是不会跟着纸张的大小而改变的，因此最好在建立文档之初就调整好纸张的大小。

如果已经设置完视图比例，并选择了正确的纸张大小，可以通过以下步骤来打印出标准比例的文档：

（1）选择“文件→打印”命令。

（2）选择打印机。

（3）单击“打印”按钮。

2. 导出 PDF

在 LayOut 中，还能创建文档的 PDF 文件。要创建一个 PDF 文件，请按照下列步骤操作：

（1）选择“文件→导出→ PDF”命令。

（2）输入一个文件名，然后单击“保存”按钮。

（3）检查各项设置，选择输出质量，然后单击“导出”按钮。

提示

导出图片可以通过选择“文件→导出→图像”命令，在弹出的对话框中选择需要导出的格式。

3. 创建演示文稿

在 LayOut 中，还有一个内置的全屏演示工具，利用该工具可以进行 LayOut 文档的全屏演示。

要进入演示模式，单击工具栏上的“开始演示”按钮。该演示的起始页会从目前所在的页面开始，如果想从头开始演示，请一定要确保 LayOut 文件的第一页为演示文稿时的起始页。

- 单击鼠标左键：前进一页。
- 单击鼠标右键：后退一页。
- 按住鼠标左键并拖动鼠标：可以在屏幕上绘制或做笔记。
- 双击模型视口：可以进入模型空间进行 3D 演示。
- 在进入模型空间后，单击鼠标右键：可以更改摄像机的工具或播放动画。

4. 小结

（1）为了方便打印，需要在建立文档之初设置纸张大小，并建立和纸张大小相匹配的比例。

（2）通过导出文档的 PDF 文件获得施工图纸。

（3）直接在 LayOut 中现场演示文档。

2.11 创建剪切蒙版

在 LayOut 中，提供了创建剪切蒙版功能，它可以为 SketchUp 模型视图创建自定义的界限。用户可以创建任意形状，将其作为视图的边框。

要创建剪切蒙版，请按照下列步骤操作：

（1）在 SketchUp 模型视图上绘制形状，激活“线条工具”。将鼠标指针悬停在 SketchUp 模型视图中的一个点上，直到用鼠标指针捕捉到它后单击，之后继续单击视图中不同的点，直到返回到原点即可。

（2）选择绘制的形状。

（3）再按住 Shift 键，然后选择想要创建剪切蒙版的 SketchUp 模型视图。

（4）确保同时选择了 SketchUp 模型视图和形状，单击鼠标右键。

（5）选择“创建剪切蒙版”命令即可。

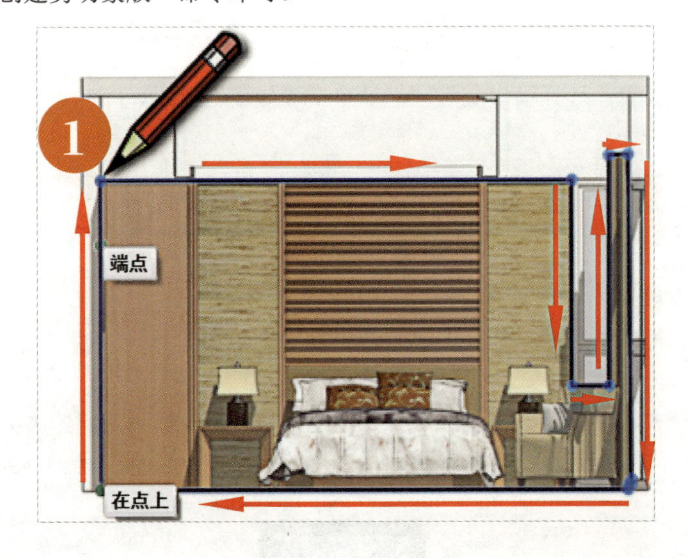

（6）之后形状会消失，并且会看到包含在形状边界内的视图。

（7）要删除剪切蒙版，在 SketchUp 模型视图上单击鼠标右键，选择“释放剪切蒙版”命令。

（8）如果需修改剪切蒙版的形状，在 SketchUp 模型视图中双击，进入剪切组，然后再双击图形边缘编辑图形。修改完图形后，退出剪切组，就会出现修改后的蒙版形状了。

1. 添加边框剪切蒙版

创建完剪切蒙版后，所剪切出的视图四周是没有边框的，这时可以通过“形状样式”面板添加边框样式。

要为剪切蒙版添加边框，请按照下列步骤操作：

（1）选择想添加边框的 SketchUp 模型视图。

（2）在“形状样式”面板中，单击“笔触”按钮。

（3）双击笔触颜色框，选择笔触颜色。

（4）通过输入笔触宽度设置边框的大小。

（5）也可以同时设置虚线样式，以达到更好的效果。

 提示

可以根据自己的需求设置边框样式。

2. 小结

用户可以为视图创建任意形状的剪切蒙版。

第 3 章　绘制衣柜组装示意图

本章重要知识点：

- 使用平行投影视图，制作 LayOut 场景。
- 使用两点透视，防止视图的垂直变形。
- 将视图缩放到任意大小。

3.1　项目要点

通过该项目创建一个真实的衣柜模型，来模拟现实生活中一个成品衣柜所有部件之间的安装形式；使用高品质的木纹材质贴图，使该模型更加逼真。本章内容决定了你所创建的模型究竟能否在现实生活中组装出来，在 SketchUp 中建模时，将模型制作得越精细，对后期的施工制作环节越有利。

下面将介绍一些建模技巧和场景的制作方法，帮助大家创建令人过目不忘的衣柜柜体组装图纸。

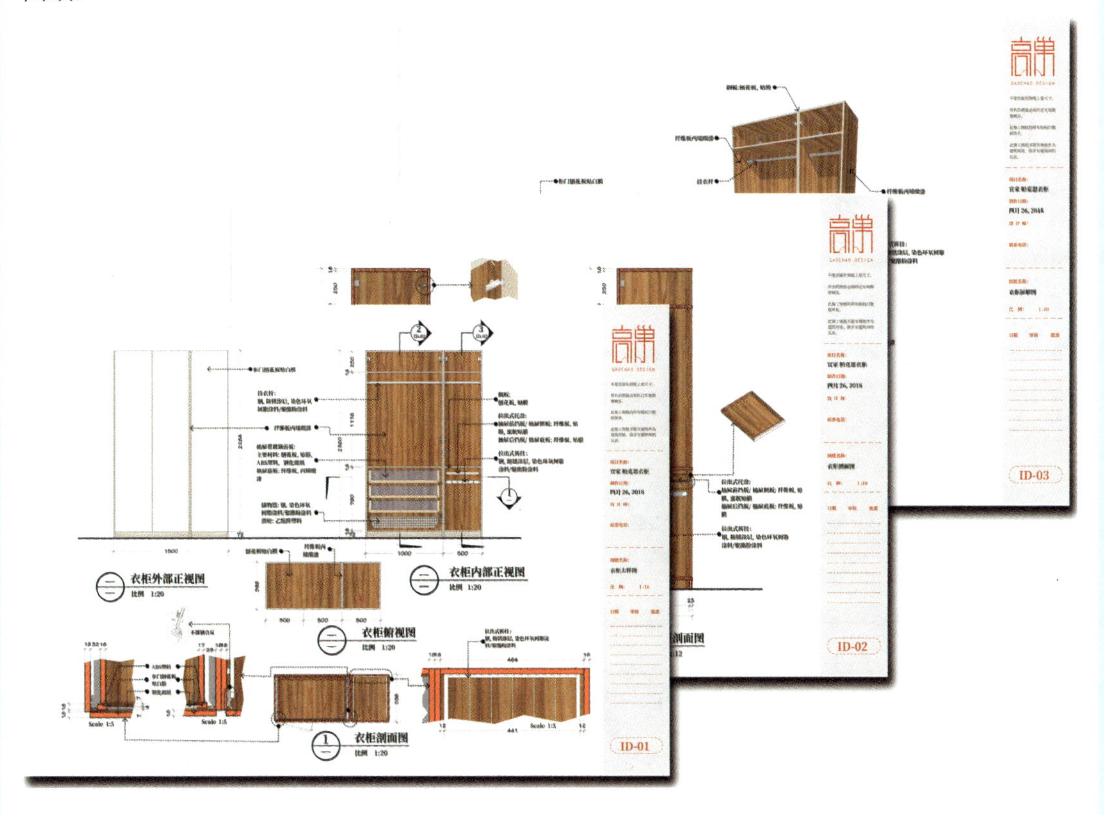

3.2 SketchUp模型准备

3.2.1 SketchUp图层设置

SketchUp 图层是创建 SketchUp 场景页面的基础，一个好的模型场景页面设置，往往取决于该模型图层分类的精细程度。本衣柜案例的图层设置如下：

- 剖切面 01
- 剖切面 02
- 剖切面 03
- 衣柜—五金
- 衣柜—抽屉
- 衣柜—挡板
- 衣柜—搁板
- 衣柜—柜门
- 衣柜—背板

1. 新建图层操作流程

要想给 SketchUp 模型设置新的图层，请按照以下步骤操作：

（1）在“窗口”菜单中选择“默认面板”命令。

（2）选择“图层”子命令，打开“图层”面板。

（3）在“图层”面板中单击⊕按钮，添加一个新图层。

（4）双击新图层，设置新图层的名称。

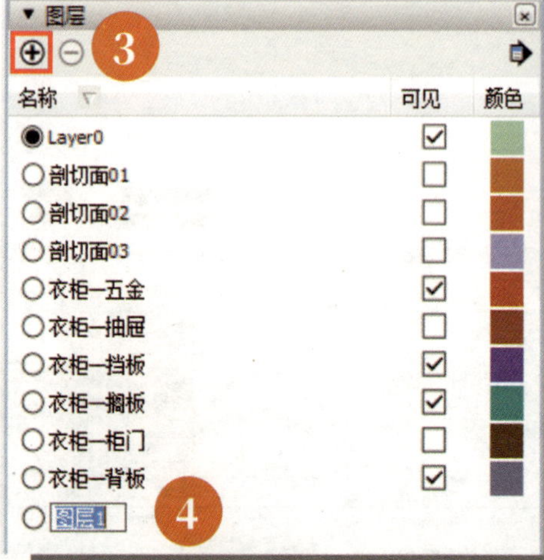

注意

强烈建议把组或组件内的基本图元（点、线、面、体）归属到相应的图层，并将模型所有层级的组或组件本身的图层一律设置为“Layer0”。

2. 模型对象的图层设置流程

具体图层的设置流程按照以下步骤操作：

（1）先打开“图元信息”面板（选择“窗口→默认面板→图元信息”命令）。

（2）在三击鼠标左键选择 SketchUp 模型基本图元（组或组件内的基本图元）的状态下，打开“图元信息”面板的“图层”下拉列表，然后选择相应的图层名称，即可把所选择的基本图元设置到刚刚选择的图层上。

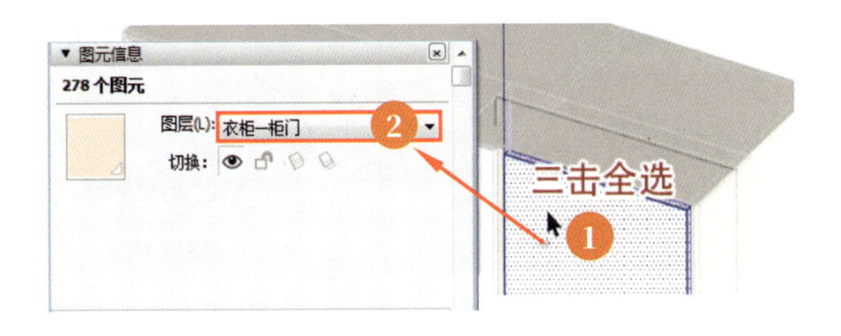

（3）按上述步骤依次完成 SketchUp 模型的所有图层归类，直至 Layer0 层上无任何图元对象才算结束。如下图所示是本案例中不同部件所有图层的归类示意。

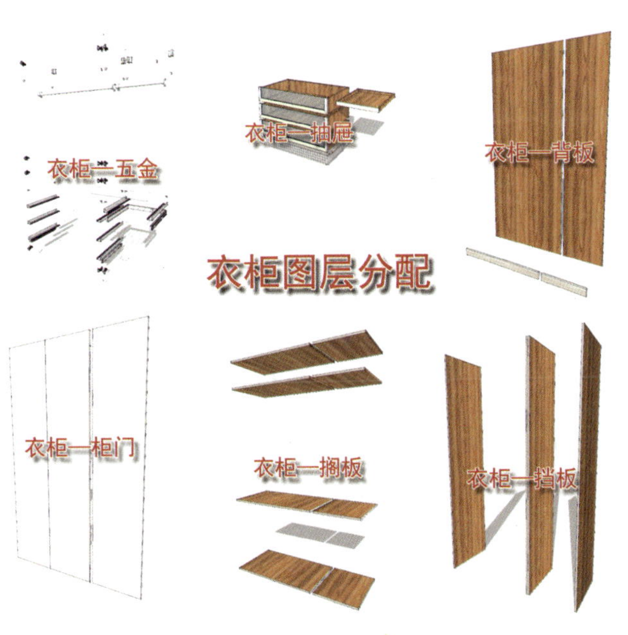

3.2.2 SketchUp组件设置

SketchUp 组件最主要的作用是隔离所编辑的模型（这一点跟组的作用一样），使之不受其他因素的影响。但与组不同的是，组件所复制出来的副本跟原组件具有关联性，修改组件内的任意物体，其他副本内的相应物体也都会随之改变。

要在 SketchUp 中创建组件，请按照以下步骤操作：

（1）在模型表面三击鼠标左键，或按快捷键 Ctrl+A 全选模型。

（2）在模型上单击鼠标右键，弹出快捷菜单。

（3）选择“创建组件”命令。

（4）在“创建组件”对话框中的“定义”文本框中输入组件名称。

（5）选中“用组件替换选择内容”复选框，并单击“创建”按钮。

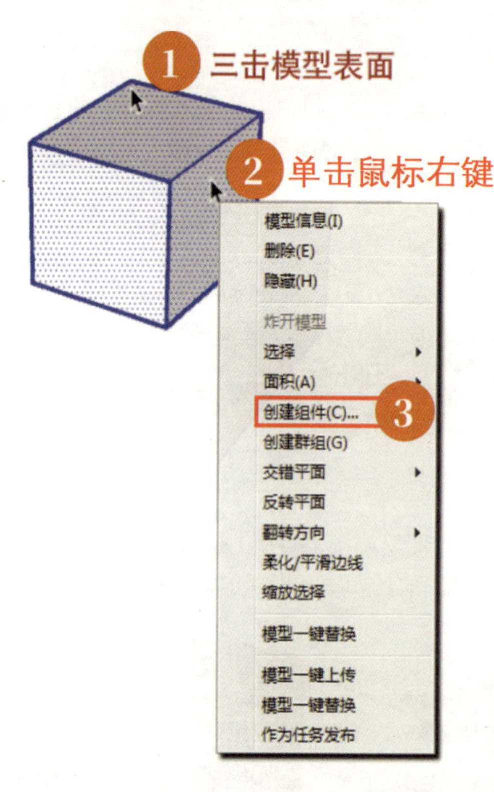

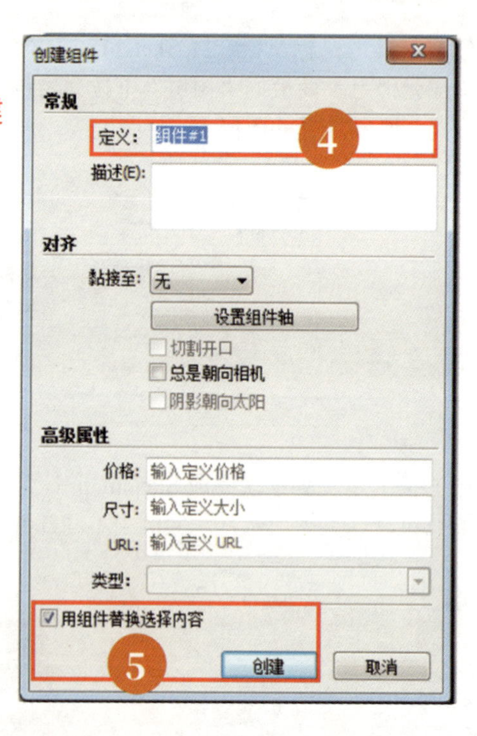

针对衣柜这个案例，这里只设置了柜体和柜门两个组件，这样能更真实地模拟现实生活中衣柜的组成形式，也避免了新建大量组件所带来的麻烦。

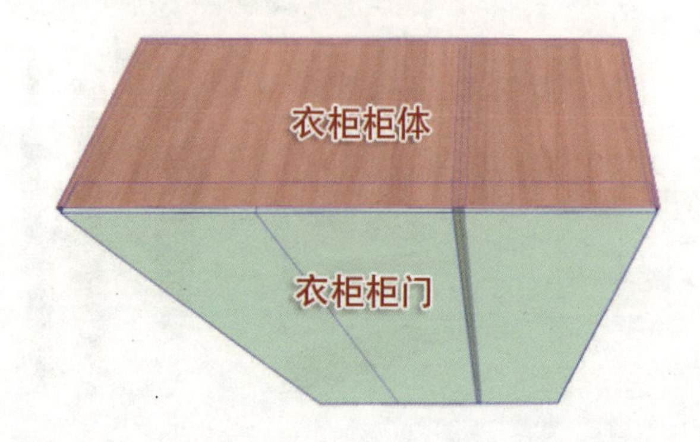

提示

定义组件名称也可以在“图元信息”面板的“定义”文本框内进行，既可以命名，又可以修改。

3.2.3　创建平、立面图场景页面

为了能更好地展示衣柜的细节，其平面图（俯视图）、立面图（前视图、左视图）是必需的，所以要在 SketchUp 模型里创建俯视图、前视图、左视图场景页面，以便后期在 LayOut 中为视图添加尺寸及文字注释。下面介绍设置流程。

1. 设定风格样式

在这个项目中，首先在 SketchUp 中使用“贴图显示”样式来展示 SketchUp 模型的外观效果。

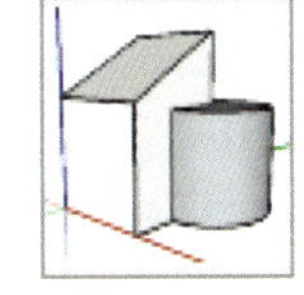

“贴图显示”样式是 SketchUp 的预设风格，也是最简单并能充分表现模型外观和材质风格的样式。为了起到更快运算的效果，该样式的背景采用的是白色，所以 90%的人在建模过程中都会选择这个样式（选择“窗口→默认面板→风格”命令，打开“风格”面板，在预设样式中选择贴图显示样式）。

2. 关闭 SketchUp 模型阴影

（1）打开“相机”菜单。

（2）选择“平行投影”命令。

（3）在“阴影”面板中关闭阴影。

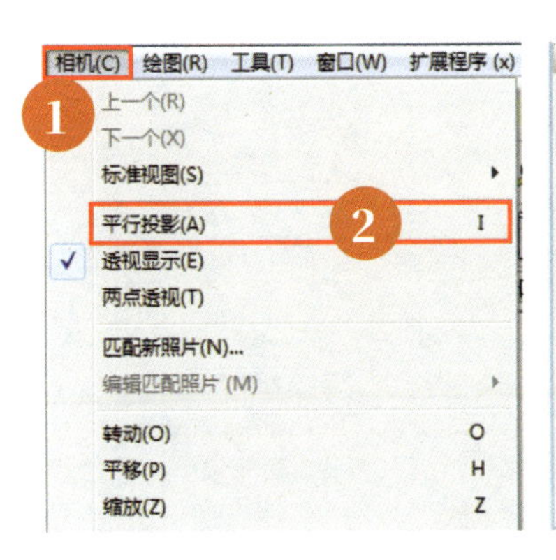

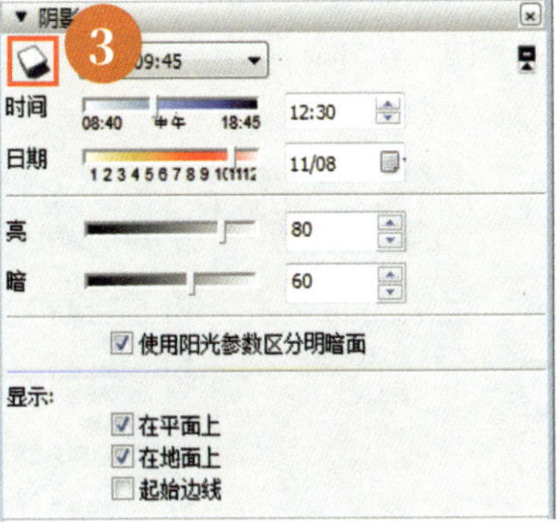

3. 设定模型视角

（1）打开“视图”对话框（选择“视图→工具栏”命令，选中“视图”复选框）。

（2）单击俯视图（场景页面名称与视图视角保持一致）。

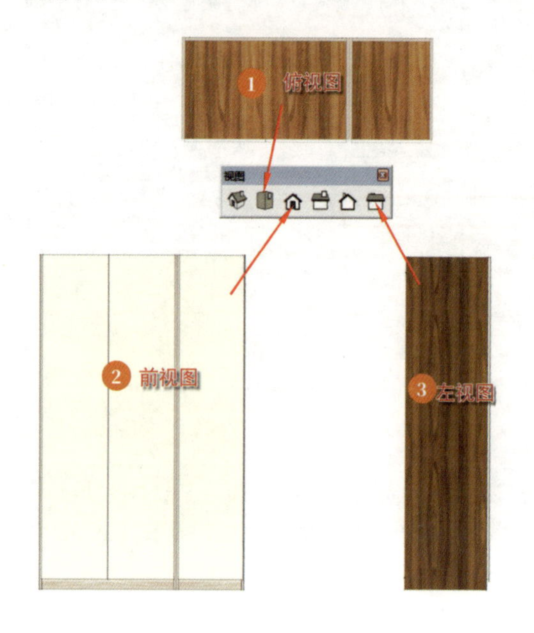

4. 添加场景页面

（1）打开“场景”对话框（选择“窗口→默认面板→场景”命令）。

（2）单击⊕按钮。

（3）在“名称”文本框中输入俯视图名称（场景页面名称与视图视角保持一致）。

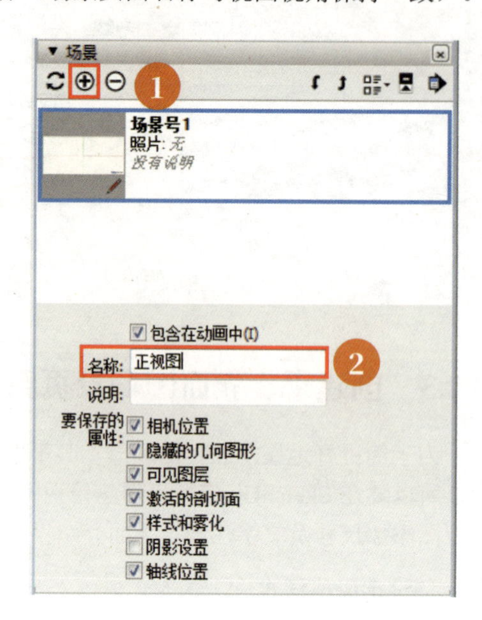

按照上述步骤依次分别建立前视图和左视图场景页面。

3.2.4 设置剖切面场景页面

为了能展示衣柜的内部细节，还需要做几个剖切面场景，具体请按以下步骤操作：

1. 打开“截面”工具栏

（1）单击“视图”菜单。

（2）选择“工具栏”命令，打开“工具栏”对话框。

（3）然后选中“截面”复选框。

（4）单击“关闭”按钮，调出“截面”工具栏。

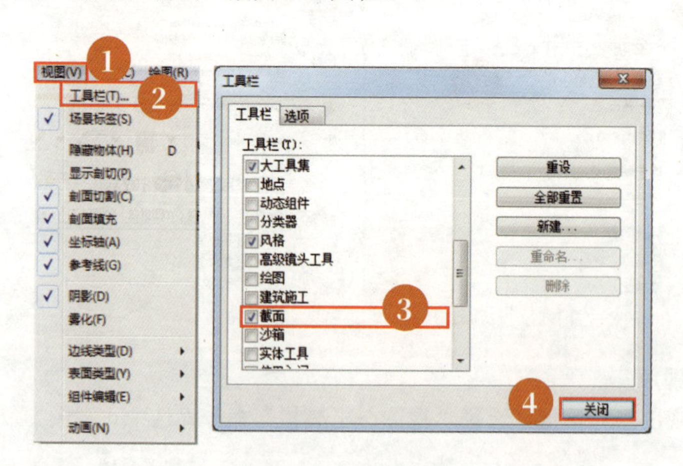

2. 创建剖切面

（1）单击“剖切面”按钮。

（2）在“放置剖切面”对话框中单击“放置”按钮。

（3）将剖切面添加到模型上。

（4）将剖切面移动到合适的位置。

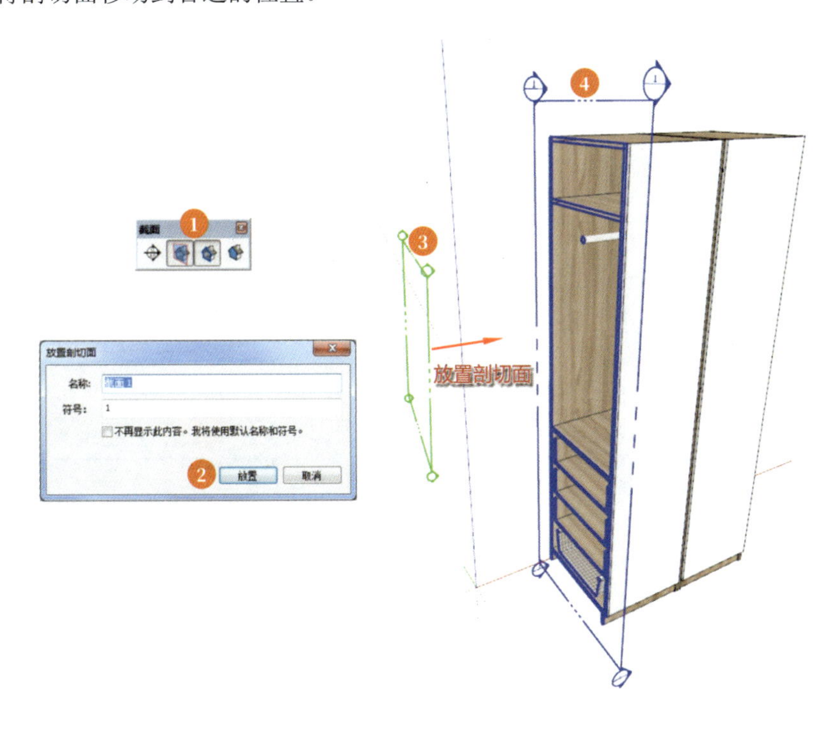

3. 设置“剖切面”场景页面流程

（1）单击“显示剖切面”按钮，隐藏剖切面符号。

（2）选择“相机”菜单。

（3）选择“平行投影”命令，取消模型透视显示状态。

（4）单击“视图”工具栏上的“左视图”按钮。

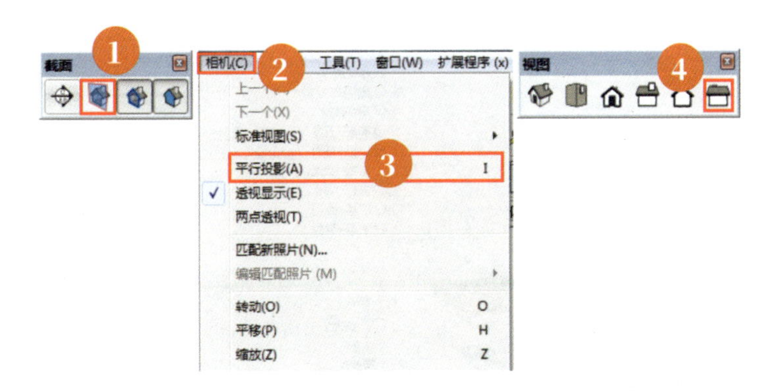

新建场景页面或更新已有的场景页面，然后再依次创建衣柜 _ 左剖切面（剖面）2 场景和衣柜 _ 俯视剖切面（剖面）场景。

4. 设置“衣柜—柜门”场景页面流程

为了能清楚地了解衣柜的组成部分，需要制作拆解场景。首先，制作衣柜—柜门场景，具体请按以下步骤操作：

（1）在“图层”面板中，选中“衣柜—柜门”图层并将其余图层隐藏。

（2）按下鼠标滚轮，拖动鼠标调整模型视图。

（3）在“场景”面板中，单击⊕按钮添加一个新场景。

（4）将场景名称定义为“衣柜 _ 柜门”即可。

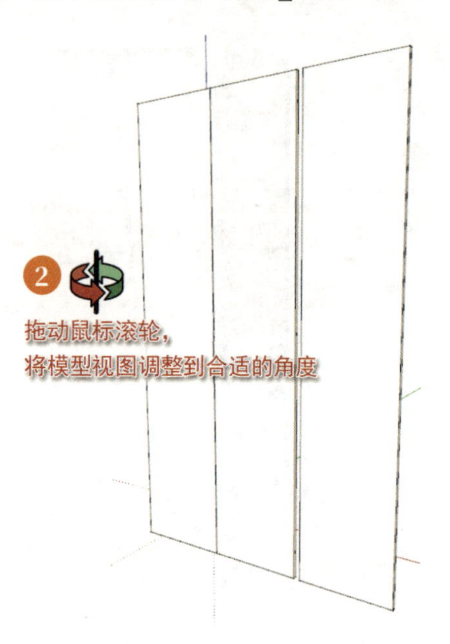

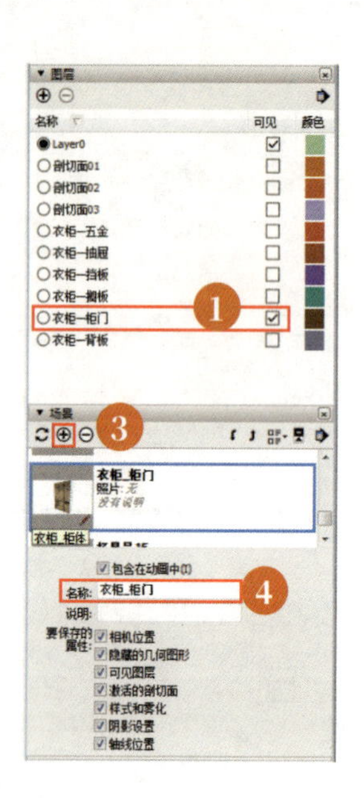

5. 设置“衣柜—抽屉”场景页面流程

抽屉场景的可见图层为“衣柜—抽屉”，其他操作步骤采用与设置“衣柜—柜门”场景页面相同的方法设置抽屉场景。

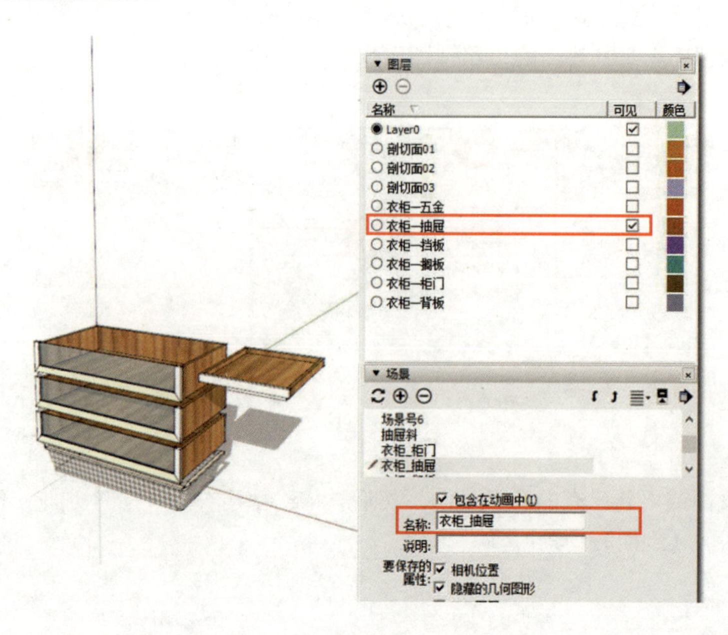

6. 设置“衣柜柜体细节”场景页面流程

柜体细节场景的可见图层为“衣柜—五金”“衣柜—挡板”“衣柜—搁板”“衣柜—背板”，其他操作步骤与设置“衣柜—柜门”场景页面的步骤相同。

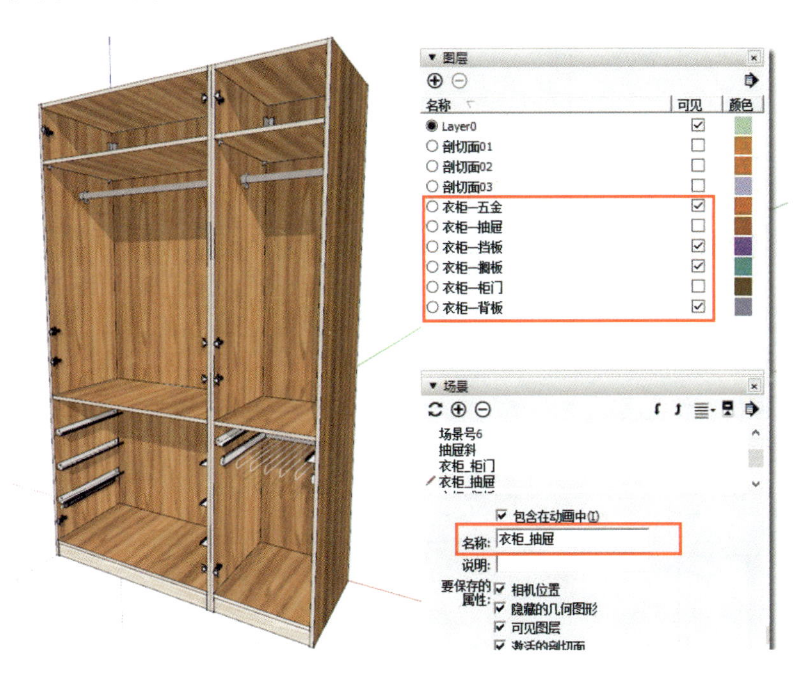

至此，该项目 SketchUp 模型的准备工作基本完成，保存 SketchUp 文件即可。

3.3　LayOut图纸绘制流程

随着场景制作完毕，布置 LayOut 页面也成为非常容易的事情了。对于 LayOut 的基本操作，请参见本书第 2 章的相关说明。下面介绍项目的完整绘制流程。

1. 新建 LayOut 文档

（1）打开 LayOut 软件，在“文件”菜单中选择“新建”命令，在“使用入门”对话框中选择模板，然后单击“打开”按钮，即可新建 LayOut 文档。

（2）在新建文档中，在“文件”菜单中选择“插入”命令，找到已经做好场景页面准备的“帕克思衣柜.skp”模型文件，单击“打开”按钮。

2. 修改自动图文集里的项目信息

（1）打开“文件”菜单。

（2）选择“文稿设置”命令。

（3）选择“自动图文集”选项。

（4）选择“项目名称”选项。

（5）输入项目名称，本案例项目名称为“帕克思衣柜”。

（6）关闭对话框。

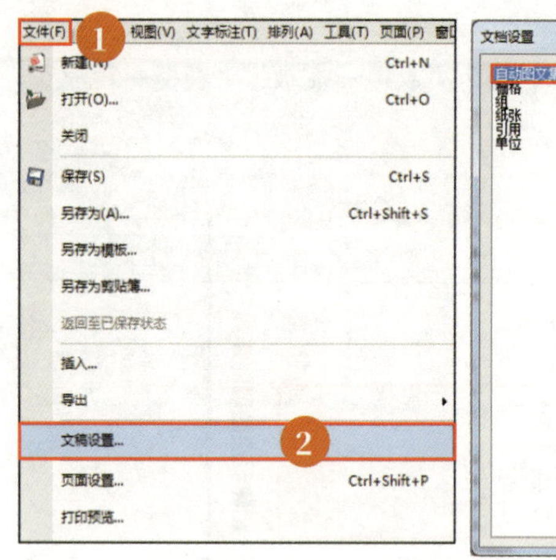

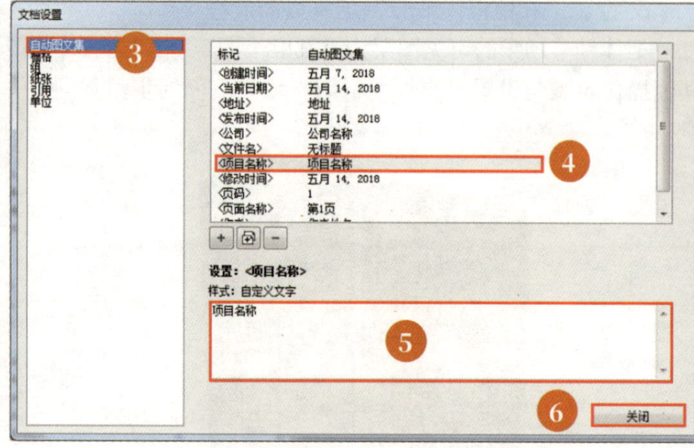

3. 衣柜详图的制作流程

首先在 LayOut 页面中选择并复制一个 SketchUp 模型视图，然后在 SketchUp 模型视图上单击鼠标右键，在“场景”子菜单中选择相应的场景页面。具体操作如下：

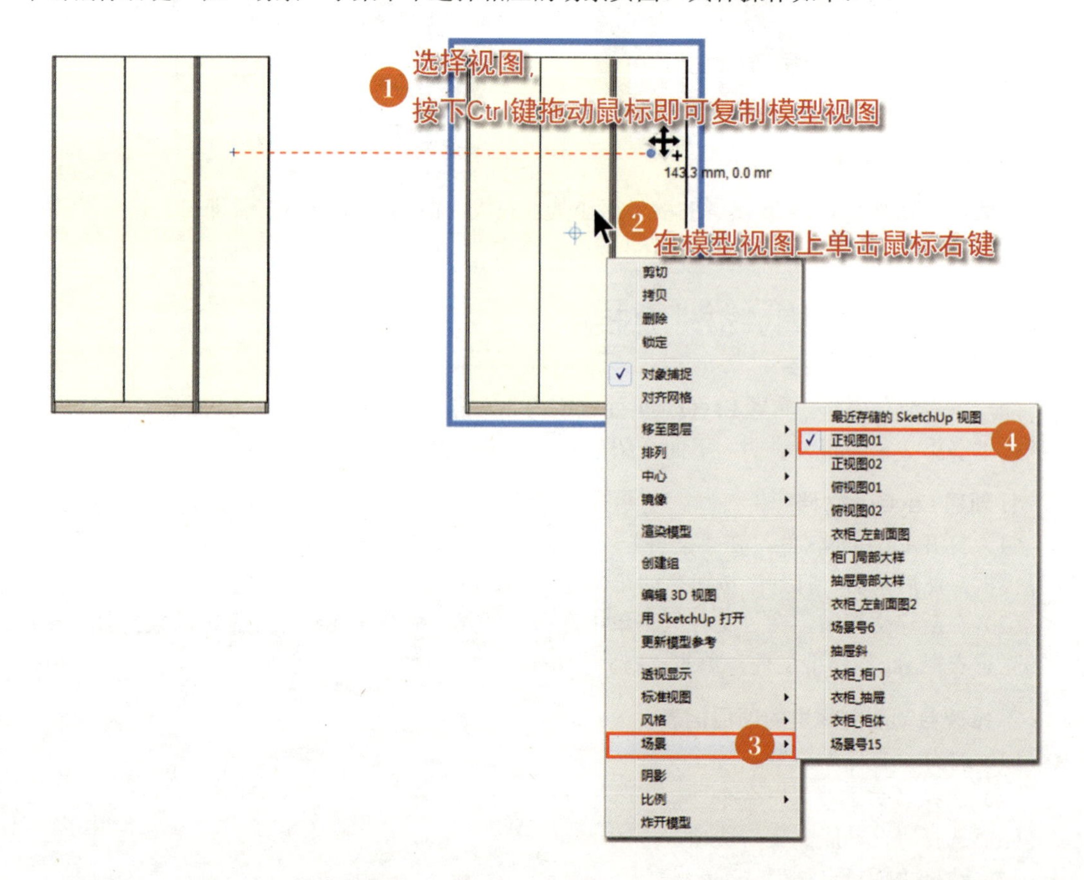

当在 LayOut 页面上把所需要的 SketchUp 模型视图全部调整完成之后，最终效果如下图所示。

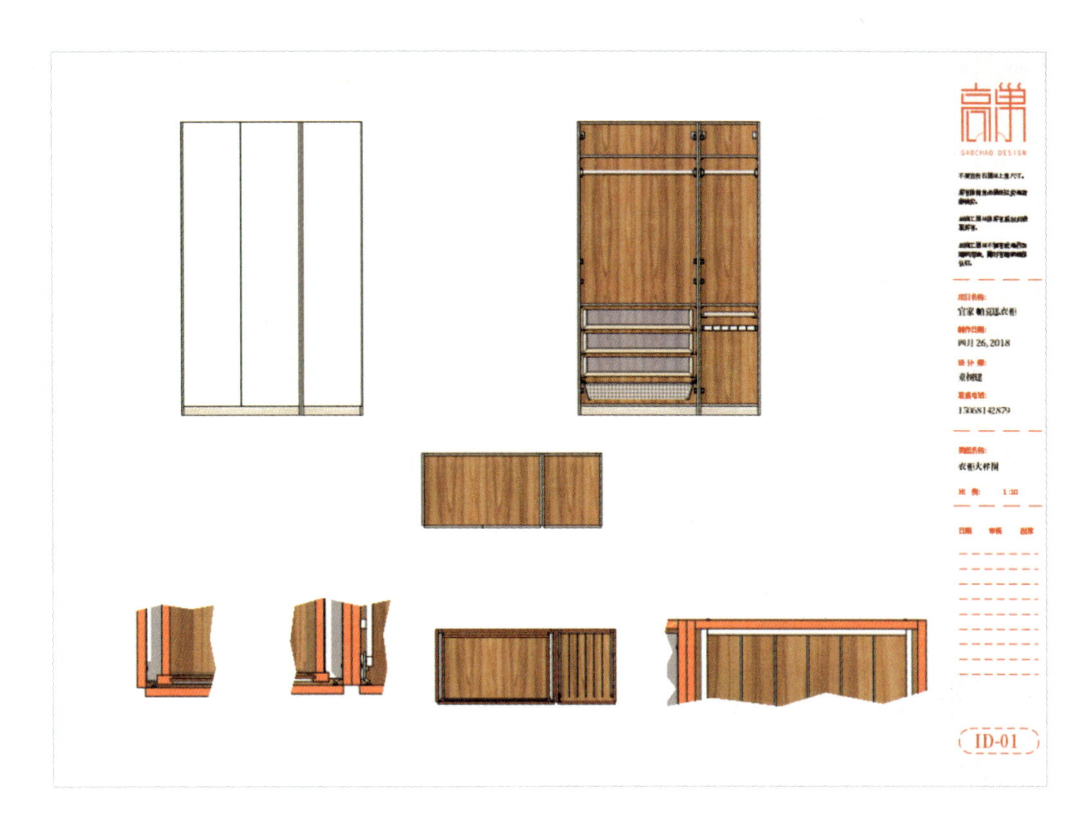

然后在 LayOut 页面上添加尺寸标注，效果如下图所示。

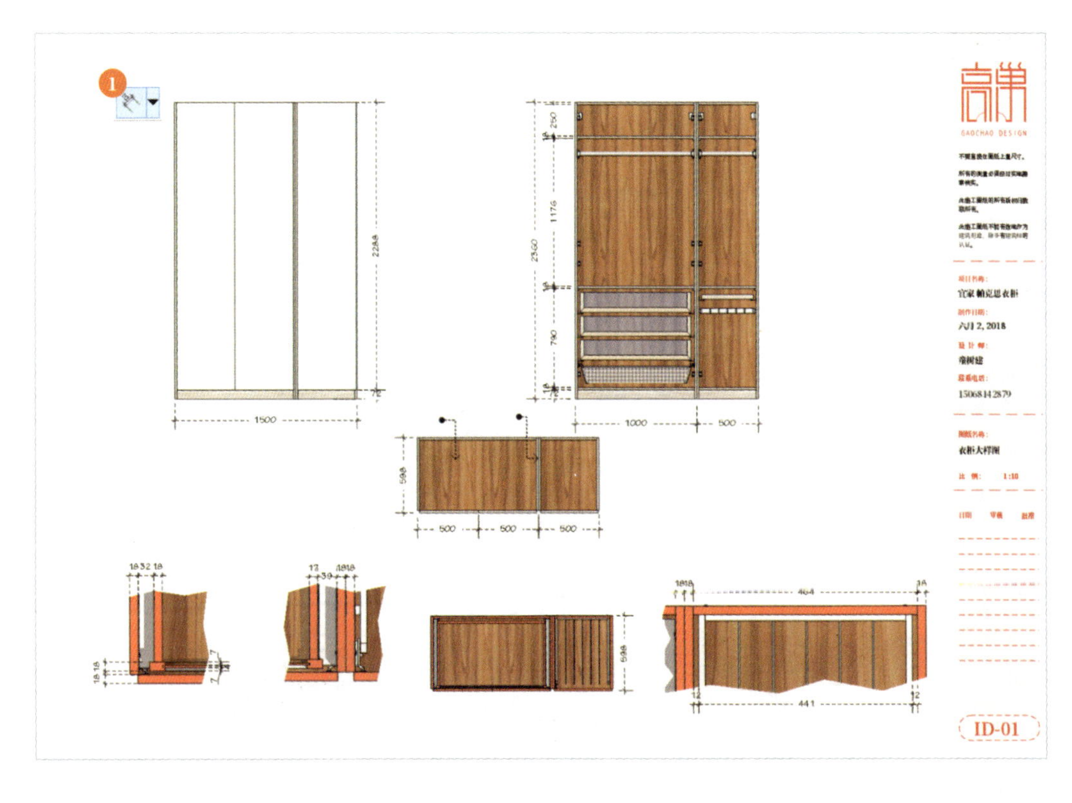

添加文字注释之后，效果如下图所示。

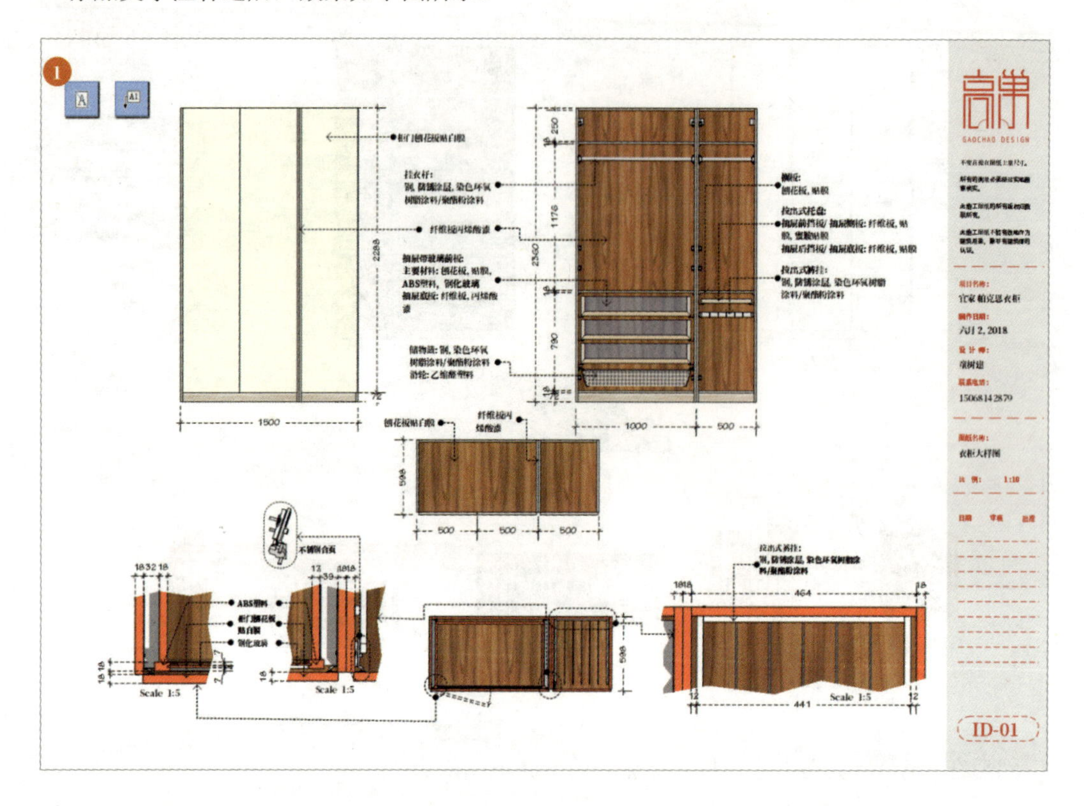

最后添加剪贴簿图标，效果如下图所示。

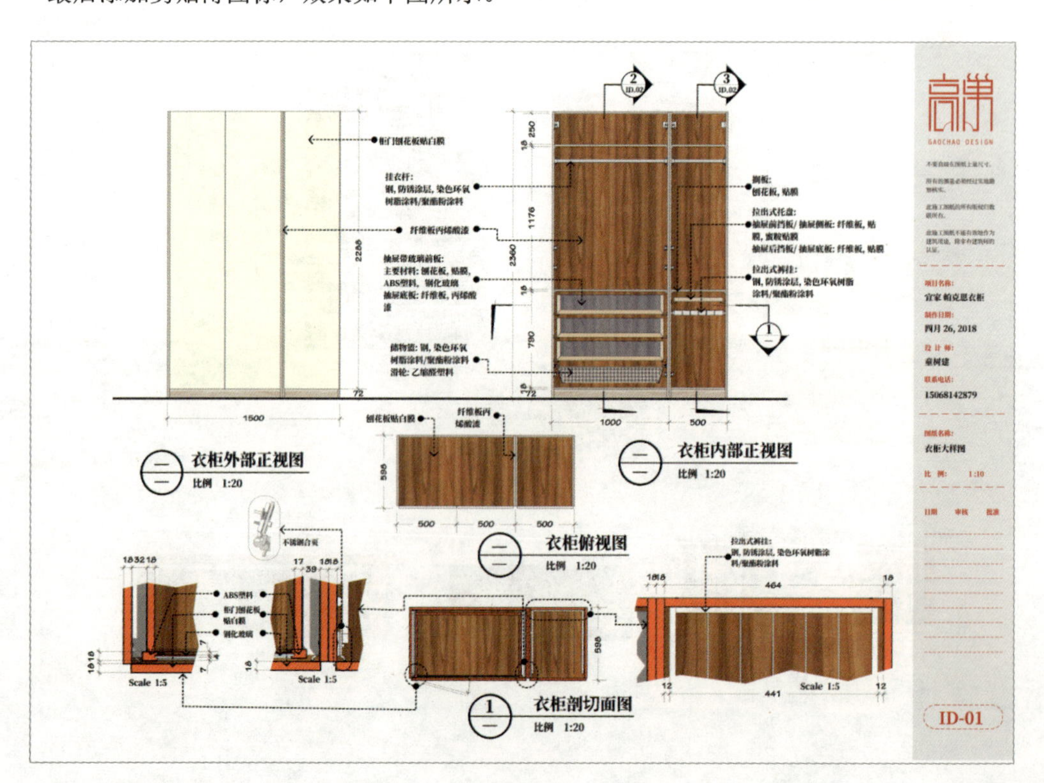

本页面上放有衣柜内部正视图、衣柜外部正视图、衣柜俯视图、衣柜剖切面图及局部大样图（大样图流程详见后面的内容），包含一些 LayOut 图形元素（部分填充图形和衣柜底部的水平线）、尺寸标注及文字注释。

衣柜详图 LayOut 图层分配表

图层	内容	比例
尺寸	尺寸标注	—
文字图标	文字、图标、客户信息	—
SU 模型视图 2	LayOut 图形元素	—
SU 模型视图 1	衣柜外部正视图、衣柜内部正视图、衣柜俯视图、衣柜剖切面图、局部大样图	三视图、剖切面图 1:20 局部大样图 1:5
信息栏	客户信息栏元素	—

4. 局部大样图的外框遮罩操作流程

（1）选择模型视图。

（2）按住 Ctrl 键拖动鼠标复制新的模型视图。

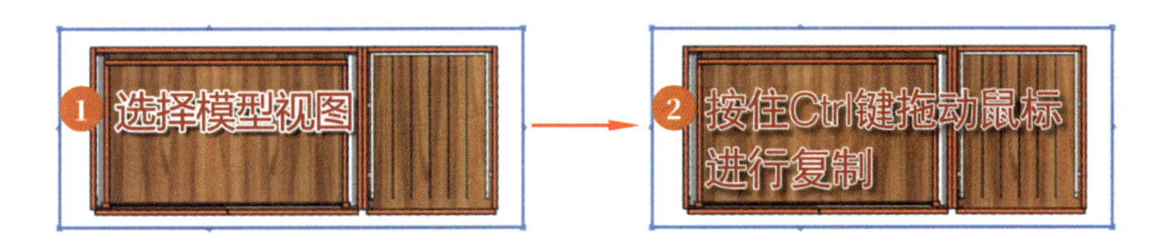

（3） 选择复制出来的模型视图。

（4）在“SketchUp 模型”面板中，将比例设置改为 1:20。

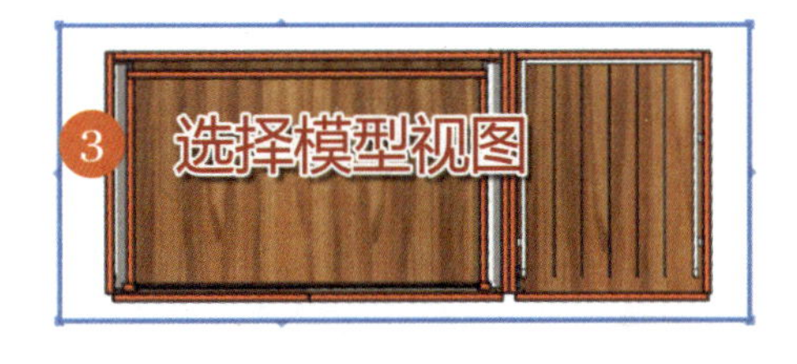

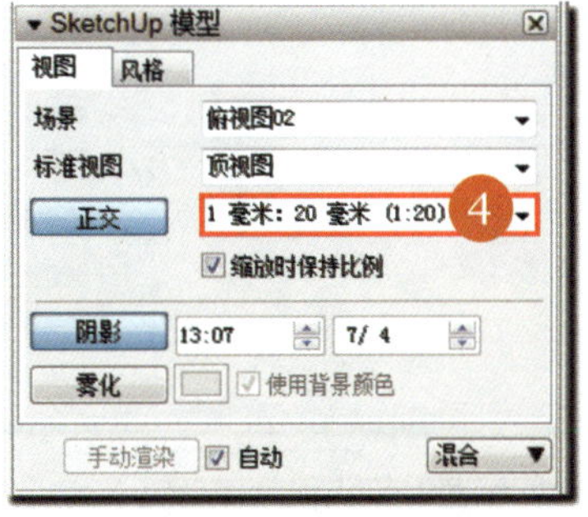

（5）单击并拖动模型视图的边框。

（6）将模型视图边框调整到合适的位置。

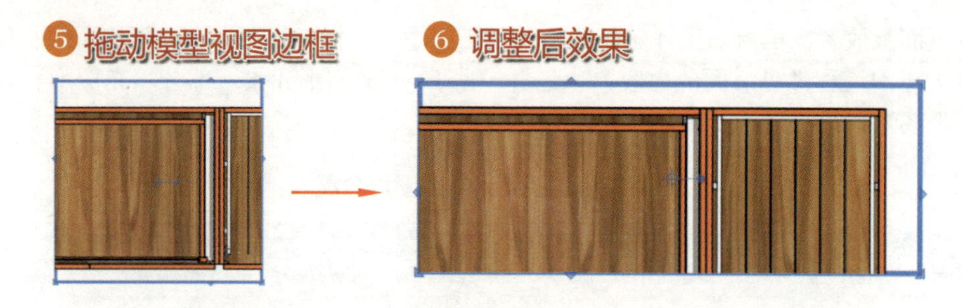

（7）在调整好边框的模型视图上，用“直线工具”绘制局部大样图的边框。

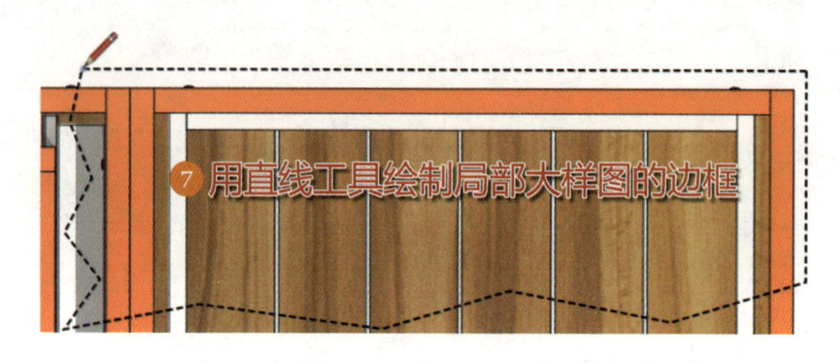

（8）全选局部大样图的模型视图和边框。

（9）单击鼠标右键，选择“创建剪切蒙版”命令。

（10）添加尺寸标注和文字注释，即可完成局部大样图的制作。

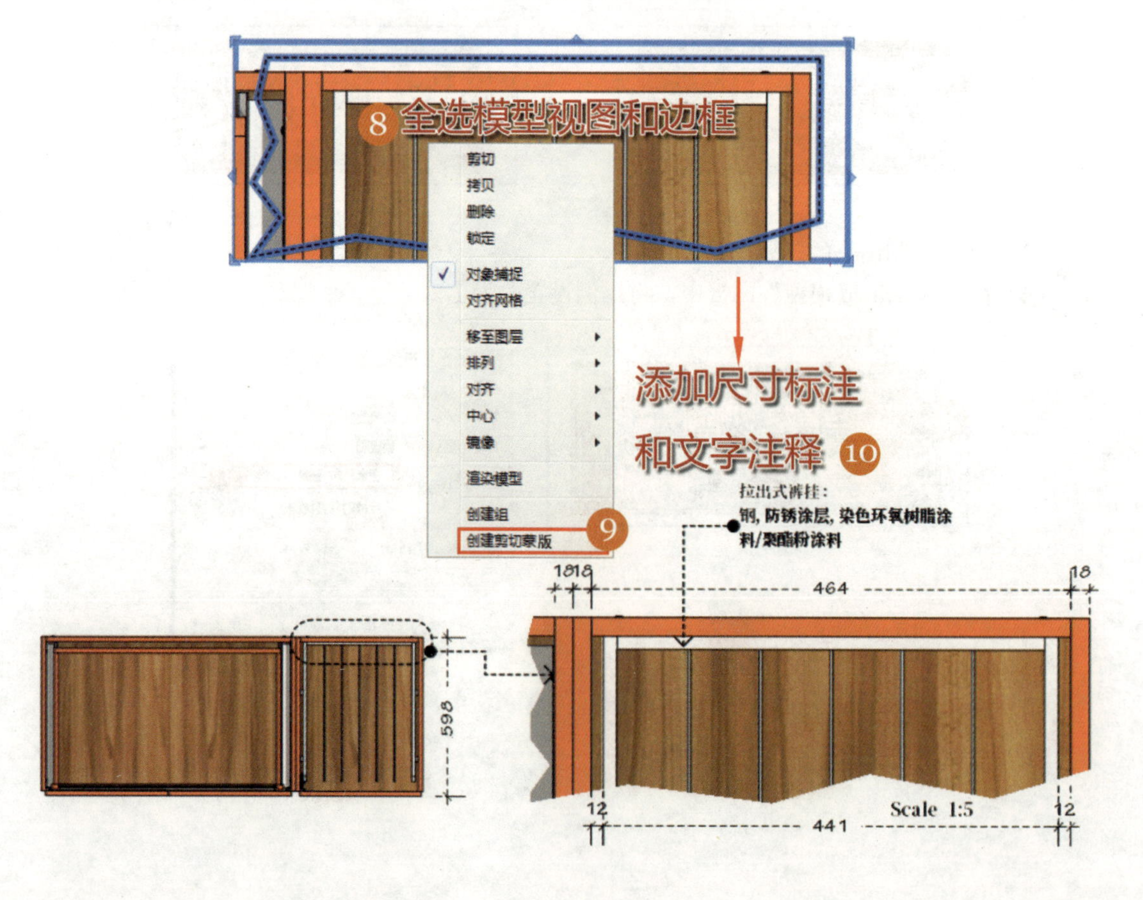

其余的局部大样图均按以上方式绘制。

5. 衣柜剖切面图图面说明

衣柜剖切面图页面上包含衣柜的两个剖切面图和局部大样图，并且包含一些 LayOut 图形元素（部分填充图形和衣柜底部的水平线）、尺寸标注及文字注释。

衣柜剖切面图 LayOut 图层分配表

图层	内容	比例
尺寸	尺寸标注	——
文字图标	文字、图标、客户信息	——
SU 模型视图 2	LayOut 图形元素	——
SU 模型视图 1	衣柜 _ 左剖切面图、衣柜 _ 右剖切面图、局部大样图	剖切面图 1∶12 局部大样图 1∶5
信息栏	客户信息栏元素	——

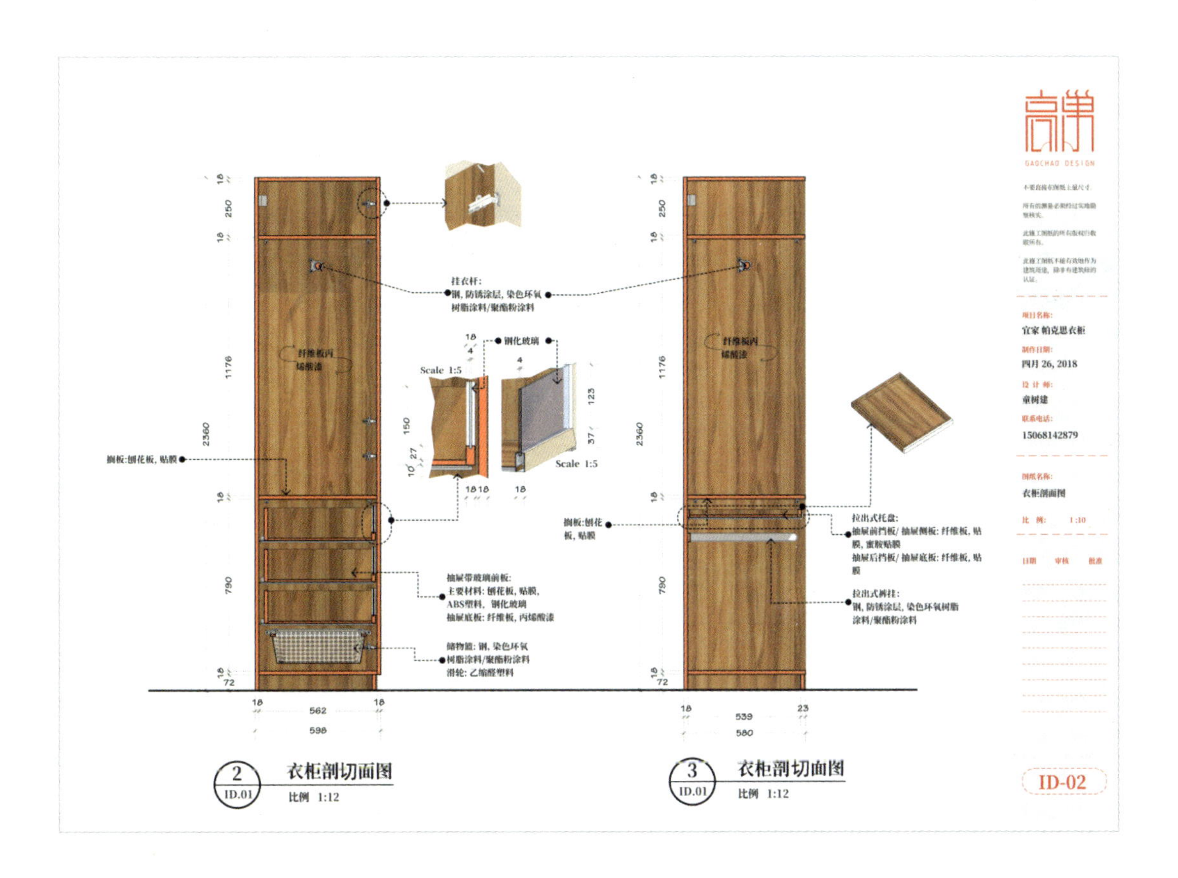

6. 衣柜拆解图图面说明

衣柜拆解图页面上包含衣柜的柜门、抽屉、柜体 3 个模型视图，并且包含一些文字注释。

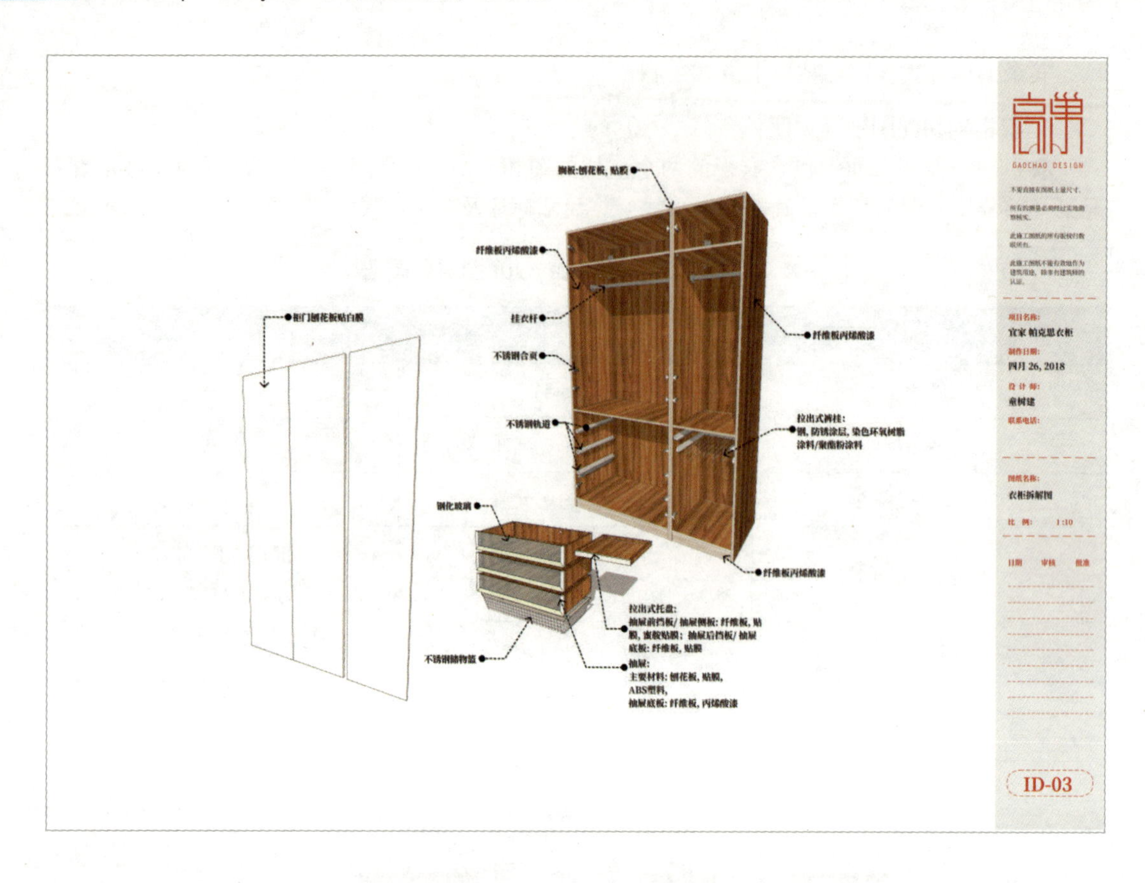

衣柜拆解图 LayOut 图层分配表

图层	内容	比例
尺寸	尺寸标注	——
文字图标	文字、图标、客户信息	——
SU 模型视图 2	——	——
SU 模型视图 1	衣柜 _ 柜门、衣柜 _ 抽屉、衣柜 _ 柜体	——
信息栏	客户信息栏元素	——

第 4 章　绘制轻钢龙骨隔音墙施工图

本章重要知识点：

- 使用相机视图，制作简单的场景。

4.1　项目要点

在这个轻钢龙骨隔音墙施工图绘制项目中，将介绍一些简单的场景制作方法，帮助读者创建令人称道的三维施工大样图纸。本章通过该项目创建一个直观易懂的三维模型，来模拟真实环境中隔音墙与部件之间的安装形式，它能决定所创建的模型究竟能否在现实环境中施工。在 SketchUp 中建模时，模型制作得越精细对后期的施工制作环节就越有利。

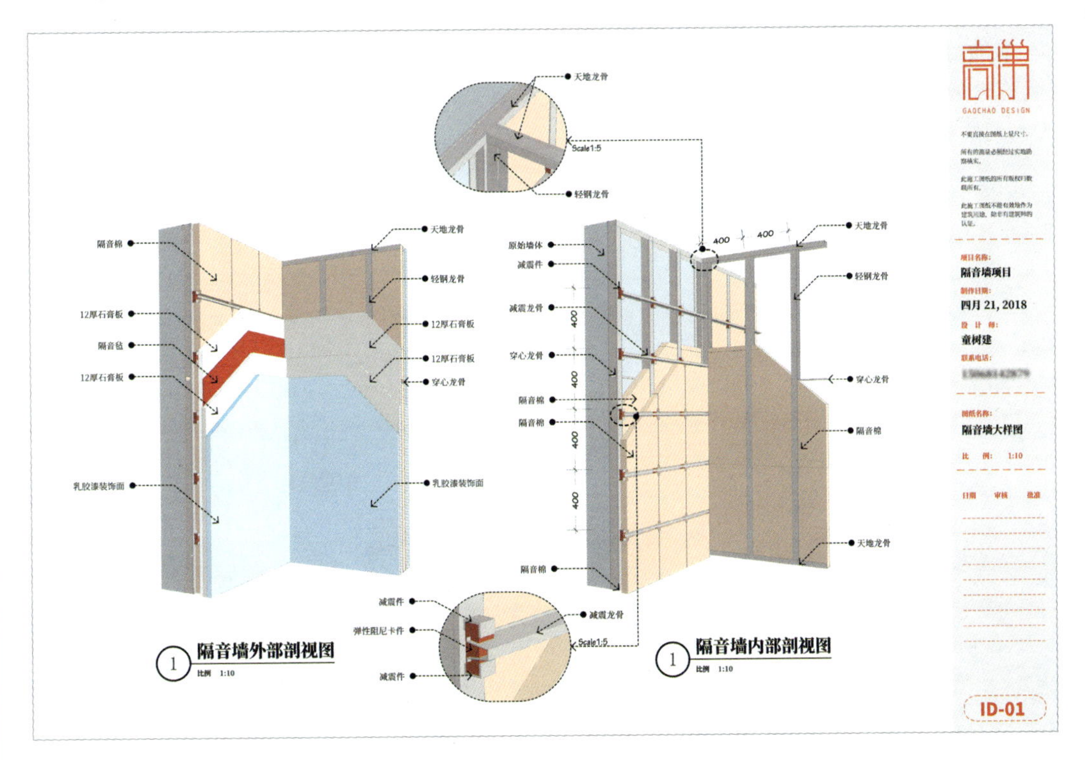

4.2　SketchUp模型准备

打开本书附赠的“隔音墙项目.skp”文件，参考案例文件将模型一步一步绘制出来。本案例将跳过该模型的 SketchUp 基础建模部分，只针对 LayOut 部分进行详细解析。如果想要了解

SketchUp 基础建模技巧，还请关注 www.sketchupbbs.com。

1. SketchUp 图层

本项目模型的图层设置方法跟衣柜项目是一样的，在此就不重复介绍了，如果还有不清楚的地方请参阅前面“帕克思衣柜”部分的内容。隔音墙项目的图层分布如下：

- 专业减震件
- 乳胶漆
- 减震龙骨
- 原始墙体
- 吸音棉（全）
- 吸音棉（缺）
- 天地龙骨
- 石膏板
- 穿心龙骨
- 竖龙骨
- 隔音毡

2. SketchUp 组件

本项目组件的创建也跟之前的衣柜案例基本是一样的，而本项目的组件分布及名称则跟图层名称一致。

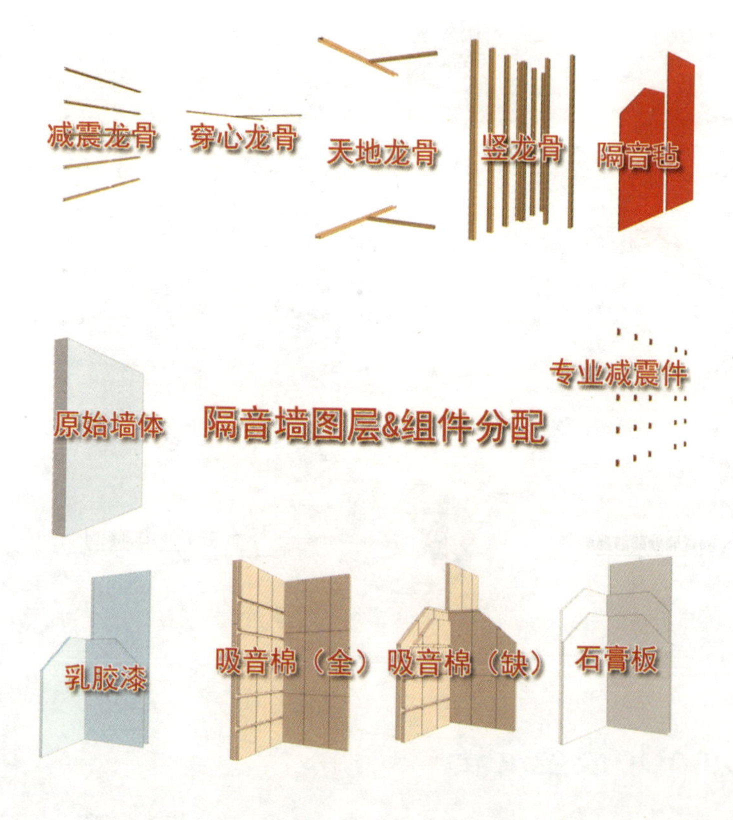

3. 创建 SketchUp 场景页面

本项目重点展现的是轻钢龙骨隔音墙施工大样图，目的是创建出跟以往不同的、别具特色的施工大样图，就不创建类似传统 CAD 图的场景样式了。具体操作流程如下：

（1）设置风格样式。

在本项目中，依然使用“贴图显示”样式来创建 LayOut 场景。

（2）设置“外部剖视图”场景页面。

① 单击“视图”工具栏中的“等轴”按钮，把模型的视图调整为等轴视图。

② 按下鼠标滚轮，将模型视图调整到合适的角度。

③ 单击“充满视图”按钮，让模型充满整个绘图空间。

④ 在“图层”面板中，除“吸音棉（缺）”图层外，激活所有图层的可见性图标。

⑤ 在“场景”面板中，单击⊕按钮创建场景，并将场景命名为“隔音墙 _ 外部剖视图”。

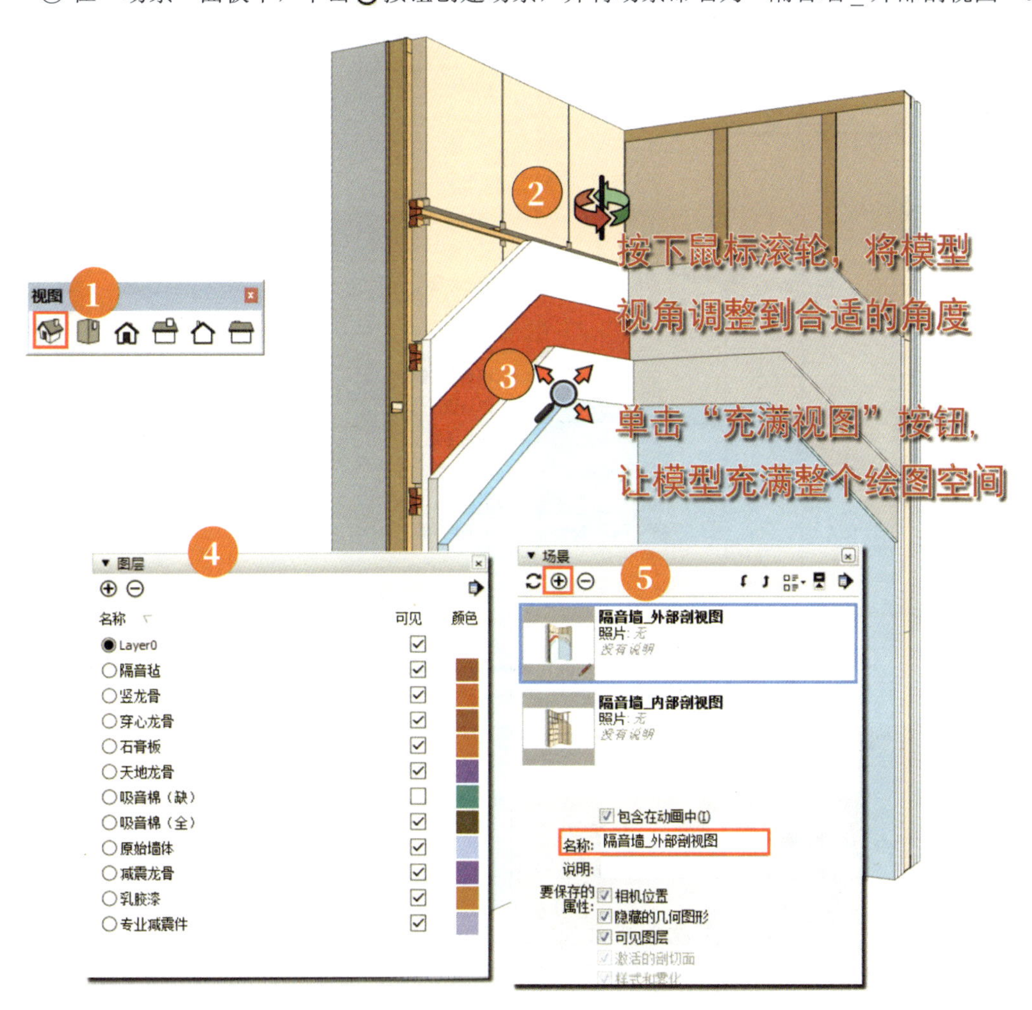

（3）设置“内部剖视图”场景页面。

采用与上述相同的方法创建“隔音墙 _ 内部剖视图”场景页面，该场景中所包含的图层如下图所示。

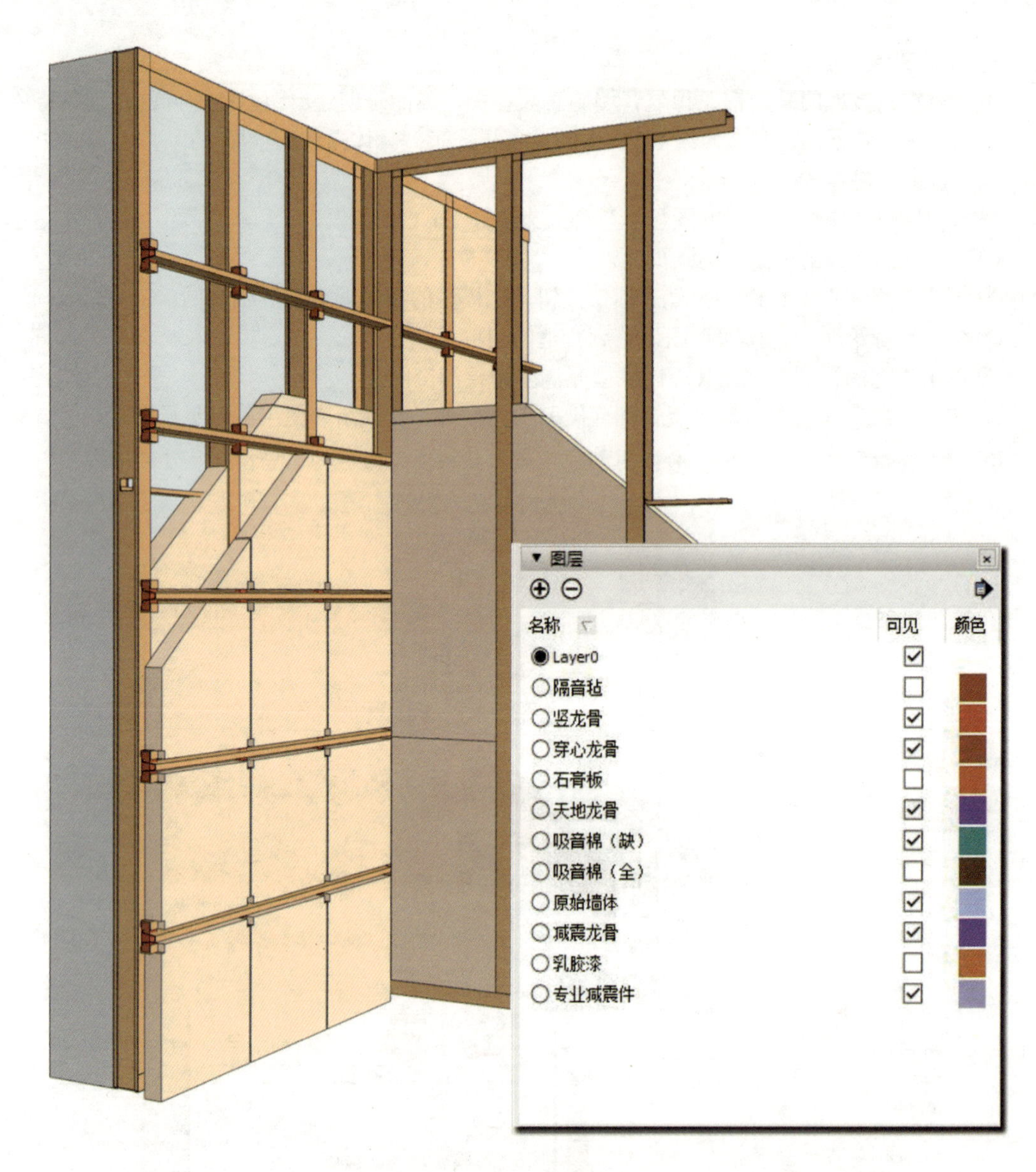

至此，该项目 SketchUp 模型的准备工作基本完成。最后，保存 SketchUp 文件。

4.3 LayOut图纸绘制流程

制作完场景之后，接下来就能将其发送到 LayOut 中制作施工大样图了，对于如何在 LayOut 中进行基本操作，请参见本书第 2 章的相关内容。

1. 把 SketchUp 模型发送到 LayOut 中

将制作完场景页面的 SketchUp 模型保存。选择“文件→发送到 LayOut”命令。然后计算机会自动启动 LayOut 软件，并弹出“模板”对话框，“选择‘图框 1.layout’模板”，单击“打开”按钮，就会显示插入“轻钢龙骨 SketchUp 模型”的新 LayOut 文件。

2. 修改自动图文集里的相关信息

（1）打开“文件”菜单。

（2）选择“文稿设置”命令。

（3）选择“自动图文集”选项。

（4）选择“项目名称”选项。

（5）输入项目名称，本案例项目名称为“隔音墙项目”。

（6）单击“关闭”按钮。

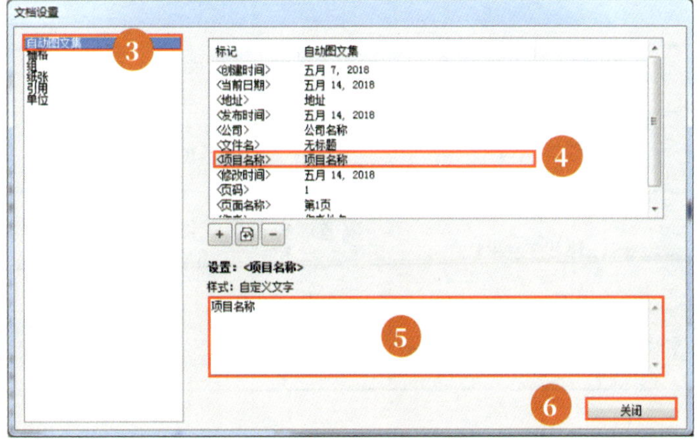

第1章
第2章
第3章
第4章
第5章
第6章

3. 轻钢龙骨隔音墙详图页面说明

本详图页面上包含隔音墙外部剖视图、隔音墙内部剖视图及两个局部大样图，并包含尺寸标注及文字注释。

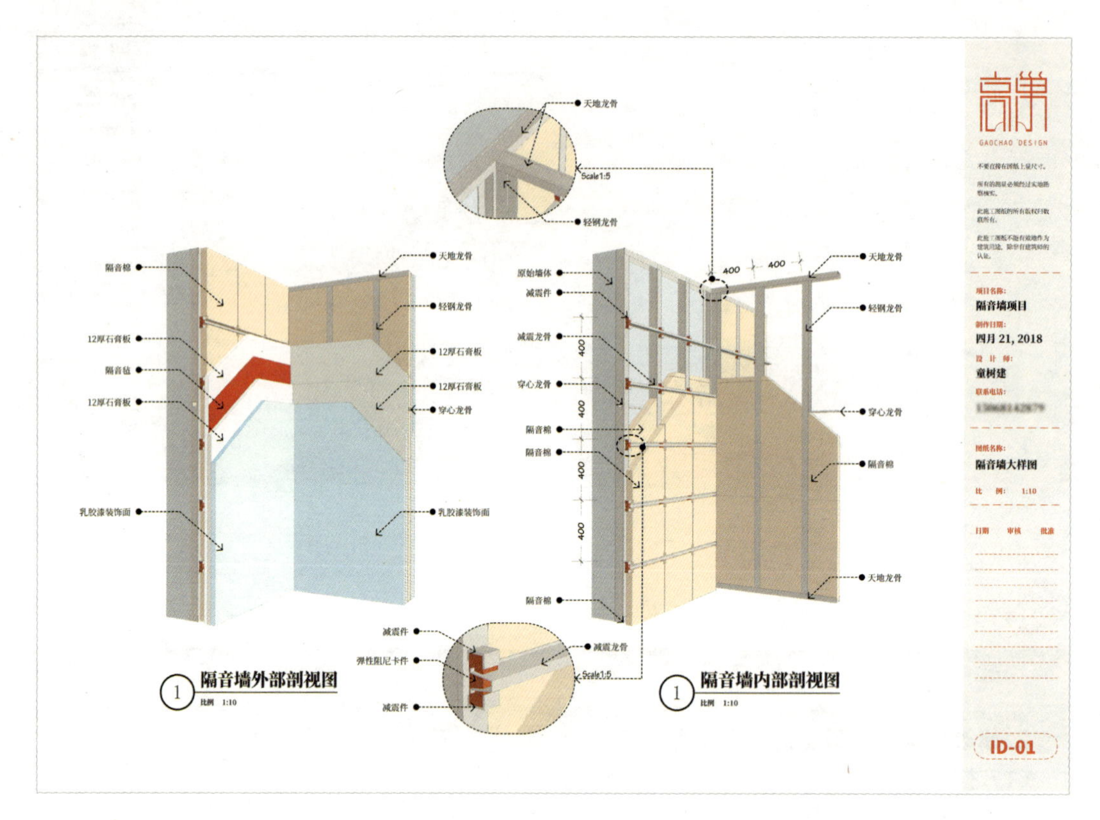

隔音墙大样图页面图层分配表

图层	内容	比例
尺寸	尺寸标注	——
文字图标	文字、图标、客户信息	——
SU 模型视图 2	LayOut 图形元素	——
SU 模型视图 1	隔音墙外部剖视图、隔音墙内部剖视图、局部大样图	剖视图 1∶10 局部大样图 1∶5
信息栏	客户信息栏元素	——

第 5 章　绘制 LayOut 住宅施工图

本章重要知识点：

- 使用截面制作剖切面场景。
- 使用特殊的镜头创建简单的视图，以帮助绘制尺寸。
- 创建和编辑复制到 LayOut 中的剖切面图，在 LayOut 模式中可以用到它们。

5.1　项目要点

在这个项目中，将通过创建一套完整的室内设计施工图，介绍一些平面系统的图纸制作方法。

在开始任何项目之前，都要观察和分析项目目的——这个模型可以用来做什么？明白这个问题将决定模型的建模精细程度。

通常在设计室内项目时，需要建立一个室内空间的3D模型，然后导出效果图作为销售工具，以赢得项目。在赢得业主签约之后，该模型就转换为施工模型了。

渲染模型和施工模型的主要区别是：渲染模型需要逼真的材料贴图和大量细节的单品模

型，在一些结构复杂的模型构件中，注重表面细节而丢失内部构造；而施工模型重点在于结构尺寸、定位尺寸的正确性。例如：要把桌子模型周遭的直角全部处理为圆弧倒角，才能确保较好的光线效果。但该圆弧倒角处会增大施工图尺寸的捕捉难度，造成很难标注尺寸或者标注尺寸不准确。

另外，一个具有大量细节的单体模型其文件量会很大，也会导致 LayOut 场景文件运行起来速度很慢，影响工作效率。

在这种情况下，要学会辨别模型的重点在什么地方，比如如何优化模型、哪些需要注重细节、哪些需要确保尺寸正确，因为在 LayOut 中有许多涉及尺寸标注的工作。

5.2 SketchUp模型准备

打开本书附赠的“小户型浅色简约项目.skp”文件，参考案例文件将模型一步一步绘制出来，同样本案例将跳过该模型的 SketchUp 基础建模部分。

5.2.1 SketchUp图层

本案例模型图层的设置方法跟衣柜项目是一样的，在此就不重复介绍了，如果还有不清楚的地方请参阅“帕克思衣柜”部分的内容。图层完成后的效果如下图所示。

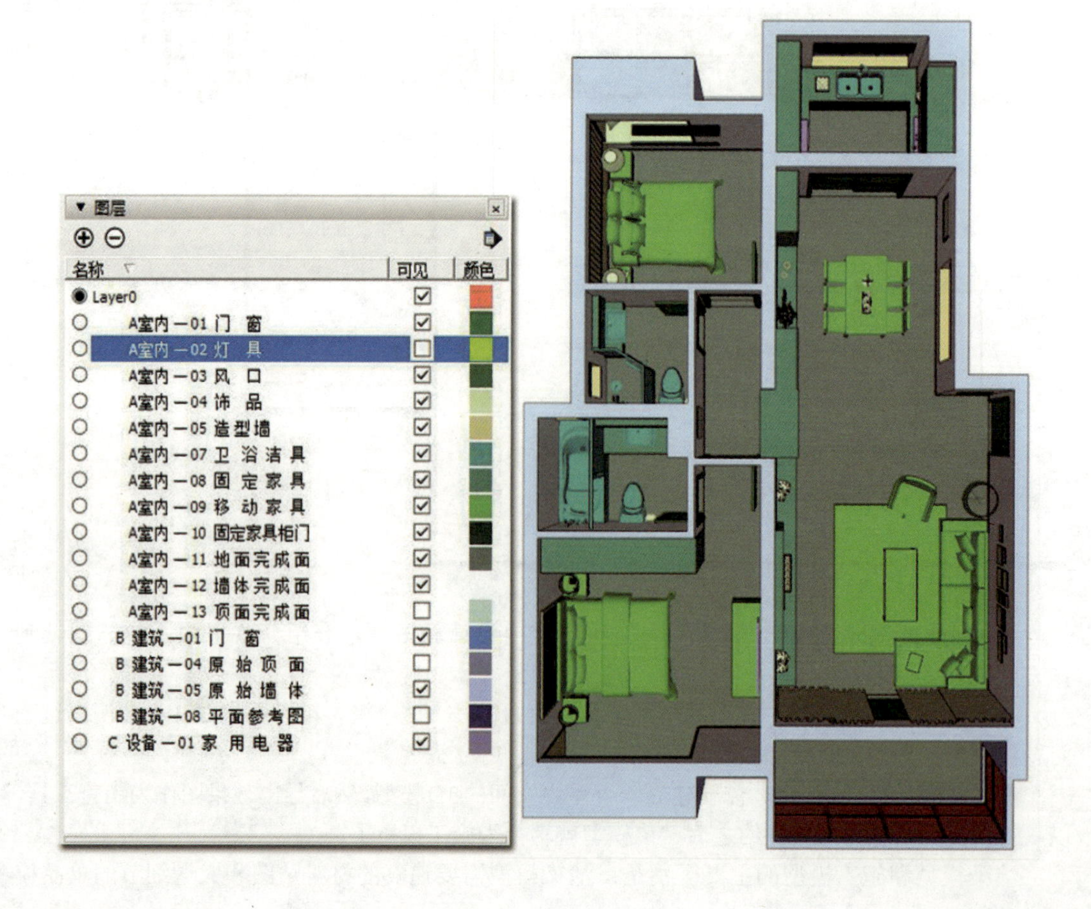

提示

户型项目的图层分配细则在本书第5章中，详见户型项目图层说明。

5.2.2　SketchUp组件

本项目组件的创建基本上跟之前的衣柜项目是一样的，只是组件内的组织元素要比衣柜庞大得多。本案例的组件分布及名称如下图所示。

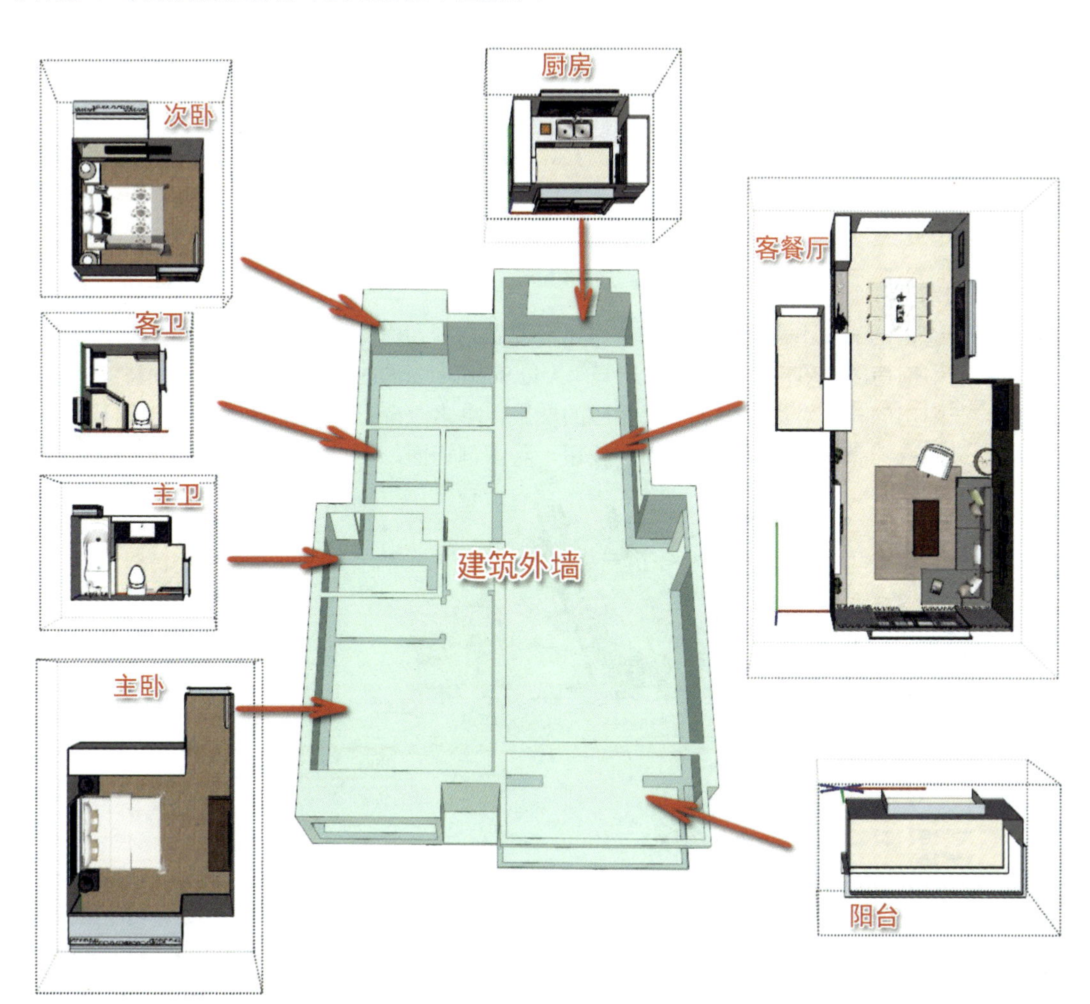

5.2.3　设置平面图的场景页面工作

用一个假想的水平剖切面在略高于窗台的位置上剖切房屋后，移去上面的部分，对剩下部分做正投影，所得的水平剖切面图，称为平面图。

在 SketchUp 中制作剖切面，请按照以下步骤操作：

（1）在“视图”的工具栏中调出“截面”工具栏，单击“剖切面”按钮。

（2）将剖切面移至离地面 1 200mm 的窗台上方处。

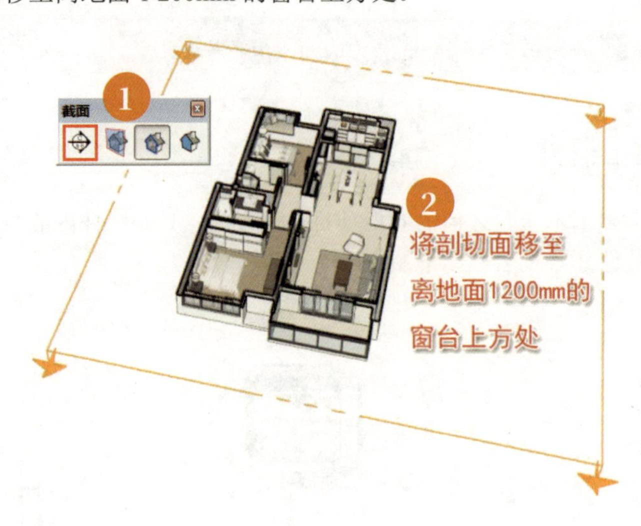

1. 给剖切面补面

为了能遮挡一部分不需要显示的细节，还需要做个剖切面补面，具体请按以下步骤操作：

（1）选中剖切面，单击鼠标右键，选择“Add SectionCutFace”命令，给剖切面进行补面。

（2）在弹出的补面对话框中，设置相应的参数，单击“确定”按钮。

（3）最后取消激活的“显示剖切面”按钮，隐藏剖切面。

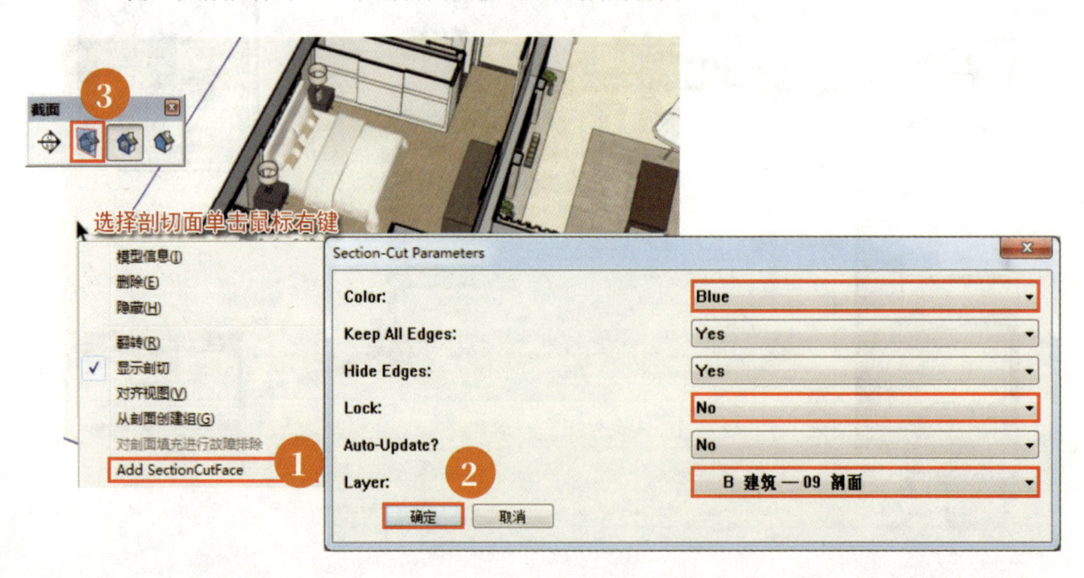

提示

该Add SectionCutFace插件不是所有的剖切面都能填补的，如果在剖切的位置模型有破面或者其他因素，请查找并改正模型，然后再用该插件补面。

2. 场景页面的准备工作

基本上本项目所有的场景都是剖切面场景，而为了更好地展示顶面的结构细节，甚至还会用到线框显示样式。

提示

本节对场景的创建就不再重复介绍了，如有不懂的地方请参阅“帕克思衣柜”中的创建场景部分。

3. 风格样式

在这个项目中，将会用线框显示样式来创建 LayOut 的顶面布置图场景。

（1）“建筑”设计样式：这是系统的默认样式，也是最简单并能充分表现模型外观和材质的风格样式。为了起到更快运算的作用，该样式的所有值都尽可能地削减，比如在建立剖切面的时候，会自动隐藏所有剖切面。所以 90% 的人在建模过程中都会选择这个样式（展开“SketchUp 模型”面板，在预设样式列表框中选择“建筑”设计样式）。

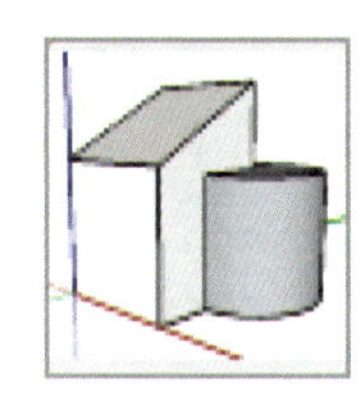

（2）“线框”显示样式：这是只显示模型边线的样式。通过这个样式能更好地显示模型的顶面细节结构。

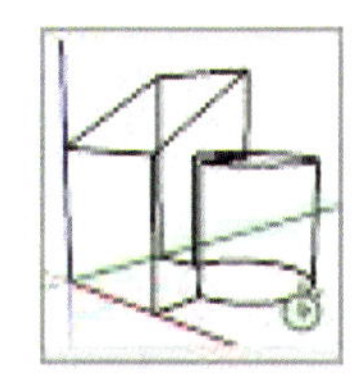

（3）“消隐”显示样式：这个样式的背景颜色是白色。通过这个样式能隐藏模型中所有背面的边和平面颜色的样式。

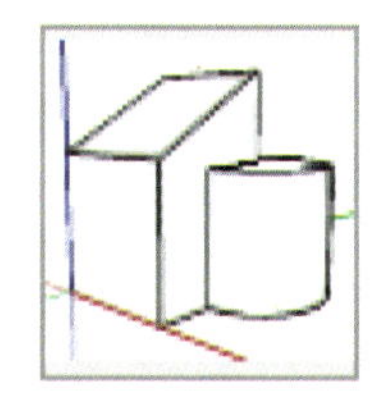

5.2.4　创建原始结构图场景页面

创建原始结构图场景，请按以下步骤操作：

（1）隐藏原始结构图场景中不需要的图层。

（2）调出“视图”工具栏，选择“俯视图”。

（3）选择“相机”→“平行投影”命令。

（4）最后创建 / 更新原始结构图场景。

原始结构图场景的设置步骤如下图所示。

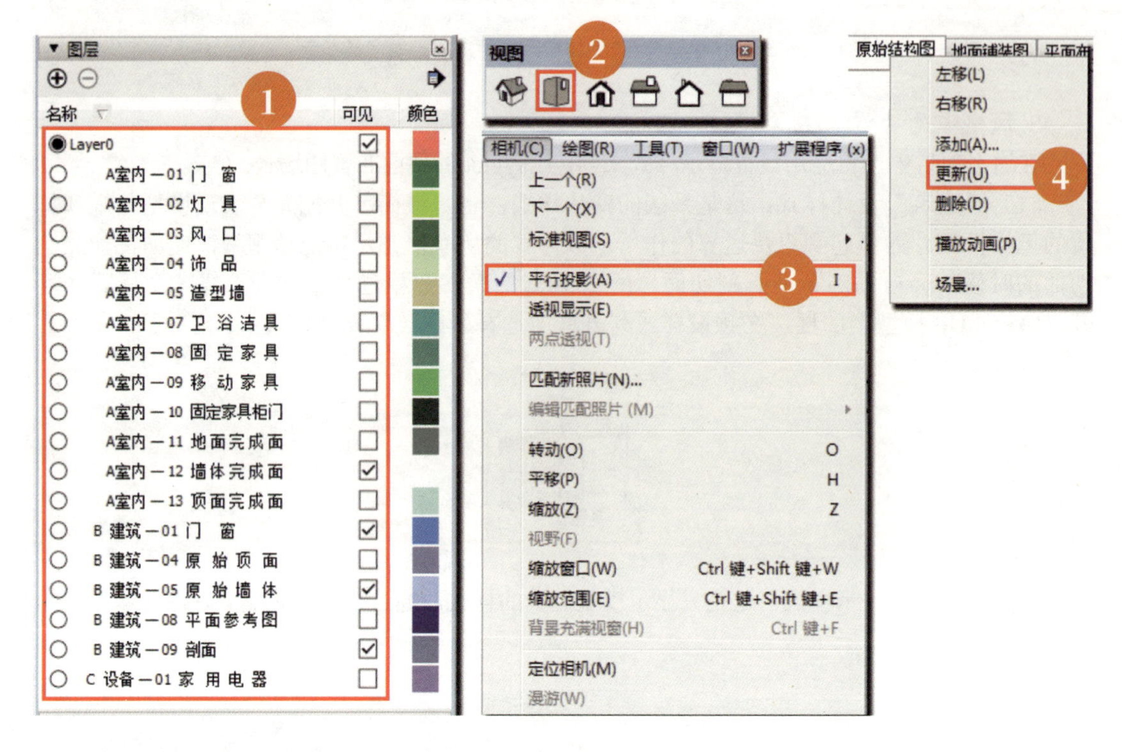

原始结构图场景最终效果如下图所示。

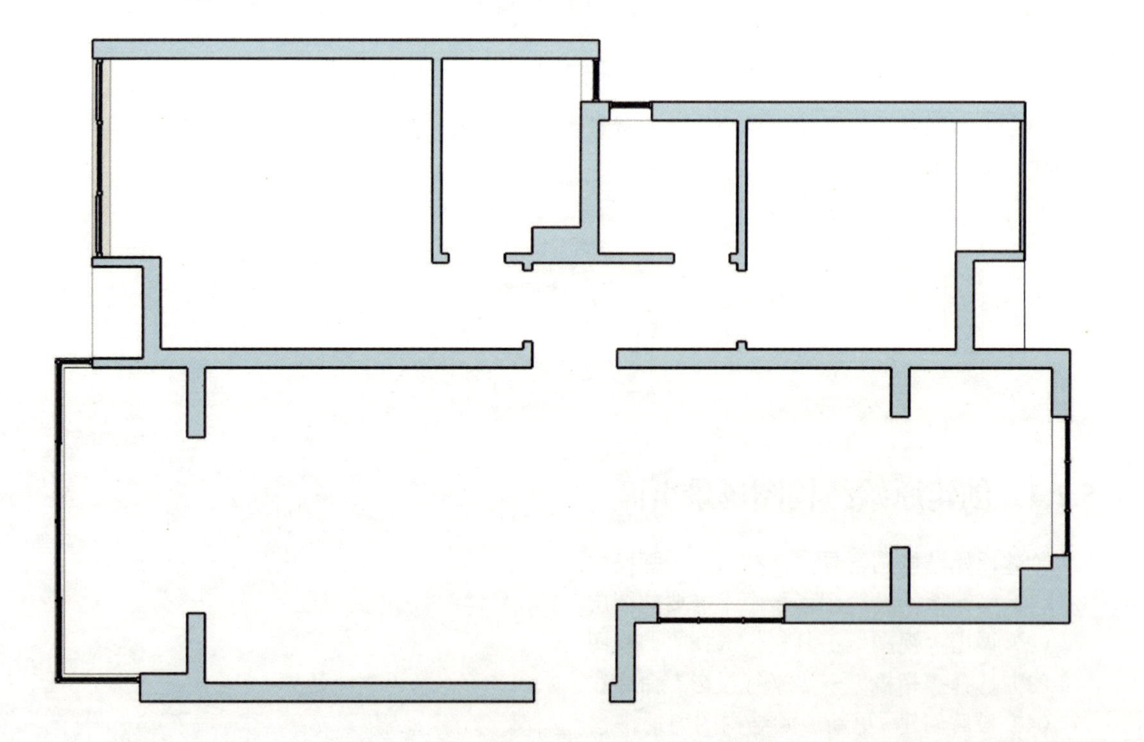

5.2.5 创建地面铺装图场景页面

地面铺装图场景页面中的图层显示情况请参考下图所示，创建场景页面的方法采用与前面相同的方法即可。

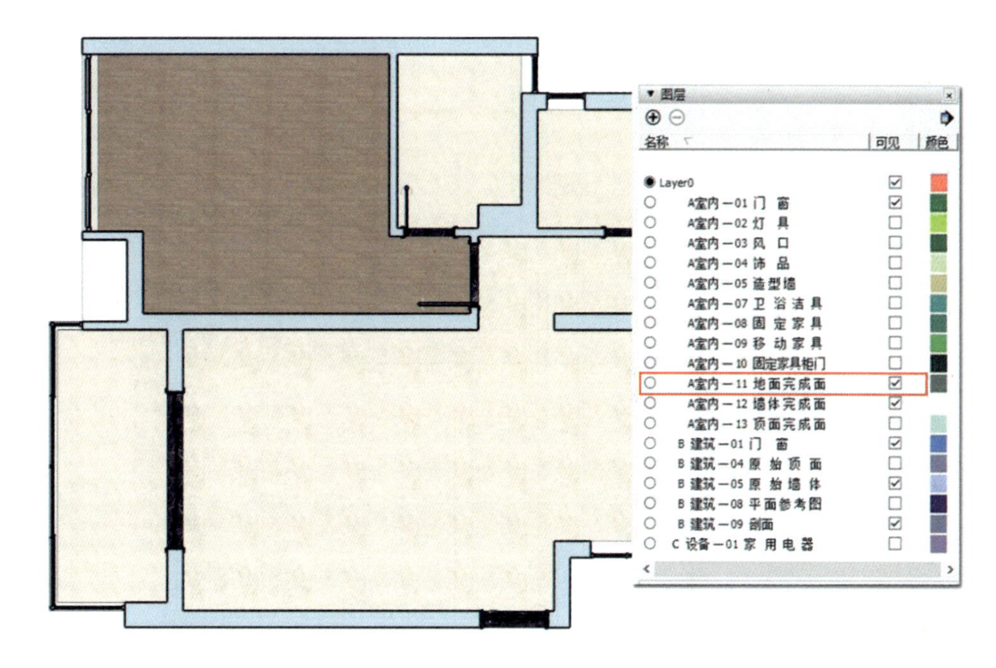

5.2.6 创建平面布置图场景页面

平面布置图场景页面中的图层显示情况请参考下图所示，创建场景页面的方法采用与前面相同的方法即可。

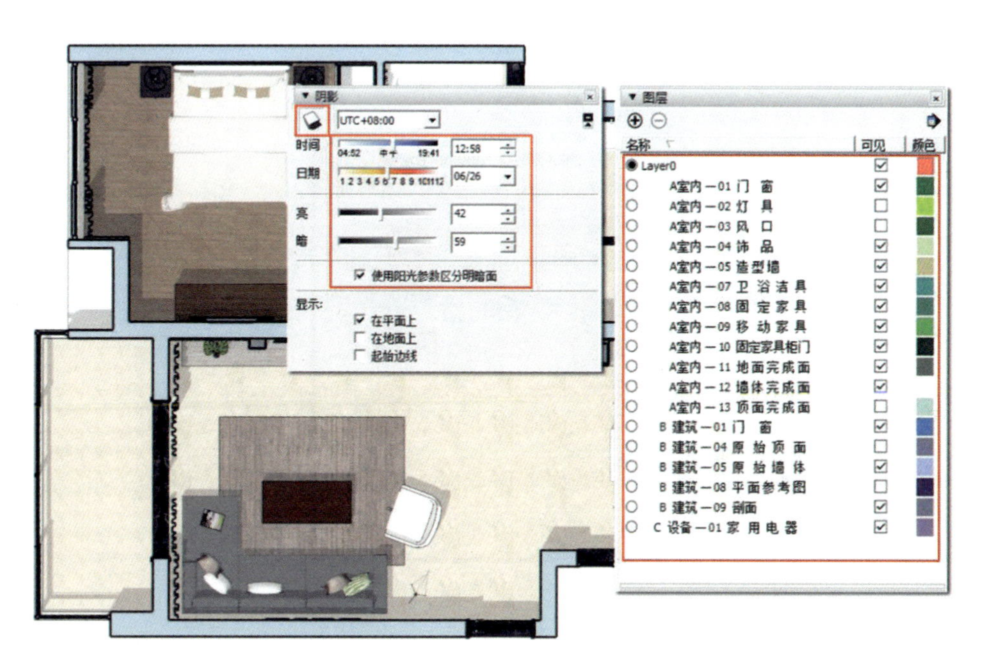

5.2.7 创建顶面布置图场景页面

顶面布置图场景页面中的图层显示情况请参考下图所示，创建场景页面的方法采用与前面相同的方法即可，唯一有所不同的是该场景的显示样式为“线框”显示样式。

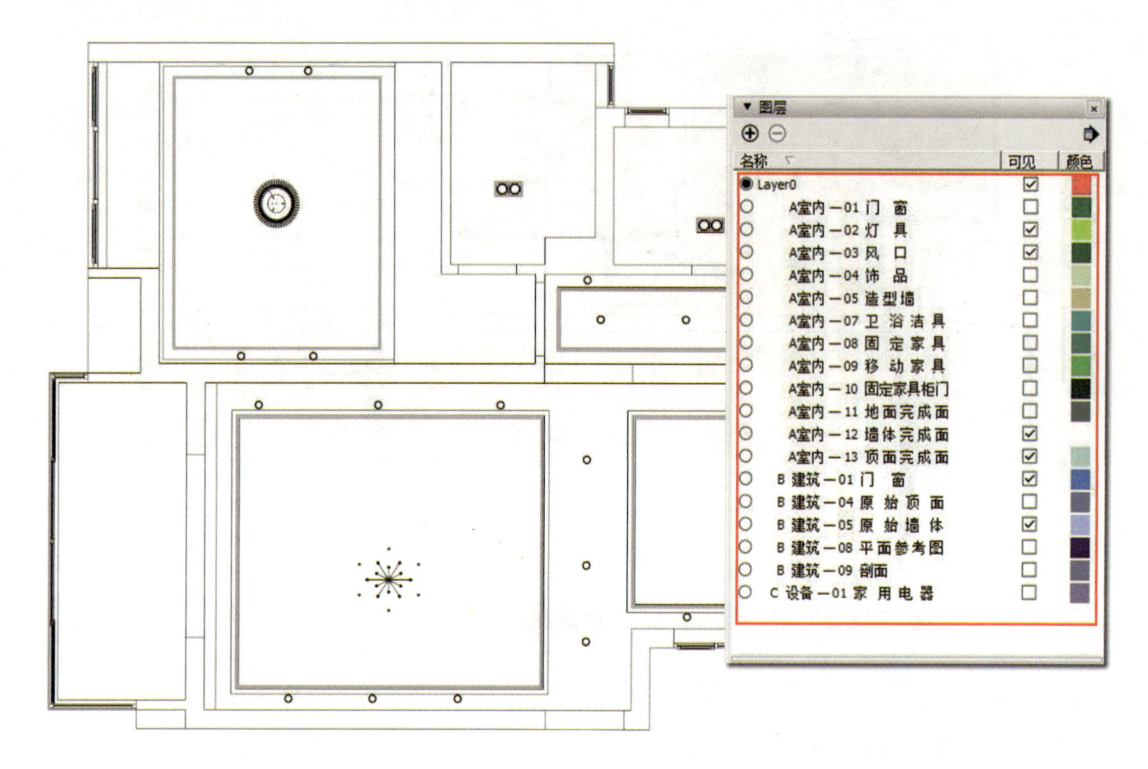

设置“线框”显示样式，请按以下步骤操作：

（1）创建新样式。

（2）在样式下拉列表中选择“预设风格”选项。

（3）选择“线框”显示样式。

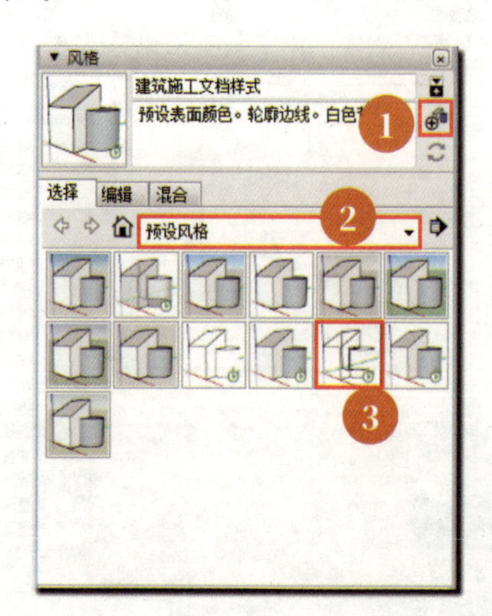

提示

开关布置图场景跟顶面布置图场景所显示的图层及样式都是一样的，所以无须再制作场景，后期在LayOut中添加一些灯具符号和开关符号将其完善即可。

5.2.8 创建插座布置图场景页面

采用与前面相同的方法及样式创建插座布置图场景页面，该场景的显示样式为“消隐”，请按下列步骤操作：

（1）创建新样式。

（2）在样式下拉列表中选择“预设风格”选项。

（3）选择“消隐”选项。

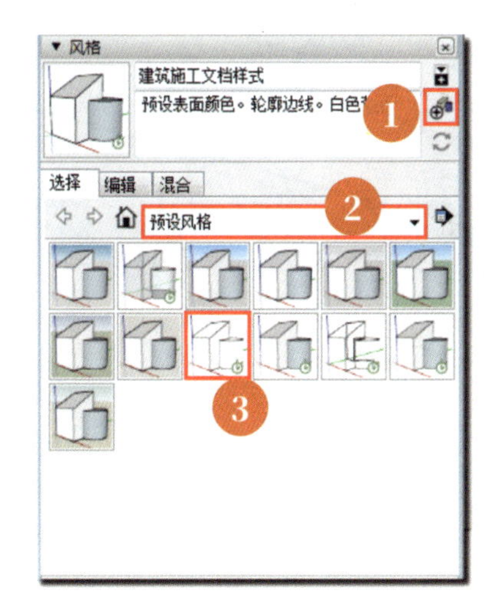

插座布置图场景页面中的图层显示情况请参考下图所示。

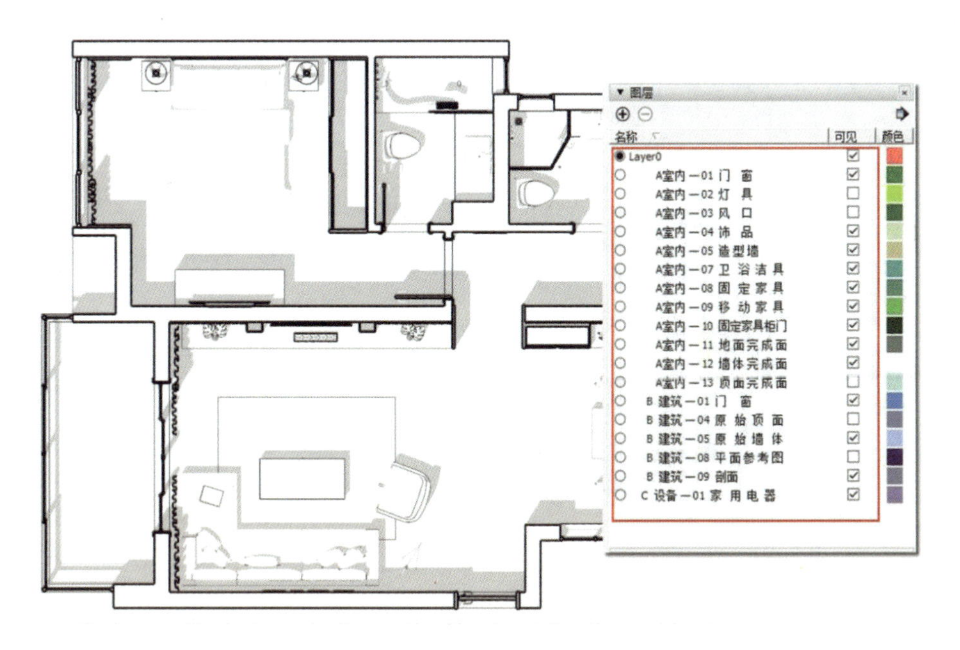

5.2.9 创建立面图场景

复制 SU 文件，并打开新复制的文件，采用前面介绍的创建剖切面的方法，创建各空间的四个立面剖切面，效果如下图所示。

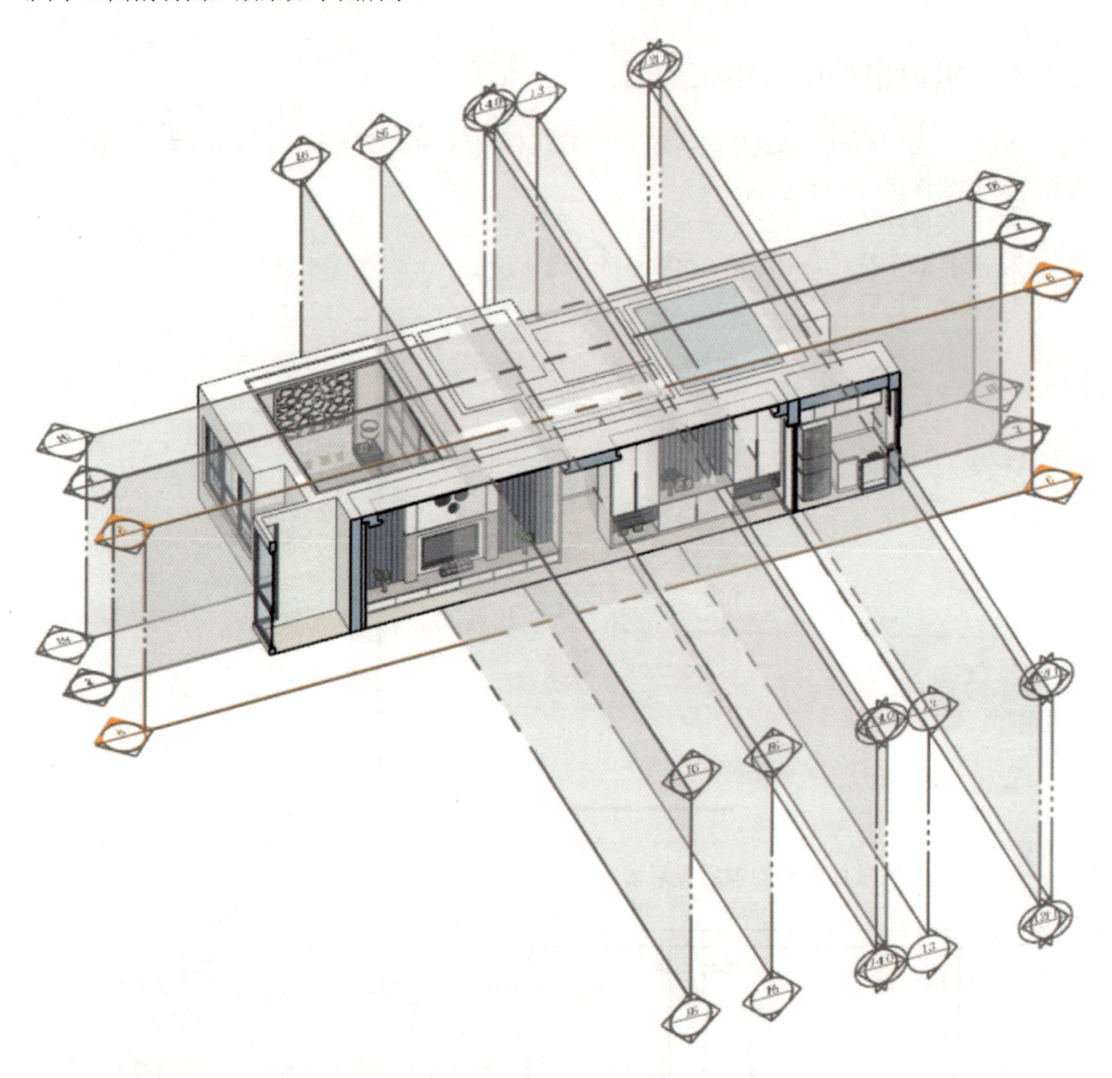

绘制客餐厅厨房 A 立面图场景。请按以下步骤操作：

（1）根据剖切面的箭头方向在“视图”工具栏中单击“前视图”按钮，将视图调整到与剖切箭头相同的方向。

（2）在“截面”工具栏中单击“显示剖切面”按钮，隐藏剖切面，单击“显示剖切面填充”按钮，填充剖切面补面。

（3）在“图层”面板中显示相应图层的可见性。

（4）在“场景”面板中单击加号按钮⊕，添加一个新场景。

（5）在“名称”文本框内输入“客餐厅厨房 A 立面”即可。

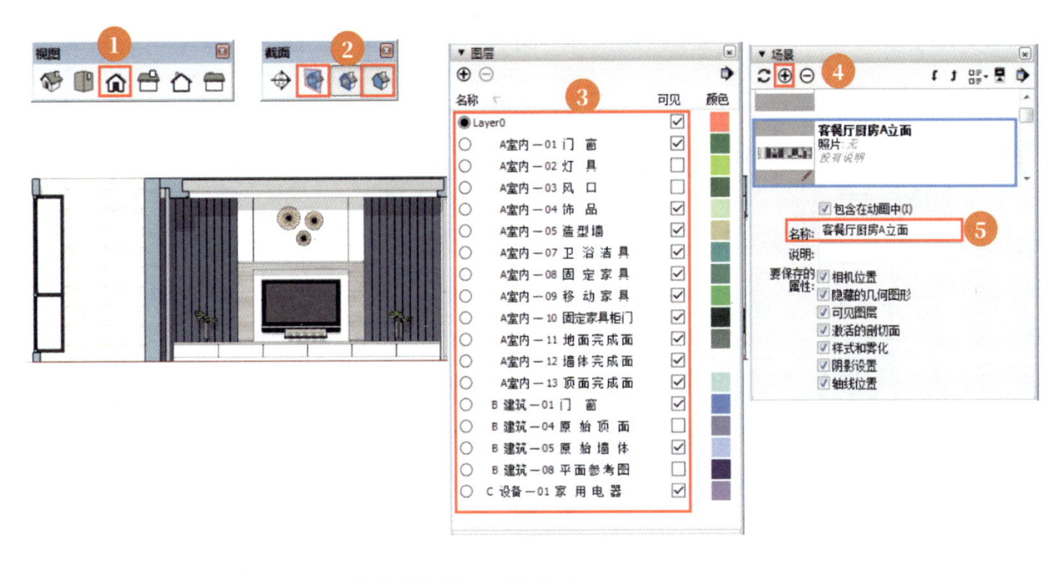

客餐厅厨房 A 立面图场景最终效果如下图所示。

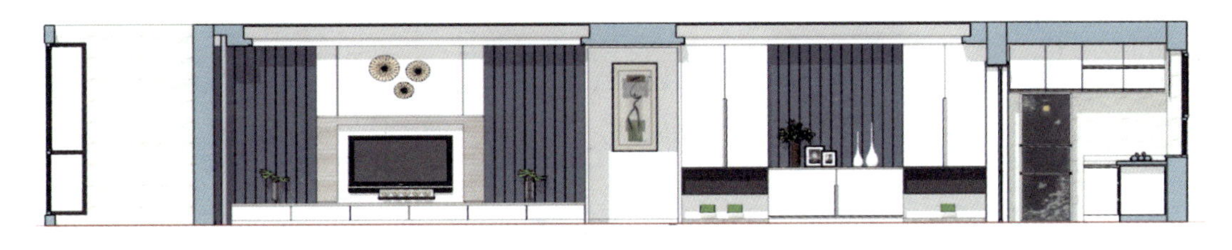

提示

同样采用相同的创建场景的方式，创建各个空间的立面场景。

主卧、次卧 A 立面图场景最终效果如下图所示。

主卫、次卫 A 立面图场景最终效果如下图所示。

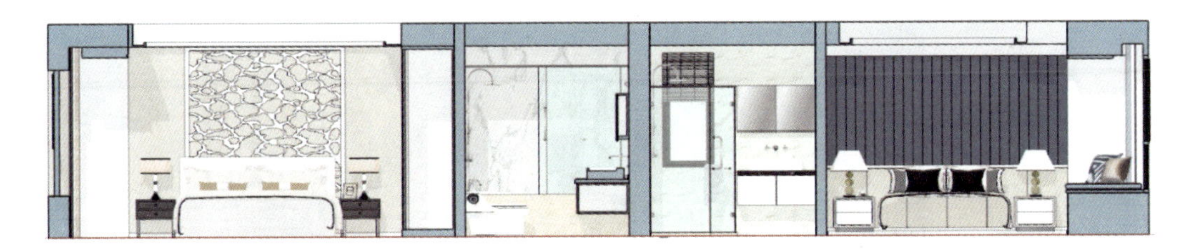

客餐厅和厨房 B 立面图场景最终效果如下图所示。

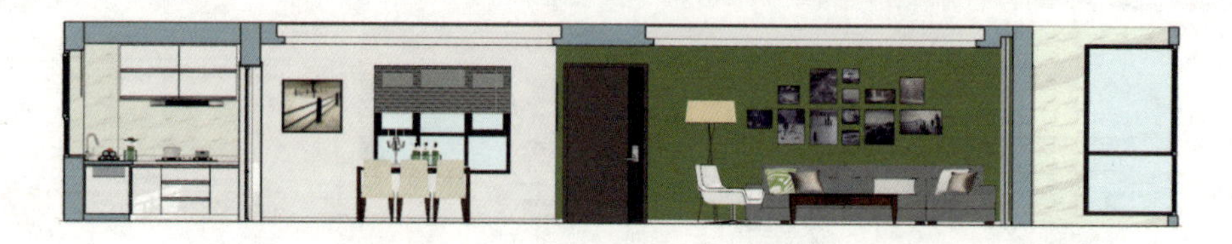

主卧、次卧 B 立面图场景最终效果如下图所示。

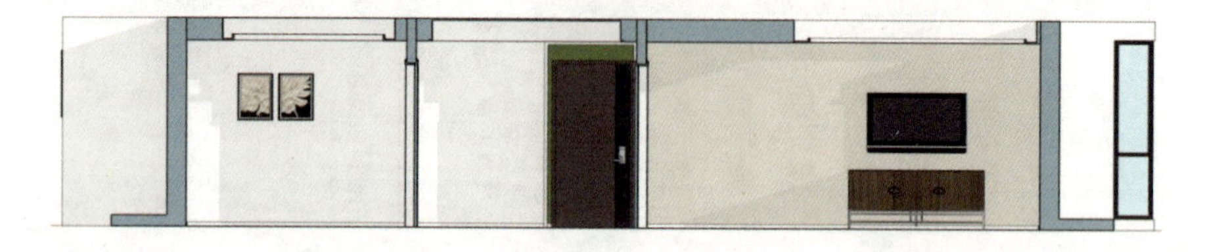

客餐厅和主卫 C 立面图场景最终效果如下图所示。

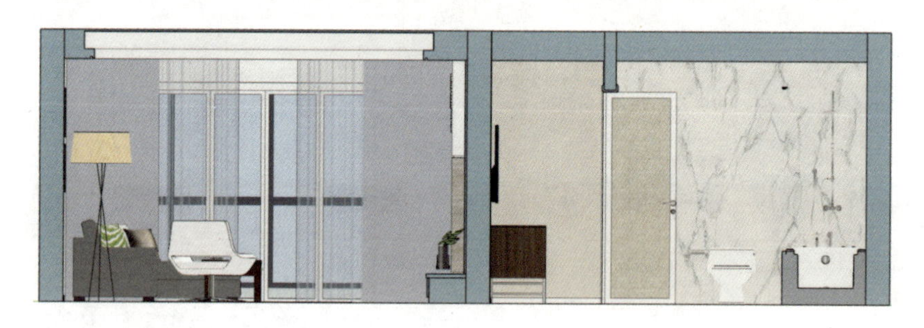

客厅、主卧 C 立面图场景最终效果如下图所示。

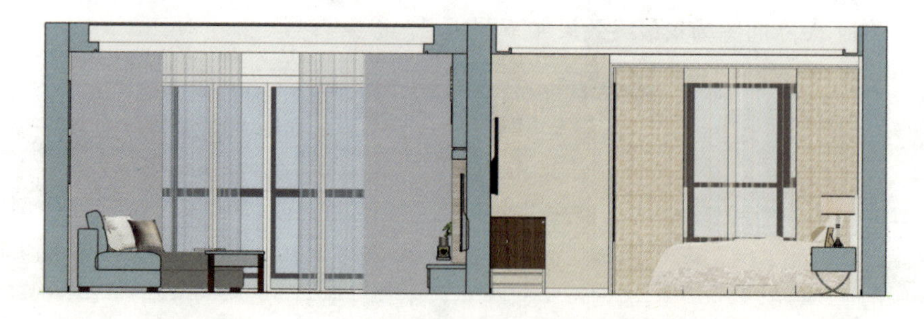

客厅、次卫 C 立面图场景最终效果如下图所示。

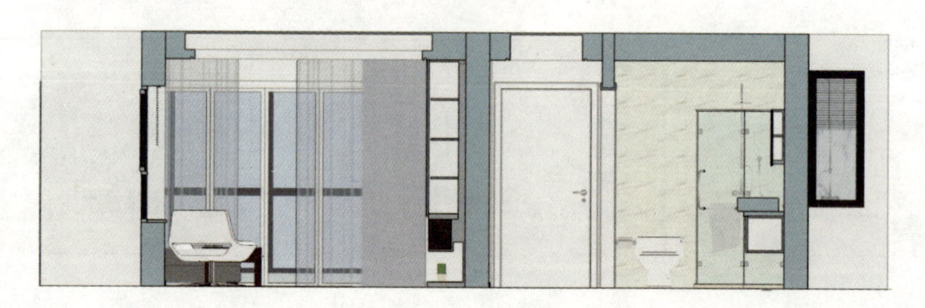

主卫、次卫 B 立面图场景最终效果如下图所示。

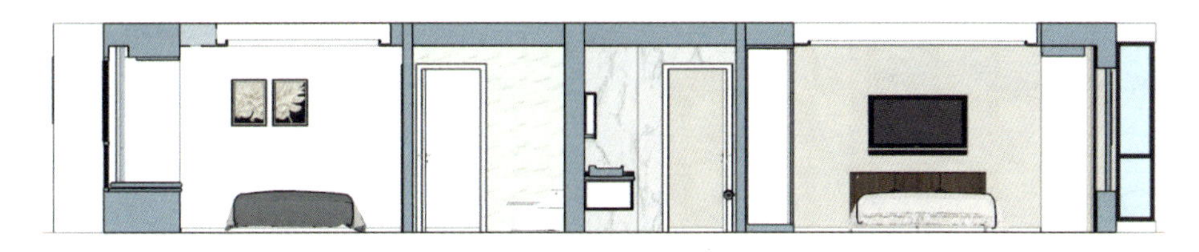

次卧、厨房 C 立面图场景最终效果如下图所示。

次卧、厨房 D 立面图场景最终效果如下图所示。

次卧、餐厅 D 立面图场景最终效果如下图所示。

餐厅、次卧 D 立面图场景最终效果如下图所示。

主卫、客餐厅 D 立面图场景最终效果如下图所示。

主卧、客餐厅 D 立面图场景最终效果如下图所示。

5.3　LayOut图纸绘制流程

随着 SketchUp 场景的制作完成，制作 LayOut 文件将是一件非常容易的事情。首先，在打开的 LayOut 文件中选择模板，然后添加注释和尺寸。对于如何在 LayOut 中进行操作，请参见本书“第 2 章　LayOut 入门解析”的内容。

把 SketchUp 模型发送到 LayOut 的步骤：

在 SketchUp 的“文件”菜单中选择“发送到 LayOut”命令，就会自动打开 LayOut，然后在“使用入门”对话框中选择之前保存的模板，单击“打开”按钮。

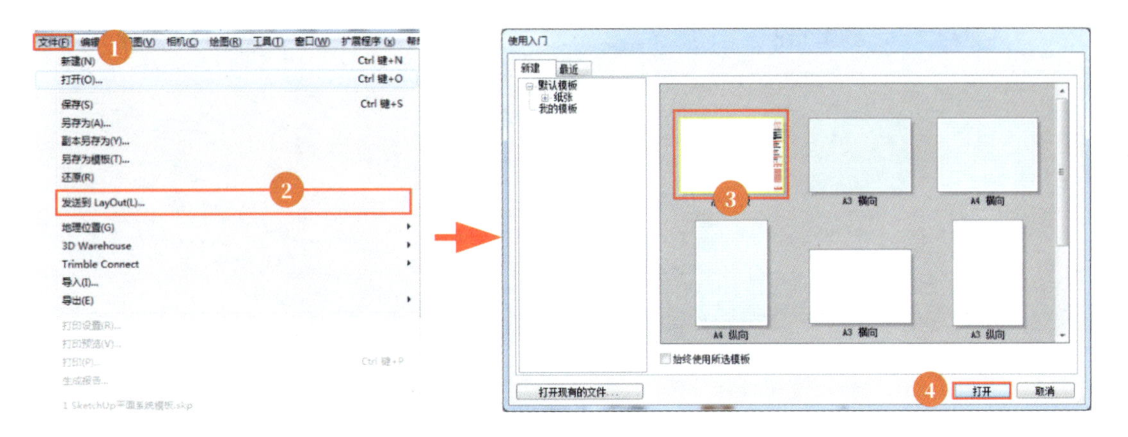

5.3.1　修改自动图文集里的相关信息

（1）打开“文件”菜单。

（2）选择“文稿设置”命令。

（3）选择“自动图文集”选项。

（4）选择“项目名称”选项。

（5）输入项目名称，本案例项目名称为“小户型浅色简约项目”。

（6）确定后单击“关闭”按钮。

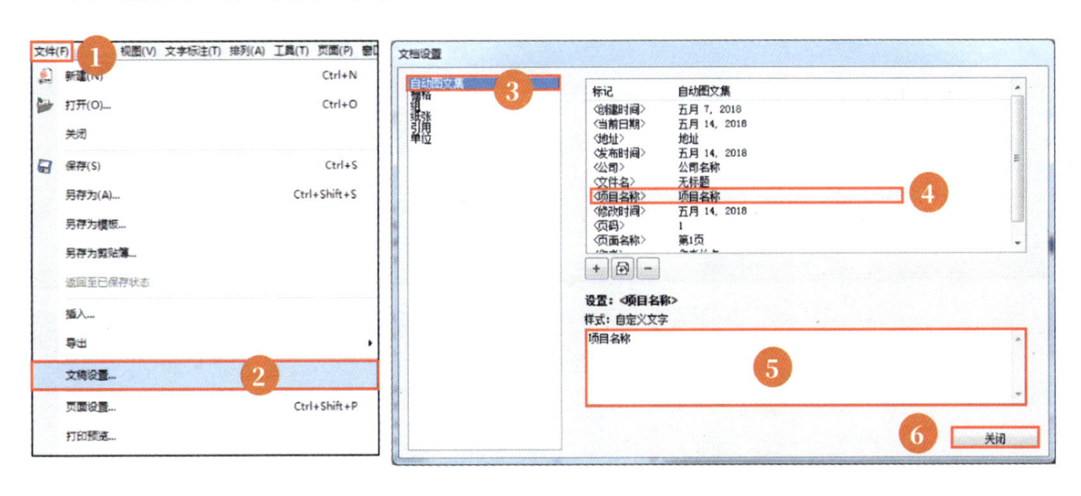

5.3.2 创建图纸封面

每家公司对图纸封面都有不同的要求，但总的来说包括项目名称、公司名称、公司LOGO、设计时间等元素。在 LayOut 中创建这些元素都很简单。本案例以平面方案做灰色半透明填充效果为主，加上简单的文本框内容即可。

图纸封面页面图层组织表

图层	内容	比例
尺寸标注	—	—
文字图标	文字、LOGO	—
SU 模型视图 2	灰色半透明填充	—
SU 模型视图 1	平面布置图场景	1∶50
信息栏	—	—

在封面页面中添加灰色半透明填充，请按以下步骤进行操作：

（1）单击“矩形工具”。

（2）在“形状样式”面板中单击“笔触”按钮，取消边线边框的笔触显示。

（3）单击填充色框，弹出“颜色”面板。

（4）在“颜色”面板中将右侧的灰度调成“76”，将下侧的不透明度调成“57”。

（5）在平面布置图模型视图上绘制出合适大小的矩形。

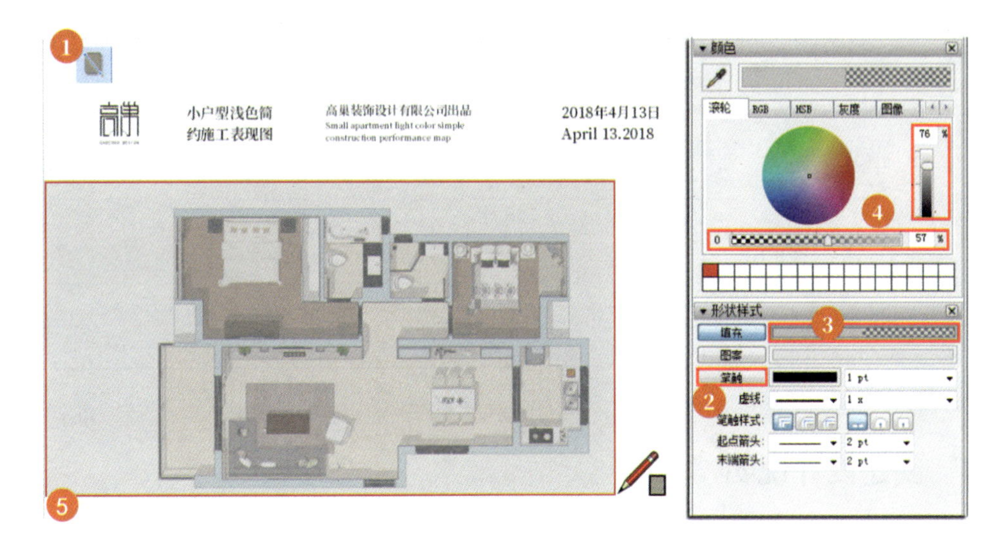

5.3.3　创建目录

在页面上添加序号、图纸名称、图号文字内容等元素。

目录

序号	图纸名称	图号
01	设计说明	PL-00
02	原始结构图	PL-01
03	地面铺装图	PL-02
04	平面布置图	PL-03
05	顶面布置图	PL-04
06	开关布置图	PL-05
07	插座布置图	PL-06
08	平面索引图	PL-07
09	客餐厅立面图1	ID-01
10	客餐厅立面图2	ID-02
11	厨房立面图	ID-03
12	主卧立面图	ID-04
13	次卧立面图	ID-05
14	主卫立面图	ID-06
15	次卫立面图	ID-07

GAOCHAO DESIGN

项目名称：
小户型浅色简约
制作日期：
06.5, 2018
设计师：
童树建
联系电话：
15068142879
图纸名称：
目录
比例：1:50
日期　审核　批准

PL-

目录页面图层组织表

图层	内容	比例
尺寸标注	—	—
文字图标	序号、图纸名称、图号文字内容	—
SU 模型视图 2	—	—
SU 模型视图 1	—	—
信息栏	客户信息栏元素	—

5.3.4 创建设计说明

在页面上添加平面布置图场景（非正交模式）、红色半透明填充及设计说明文字内容等元素。

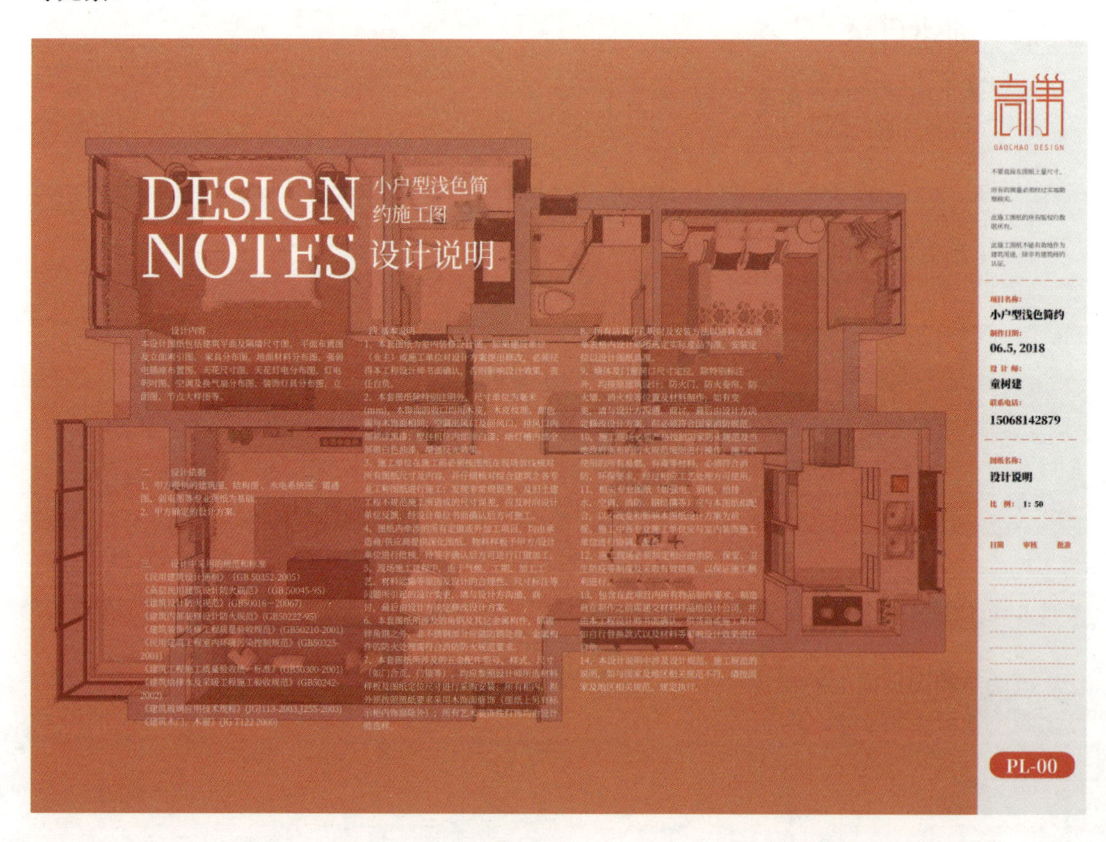

设计说明页面图层组织表

图层	内容	比例
尺寸标注	—	—
文字图标	设计说明文字内容	—
SU 模型视图 2	红色半透明填充	—
SU 模型视图 1	平面布置图场景（非正交）	—
信息栏	客户信息栏元素	—

提示

设计说明页面的红色半透明填充，可以参考封面中灰色半透明填充的方法。而平面布置图场景（非正交）模式设置的具体操作步骤如下图所示。

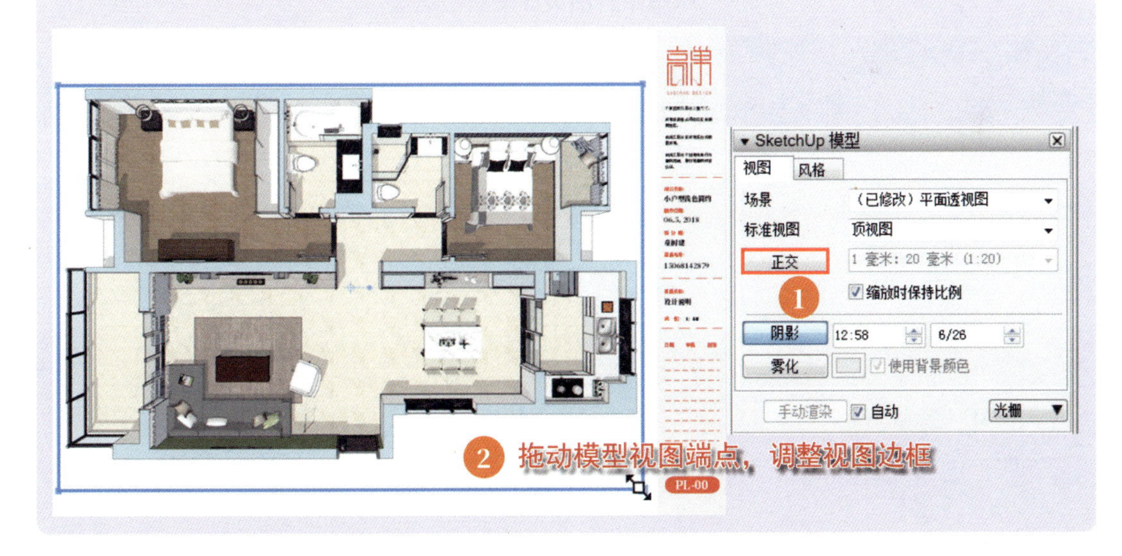

5.3.5 创建原始结构图页面

原始结构图页面上的元素包含原始结构图场景视图和剖切面补面，以及针对原始结构图所添加的尺寸标注和文字、图标。

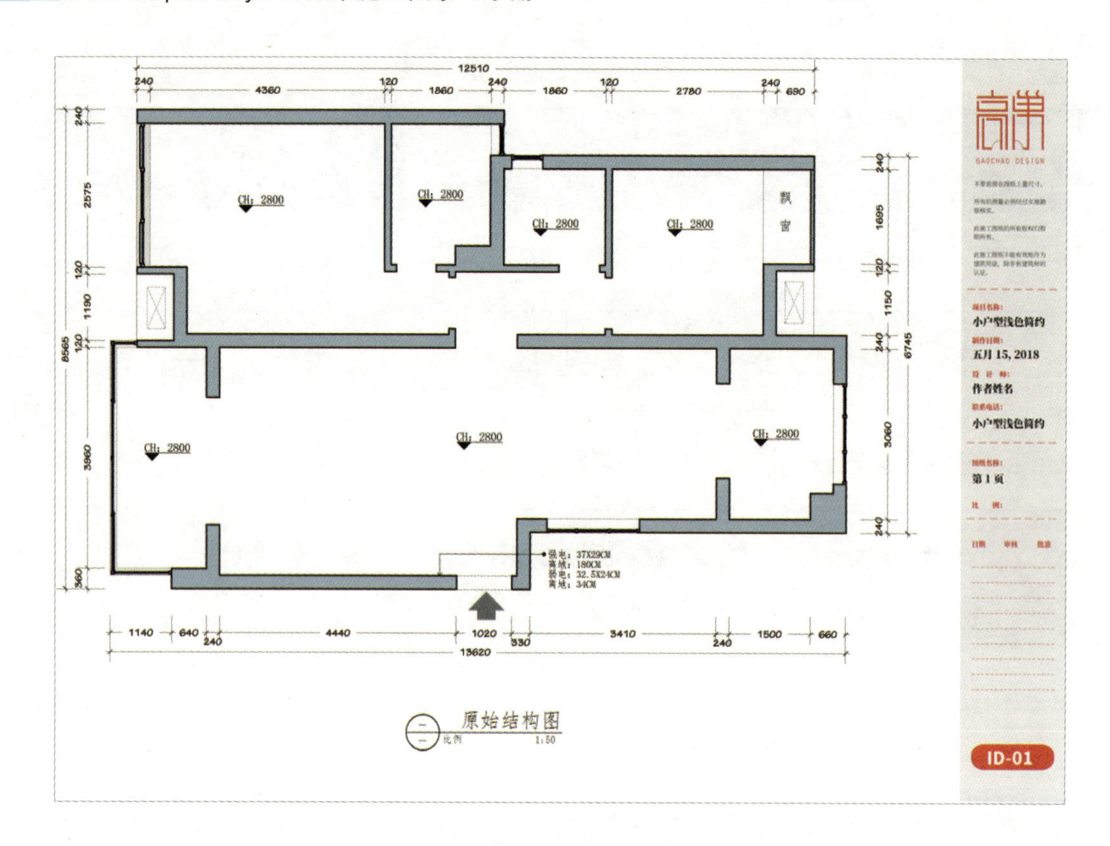

原始结构图页面图层组织表

图层	内容	比例
尺寸	尺寸标注	1∶50
文字图标	文字、图标	——
SU 模型视图 2	剖切面补面	1∶50
SU 模型视图 1	原始结构图场景	1∶50
信息栏	客户信息栏元素	——

5.3.6 在LayOut页面中添加剖切面补面的流程

（1）在 LayOut 页面中，选择原始结构图场景视图。

（2）单击鼠标右键，选择“用 SketchUp 打开”命令。

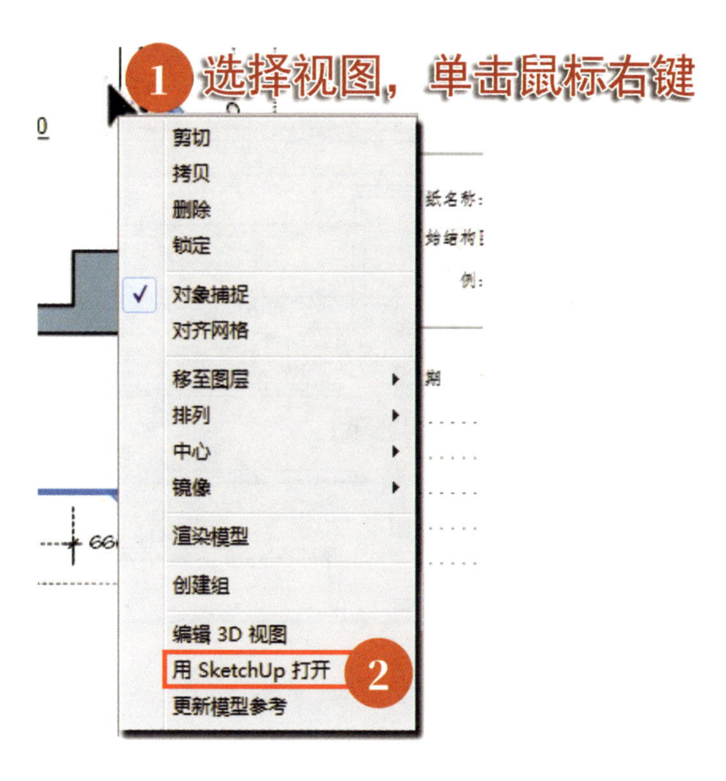

（3）在打开的 SketchUp 中，选择剖切面的补面。

（4）并按快捷键 Ctrl+C 复制即可。

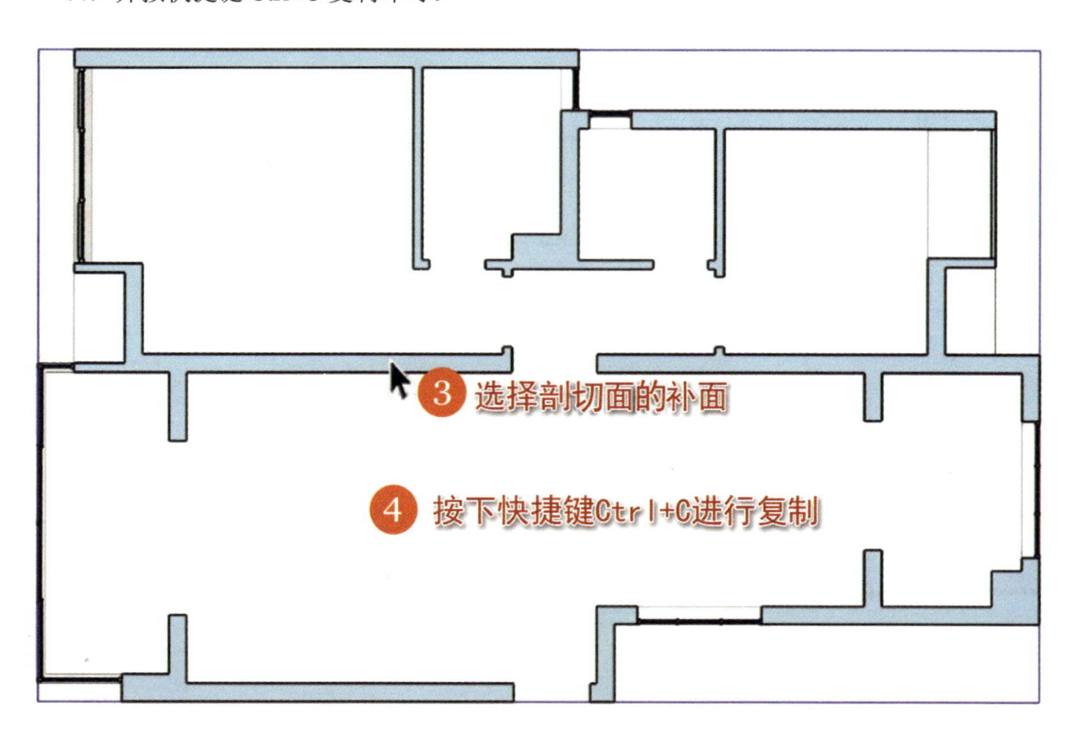

（5）再回到 LayOut 中，并按快捷键 Ctrl+V 粘贴即可。

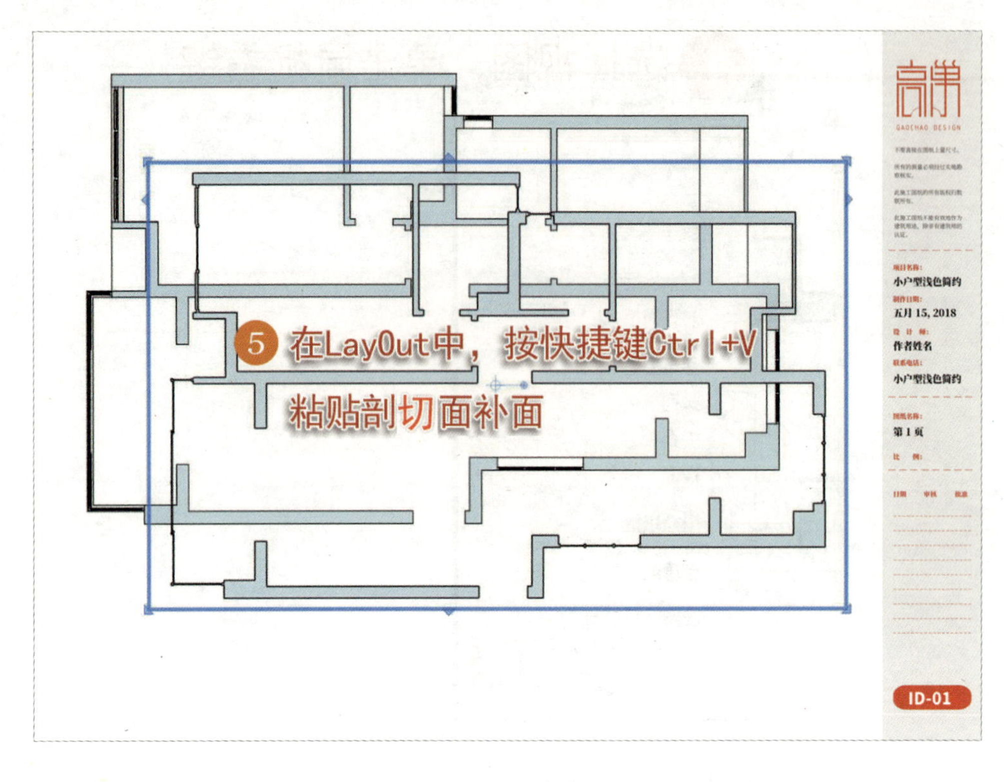

（6）选中剖切面补面，在“SketchUp 模型”面板中设置比例为“1 毫米：50 毫米”。
（7）并且将“光栅”改成“混合”。

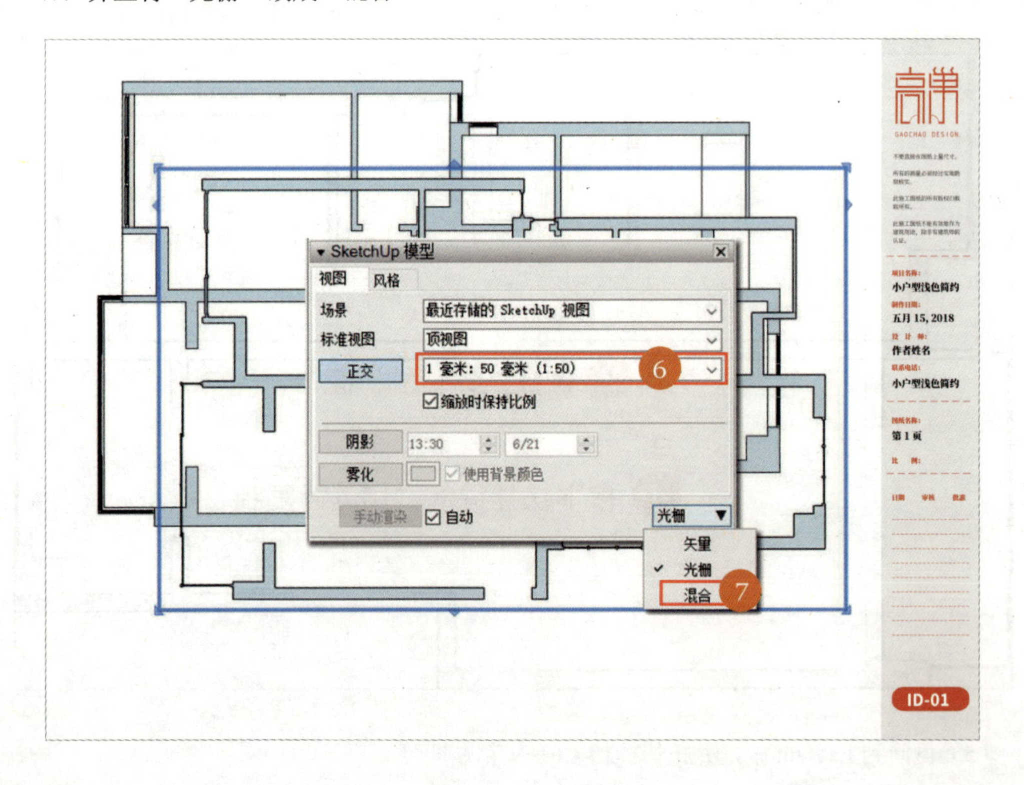

（8）在“SketchUp 模型”面板中选择“风格”选项卡。

（9）取消选中“背景”复选框。

（10）并将线宽调成“0.50pts”。

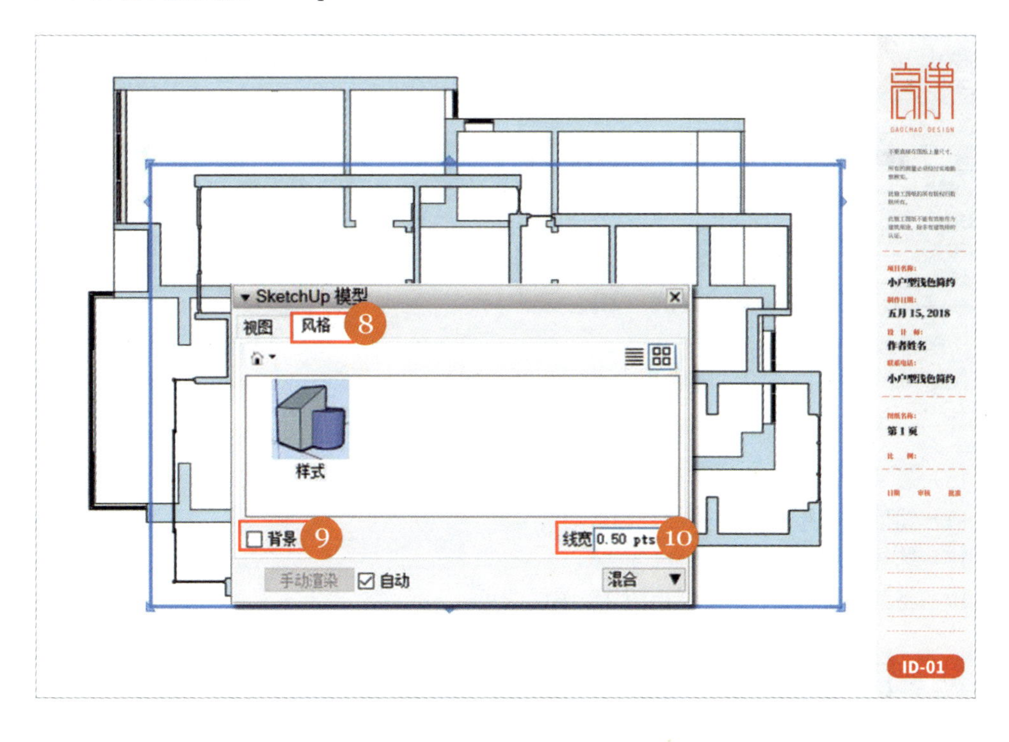

（11）先调整剖切面补面的视图边框，将其充分显示在视图边框内。

（12）之后在剖切面补面上单击鼠标右键，选择“炸开模型”命令，分解剖切面补面视图。

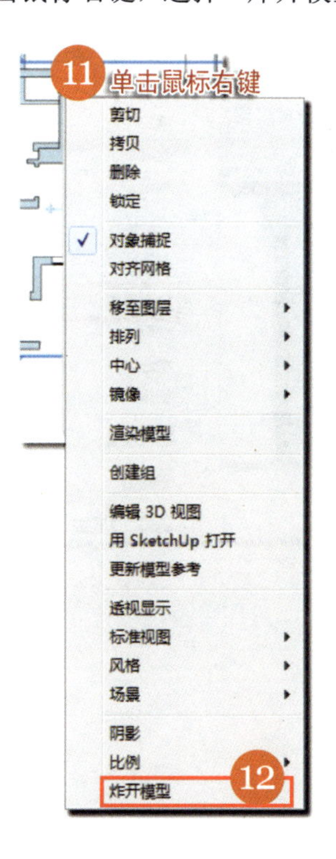

（13）先在“形状样式”面板中单击“填充”按钮右侧的颜色条。
（14）将补面填充颜色的不透明度调成“77%”。
（15）再在“形状样式”工具面板中将笔触的宽度调成“1.5pts”。

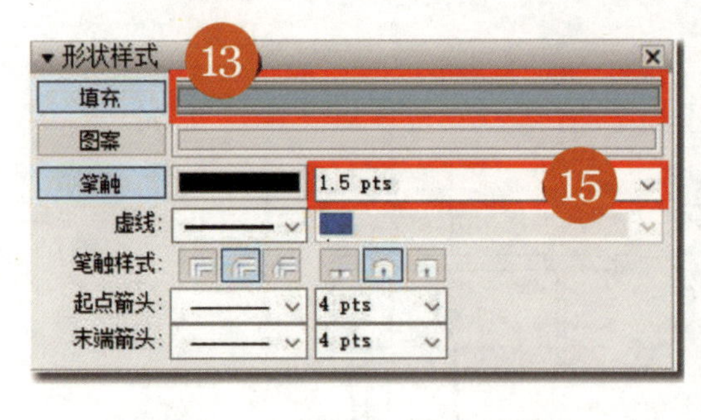

（16）最后将剖切面补面移至与原始结构图重合的位置。
（17）然后在模型上单击鼠标右键。
（18）选择“移至图层”命令。
（19）将其分配到“SU 模型视图 2”图层即可。

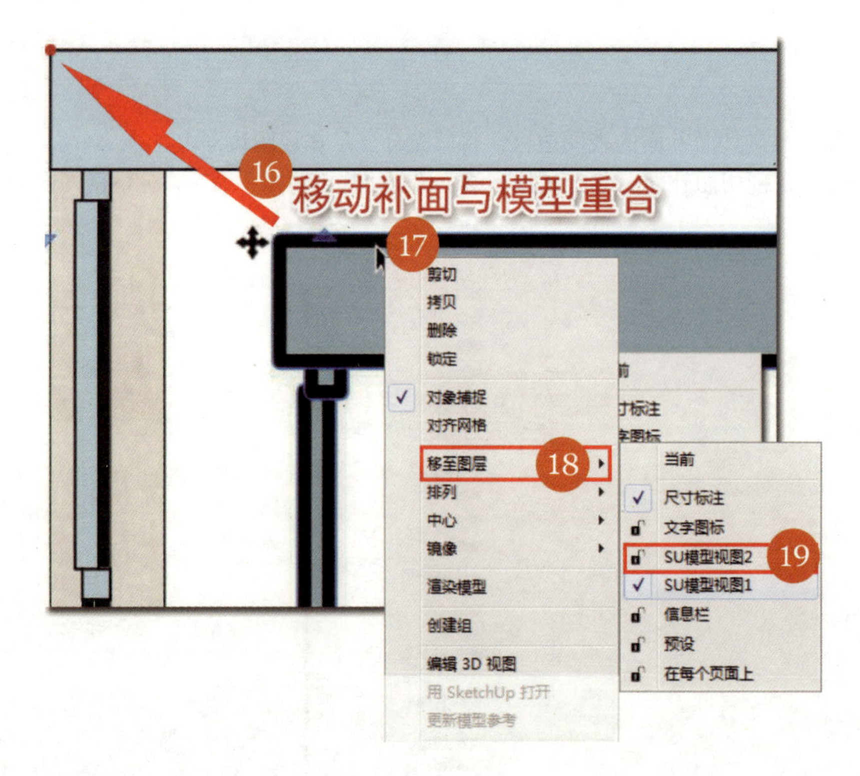

补面合成效果如下图所示。

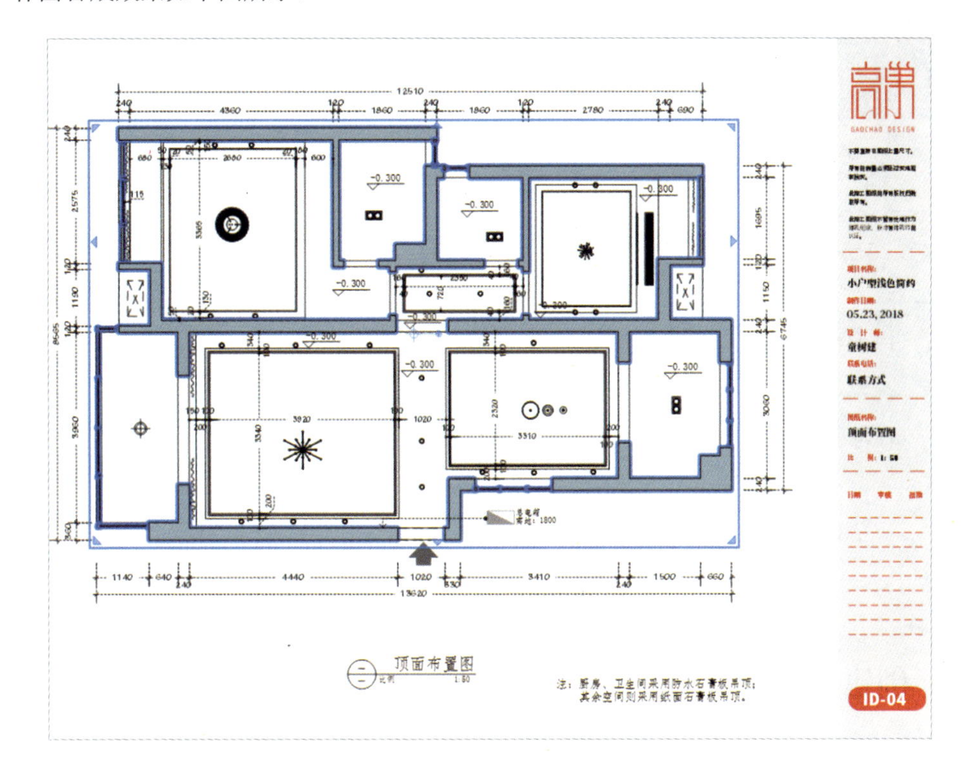

5.3.7　创建地面铺装图页面

地面铺装图页面上的元素包含地面铺装图场景视图和剖切面补面，以及针对地面铺装图所添加的尺寸标注和文字注释、图标。

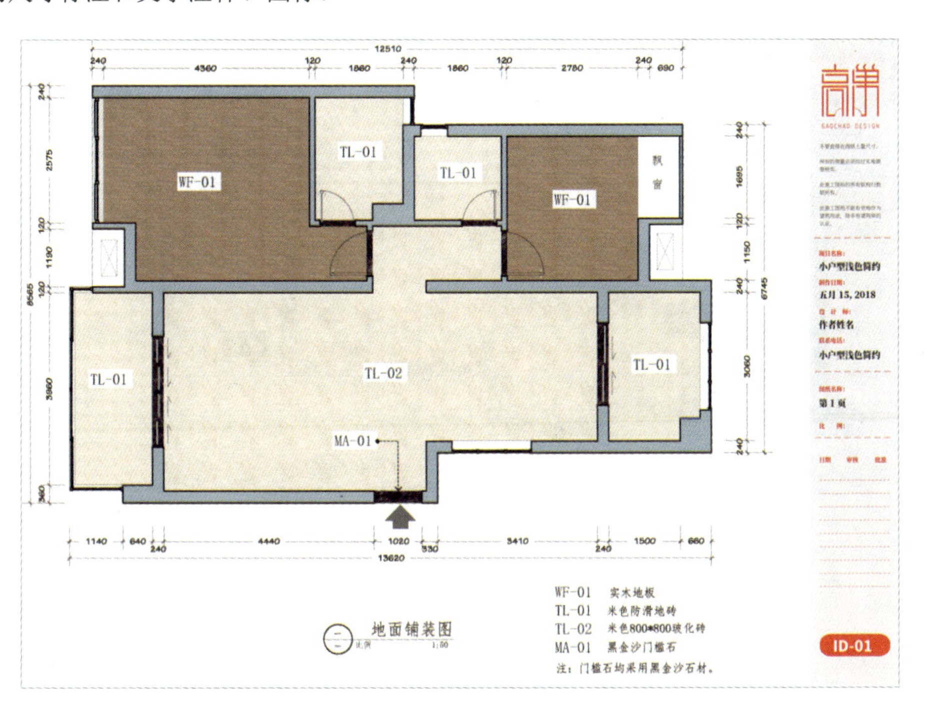

地面铺装图页面图层组织表

图层	内容	比例
尺寸	尺寸标注	1∶50
文字图标	文字、图标	——
SU 模型视图 2	剖切面补面	1∶50
SU 模型视图 1	地面铺装图场景	1∶50
信息栏	客户信息栏元素	——

5.3.8 创建平面布置图页面

平面布置图页面上的元素包含平面布置图场景视图和剖切面补面，以及针对平面布置图所添加的尺寸标注和文字注释、图标。

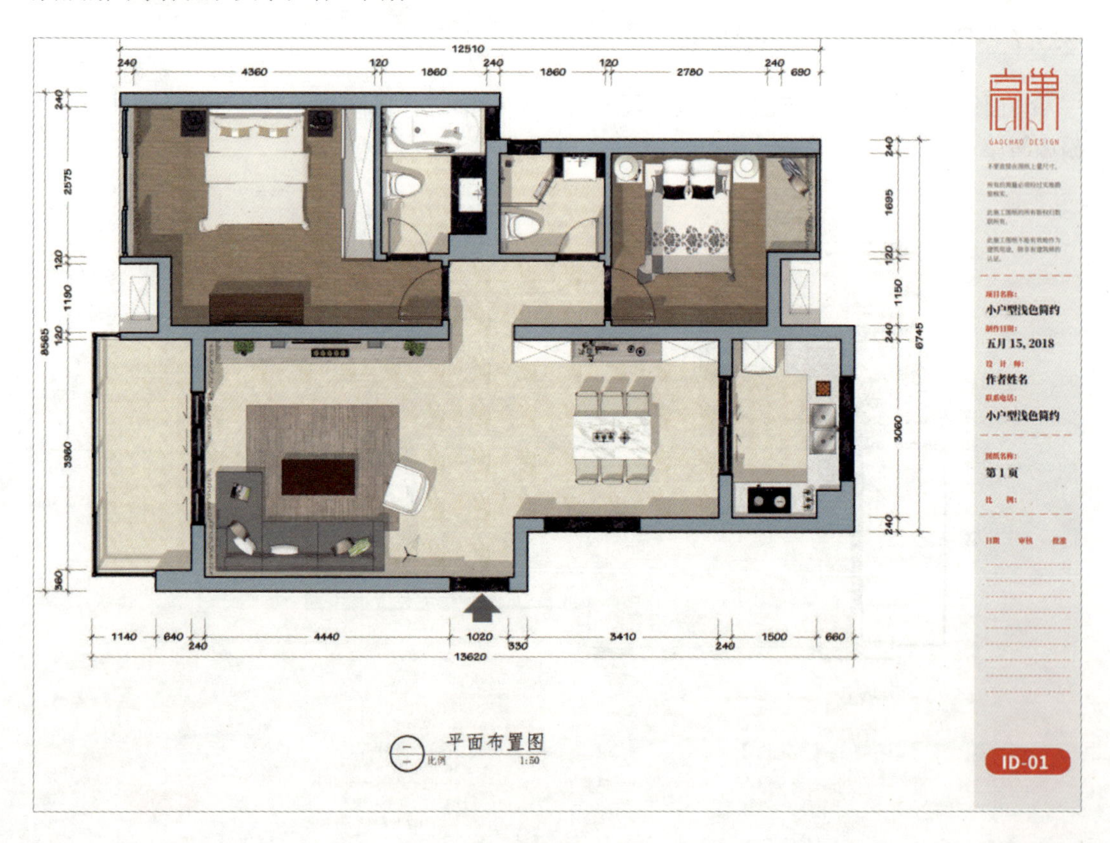

平面布置图页面图层组织表

图层	内容	比例
尺寸	尺寸标注	1:50
文字图标	文字、图标	——
SU 模型视图 2	剖切面补面	1:50
SU 模型视图 1	平面布置图场景	1:50
信息栏	客户信息栏元素	——

5.3.9 创建顶面布置图页面

顶面布置图页面上的元素包含顶面布置图场景视图和剖切面补面，以及针对顶面布置图所添加的尺寸标注和文字注释、图标。

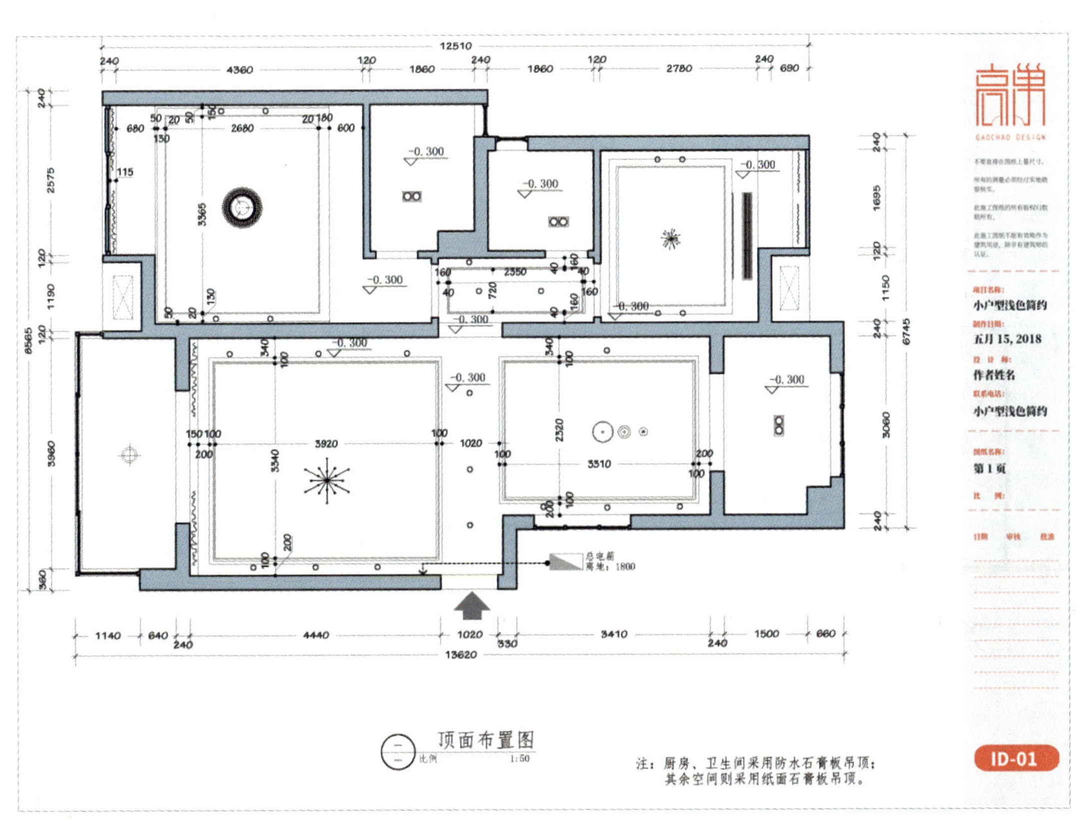

顶面布置图页面图层组织表

图层	内容	比例
尺寸	尺寸标注	1:50
文字图标	文字、图标	——
SU 模型视图 2	剖切面补面	1:50
SU 模型视图 1	顶面布置图场景	1:50
信息栏	客户信息栏元素	——

5.3.10 创建开关布置图页面

开关布置图页面上的元素包含开关布置图场景视图和剖切面补面，以及针对开关布置图所添加的尺寸标注和文字注释、图标。

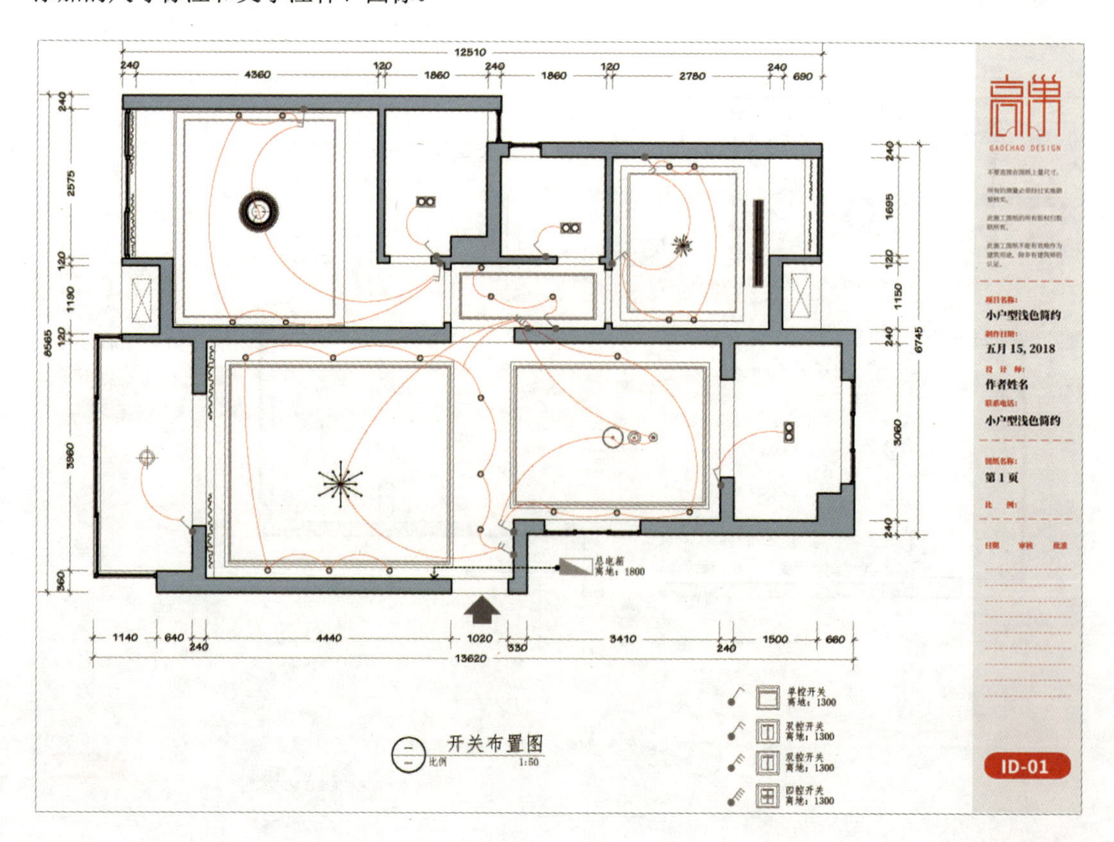

提示

开关布置图场景页面与顶面布置图的场景页面是一致的。

开关布置图页面图层组织表

图层	内容	比例
尺寸	尺寸标注	1∶50
文字图标	文字、图标	——
SU 模型视图 2	剖切面补面	1∶50
SU 模型视图 1	开关布置图场景	1∶50
信息栏	客户信息栏元素	——

5.3.11　创建插座布置图页面

插座布置图页面上的元素包含插座布置图场景视图和水平剖切面阴影视图，以及针对插座布置图所添加的尺寸标注和文字注释、标识。

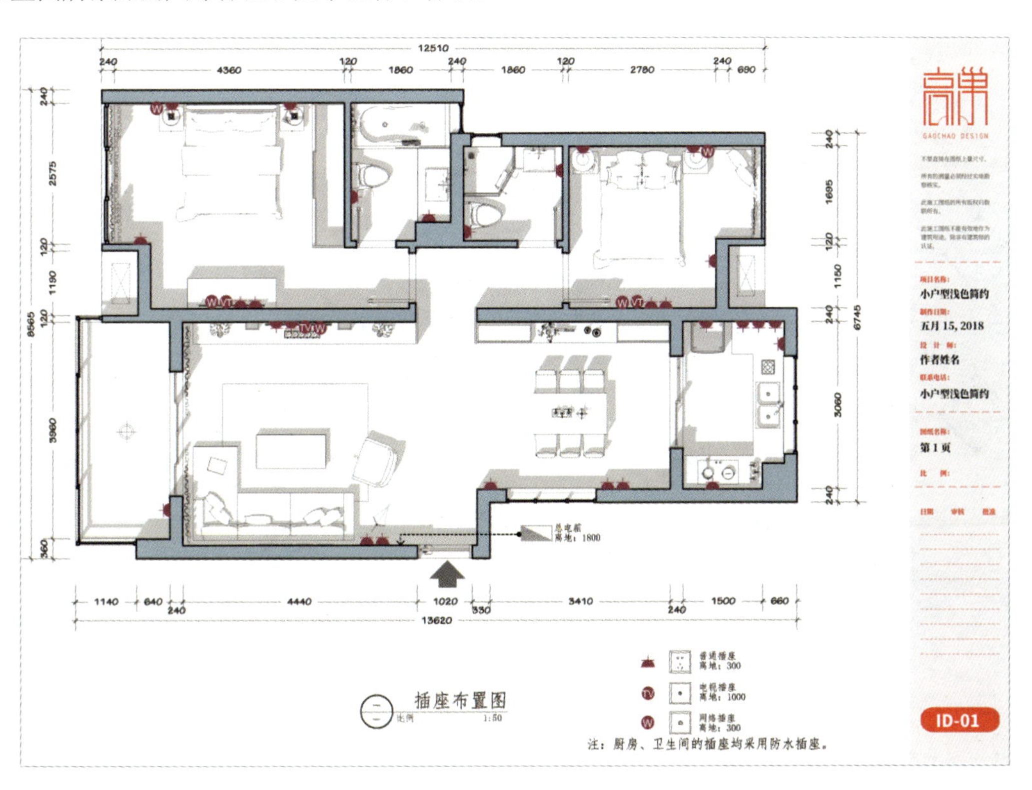

插座布置图页面图层组织表

图层	内容	比例
尺寸	尺寸标注	1∶50
文字图标	文字、图标	——
SU 模型视图 2	水平剖切面阴影	1∶50
SU 模型视图 1	插座布置图场景	1∶50
息栏	客户信息栏元素	——

5.3.12 创建平面索引图页面

在平面索引图页面上添加的元素包含平面布置图场景和剖切面补面，尺寸标注，以及针对平面索引图所添加的索引图例符号和文字、图标。

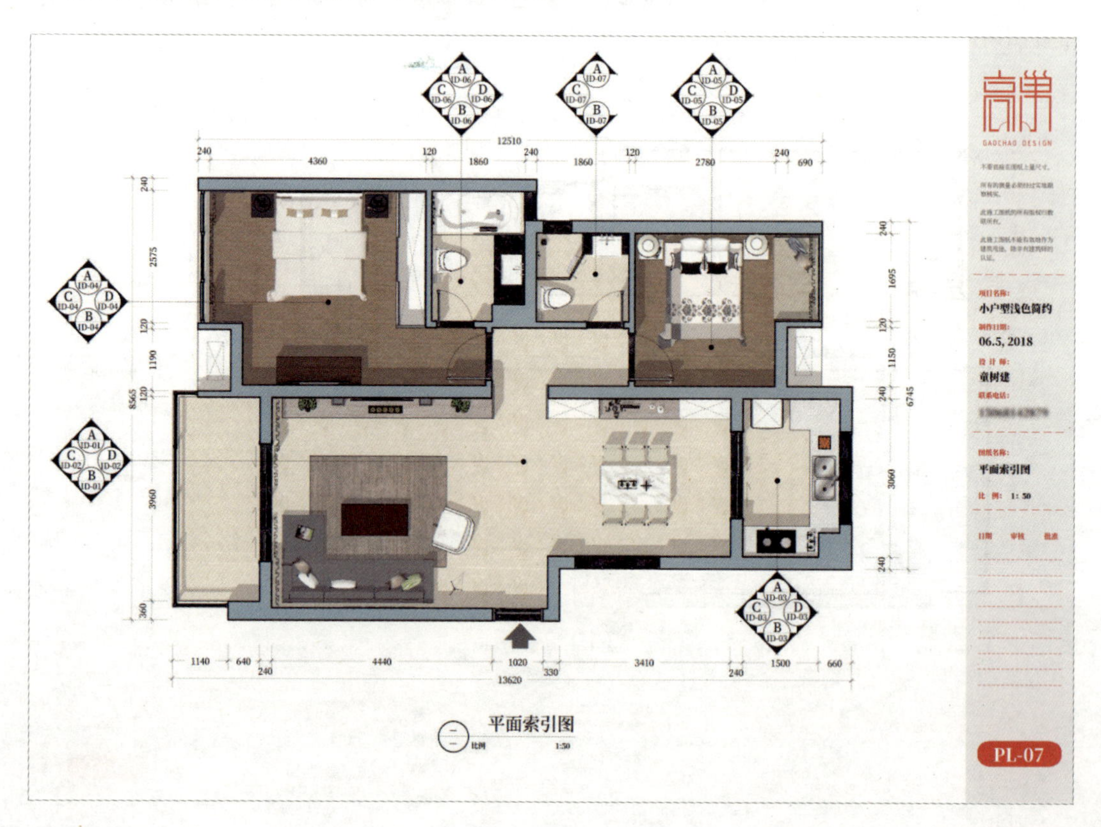

平面索引图页面图层组织表

图层	内容	比例
尺寸标注	尺寸标注	1∶50
文字图标	索引图例符号和文字、图标	——
SU 模型视图 2	剖切面补面	1∶50
SU 模型视图 1	平面布置图场景	1∶50
信息栏	客户信息栏元素	——

5.3.13　创建客餐厅立面图1

客餐厅立面图 1 页面上添加的元素包含客餐厅 A 立面图和客餐厅 B 立面图场景视图，以及针对这两个立面图所添加的尺寸标注、柜门抽屉开启线和文字注释、图标。

客餐厅立面图 1 页面图层组织表

图层	内容	比例
尺寸标注	尺寸标注	1:40
文字图标	文字、图标	——
SU 模型视图 2	柜门抽屉开启线	——
SU 模型视图 1	客餐厅 A 立面图场景 客餐厅 B 立面图场景	1:40
信息栏	客户信息栏元素	——

将不属于客餐厅立面图场景的视图部分，通过调整模型视图边框的方式进行如下图所示的操作。

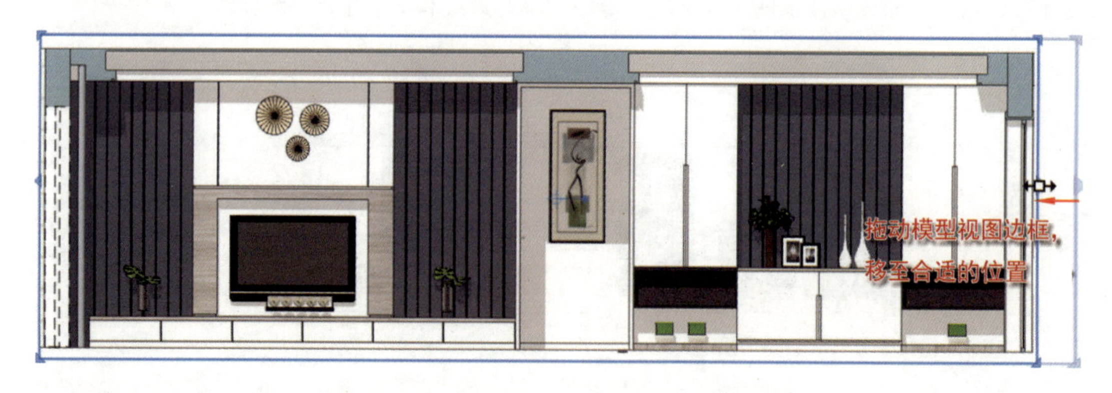

提示

采用与前面介绍的案例相同的LayOut布置方式，创建出剩余空间的立面图。

5.3.14 创建客餐厅立面图2

客餐厅立面图 2 页面上的元素包含客餐厅 C 立面图和客餐厅 D 立面图场景视图，以及针对这两个立面图所添加的尺寸标注、柜门抽屉开启线和文字注释、图标。

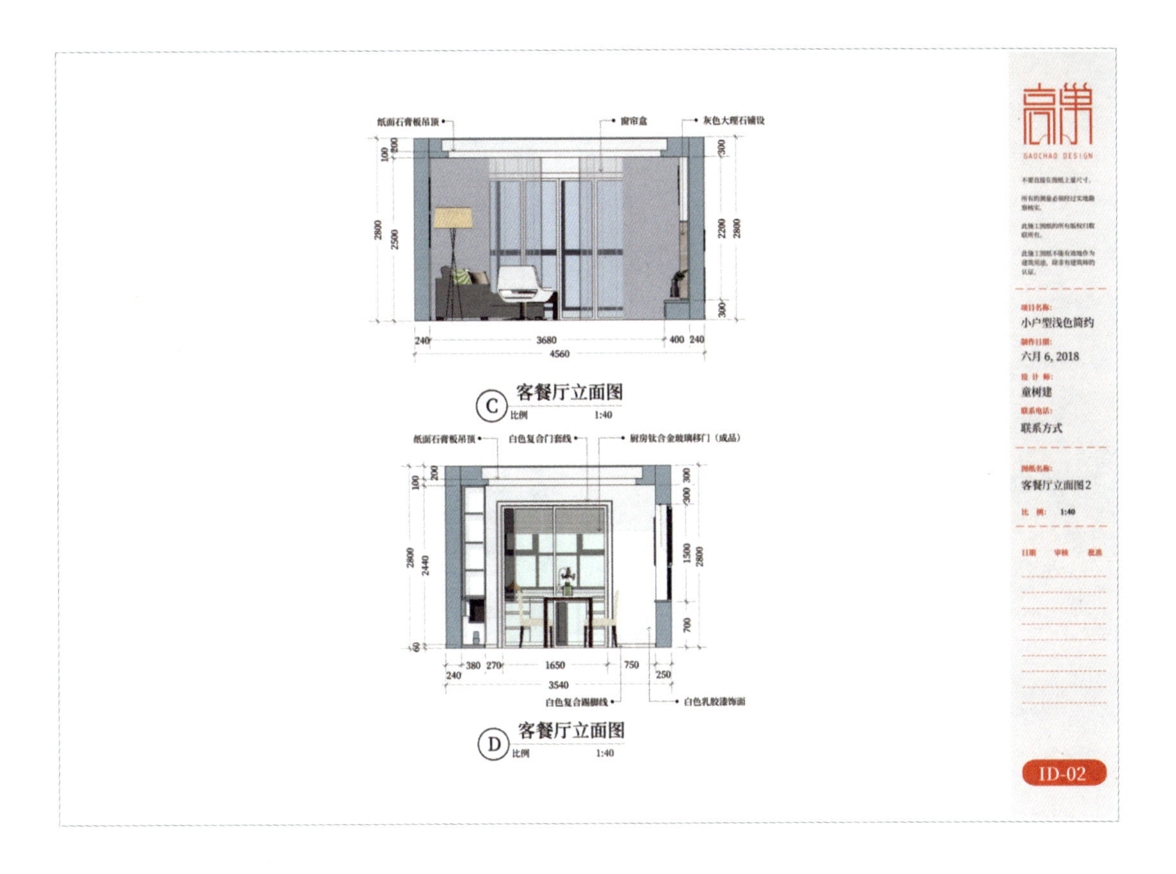

客餐厅立面图 2 页面图层组织表

图层	内容	比例
尺寸标注	尺寸标注	1∶40
文字图标	文字、图标	——
SU 模型视图 2	柜门抽屉开启线	——
SU 模型视图 1	客餐厅 C 立面图场景、客餐厅 D 立面图场景	1∶40
信息栏	客户信息栏元素	——

5.3.15　创建厨房立面图

厨房立面图页面上的元素包含厨房 A 立面图、厨房 B 立面图、厨房 C 立面图和厨房 D 立面图场景视图，以及针对这 4 个立面图所添加的尺寸标注、柜门抽屉开启线和文字注释、图标。

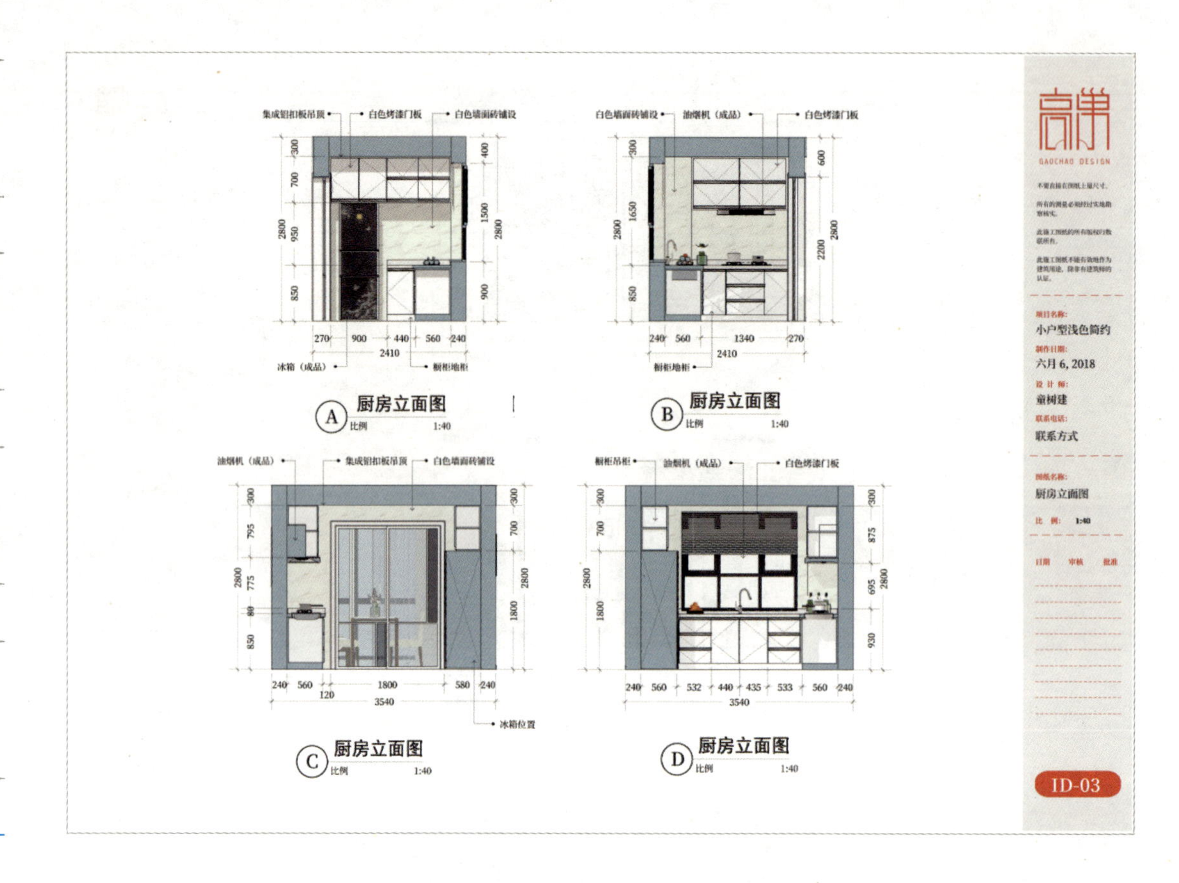

厨房立面图页面图层组织表

图层	内容	比例
尺寸标注	尺寸标注	1∶40
文字图标	文字、图标	——
SU 模型视图 2	柜门抽屉开启线	——
SU 模型视图 1	厨房 A 立面图场景、 厨房 B 立面图场景、 厨房 C 立面图场景、 厨房 D 立面图场景	1∶40
信息栏	客户信息栏元素	——

5.3.16 创建主卧立面图

主卧立面图页面上的元素包含主卧主卫 A 立面图、主卧 B 立面图、主卧 C 立面图和主卧 D 立面图场景视图，以及针对这 4 个立面图所添加的尺寸标注、柜门抽屉开启线和文字注释、图标。

主卧立面图页面图层组织表

图层	内容	比例
尺寸标注	尺寸标注	1∶40
文字图标	文字、图标	——
SU 模型视图 2	柜门抽屉开启线	——
SU 模型视图 1	主卧、主卫 A 立面图场景，以及主卧 B 立面图场景、主卧 C 立面图场景、主卧 D 立面图场景	1∶40
信息栏	客户信息栏元素	——

5.3.17　创建次卧立面图

次卧立面图页面上的元素包含次卧 A 立面图、次卧 B 立面图、次卧 C 立面图和次卧 D 立面图场景视图，以及针对这 4 个立面图所添加的尺寸标注、柜门抽屉开启线和文字注释、图标。

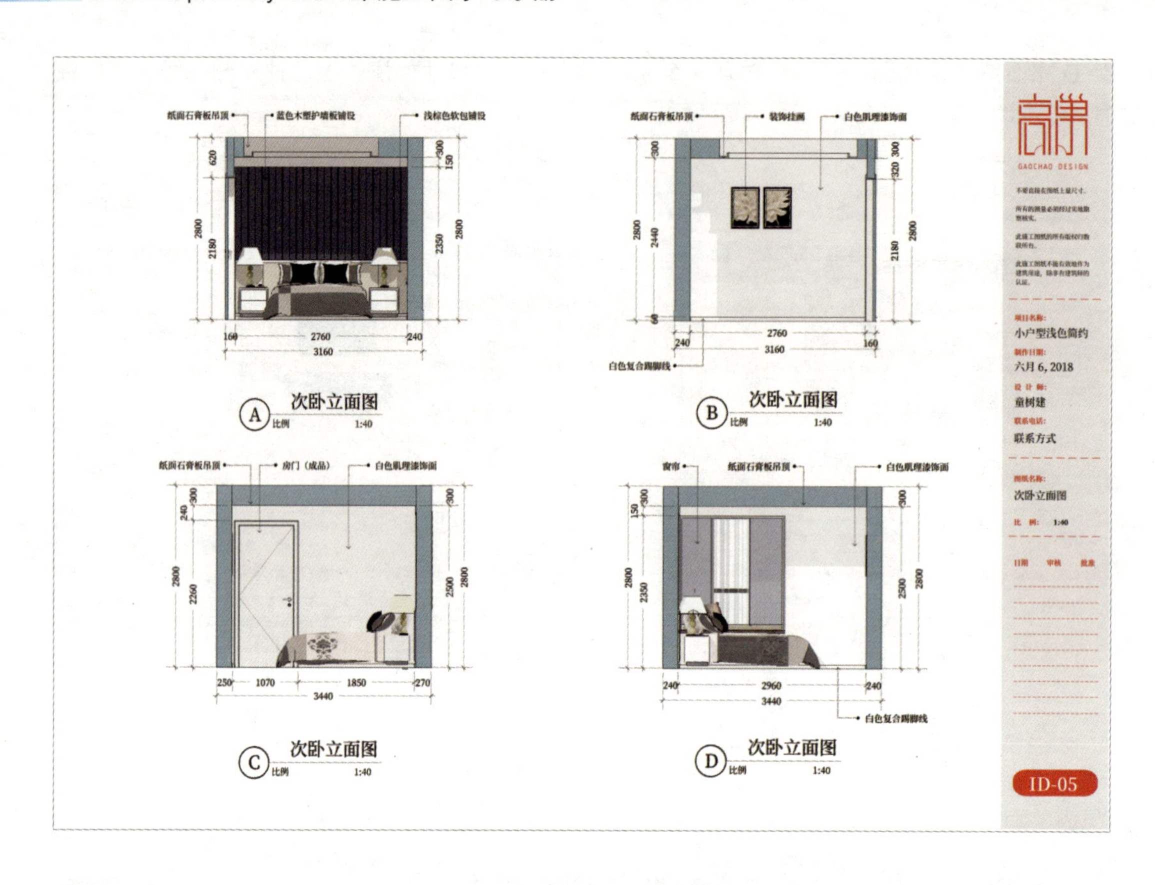

次卧立面图页面图层组织表

图层	内容	比例
尺寸标注	尺寸标注	1∶40
文字图标	文字、图标	——
SU 模型视图 2	柜门抽屉开启线	——
SU 模型视图 1	次卧 A 立面图场景、次卧 B 立面图场景、次卧 C 立面图场景、次卧 D 立面图场景	1∶40
信息栏	客户信息栏元素	——

5.3.18 创建主卫立面图

主卫立面图页面上的元素包含主卫 A 立面图、主卫 B 立面图、主卫 C 立面图和主卫 D 立面图场景视图，以及针对这 4 个立面图所添加的尺寸标注、柜门抽屉开启线和文字注释、图标。

主卫立面图页面图层组织表

图层	内容	比例
尺寸标注	尺寸标注	1∶40
文字图标	文字、图标	——
SU 模型视图 2	柜门抽屉开启线	——
SU 模型视图 1	主卫 A 立面图场景、主卫 B 立面图场景、主卫 C 立面图场景、主卫 D 立面图场景	1∶40
信息栏	客户信息栏元素	——

5.3.19 创建次卫立面图

次卫立面图页面上的元素包含次卫 A 立面图、次卫 B 立面图、次卫 C 立面图场景视图，以及针对这 3 个立面图所添加的尺寸标注、柜门抽屉开启线和文字注释、图标。

次卫立面图页面图层组织表

图层	内容	比例
尺寸标注	尺寸标注	1∶40
文字图标	文字、图标	—
SU 模型视图 2	柜门抽屉开启线	—
SU 模型视图 1	次卫 A 立面图场景、次卫 B 立面图场景、次卫 C 立面图场景	1∶40
信息栏	客户信息栏元素	—

第 6 章　重要知识点

6.1　在LayOut中对模型进行快速标注

在 LayOut 中进行标注的方法很简单，比如，激活 LayOut 中的尺寸工具后，单击想要测量的第一个点，然后单击想要测量的第二个点，将鼠标拖动到要旋转尺寸线的位置，然后单击以确定要放置的位置，这是在 LayOut 中插入标注的基本方法。除此之外，还有一些其他的标注方法，可以有效地提高工作效率，比如，多重对齐标注、匹配标注偏移量、同图层标注等。

6.1.1　多重对齐标注

多重对齐标注的方法非常简单，首先创建一个标注。

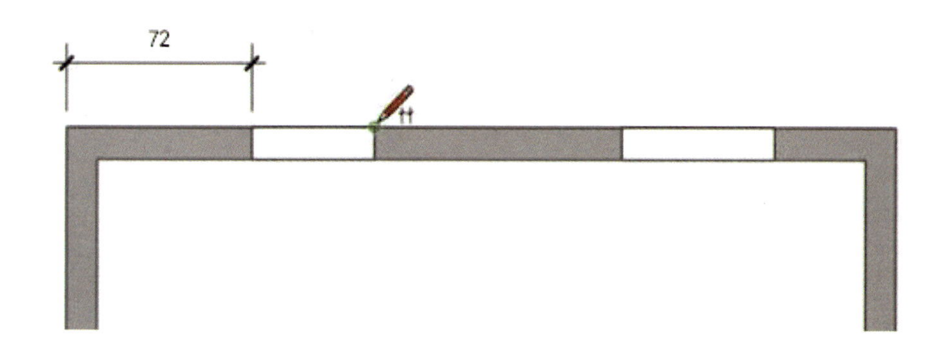

在创建下一个标注时，只需要在下一个位置双击（快速单击鼠标左键两次），即可快速完成标注的创建。

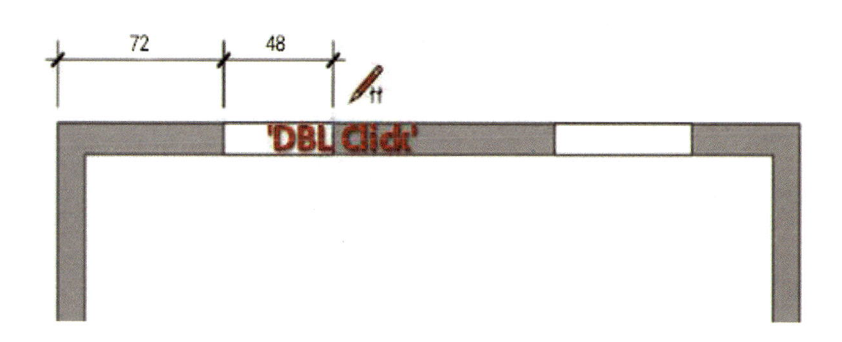

如果需要创建多个标注，只要继续在下一个位置双击即可。

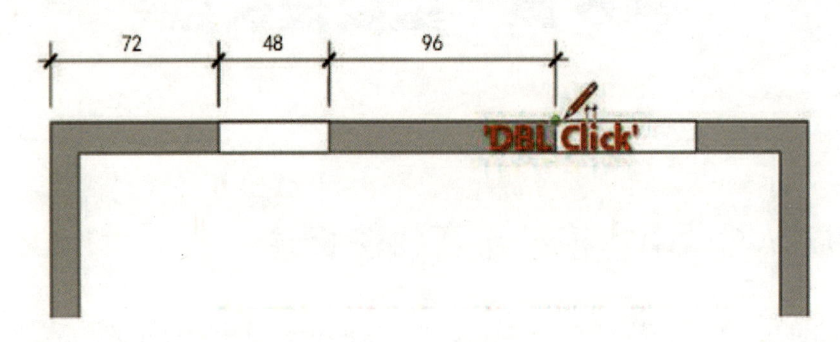

直到把所有需要标注的地方标注完成。

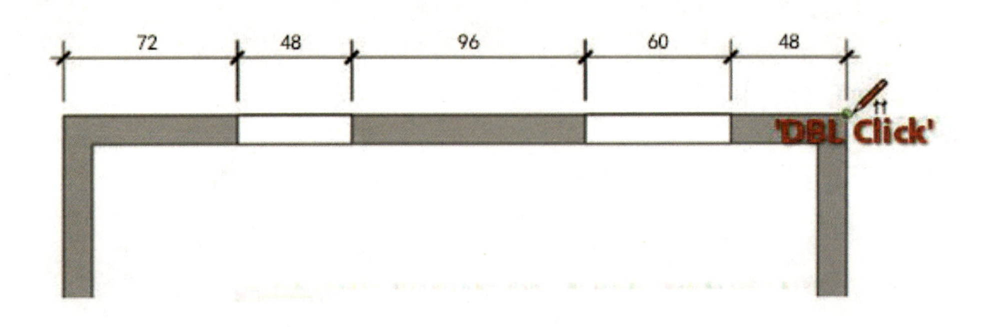

6.1.2 匹配标注偏移量

前面讲过了如何连续快速标注，但只能在同一个方向进行标注。如果是不同的方向，又该如何操作呢？这就用到了下面要介绍的“匹配标注偏移量”。匹配标注偏移量的操作方法也非常简单，首先画好一个方向的标注。

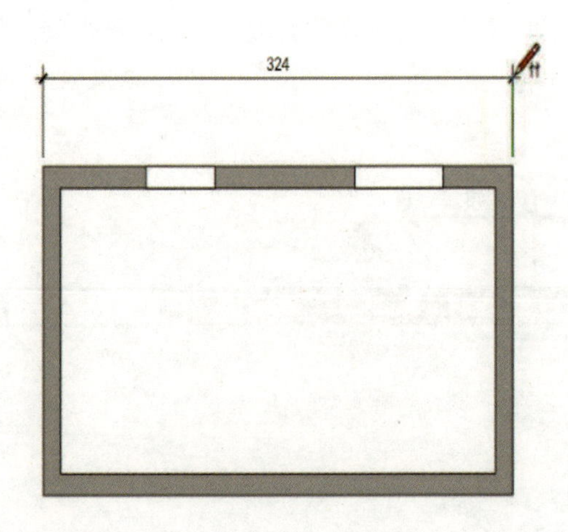

在进行下一个方向的标注时，只需要两步。
第一步：在下一个标注的起始点单击。

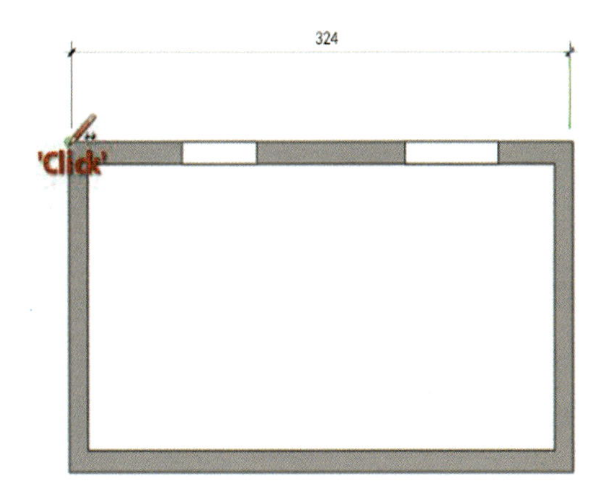

第二步：在下一个标注的终止点双击，即可完成操作。

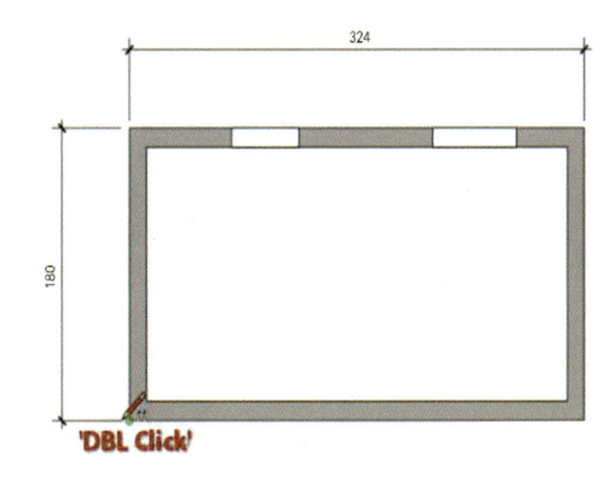

如果再次进行其他方向的尺寸标注，也采用同样的方法，先在要进行标注的起始点单击。

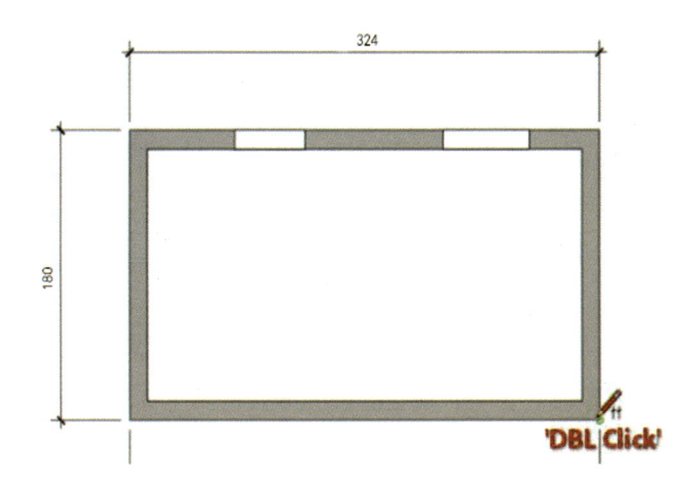

然后在终止位置双击，完成操作。

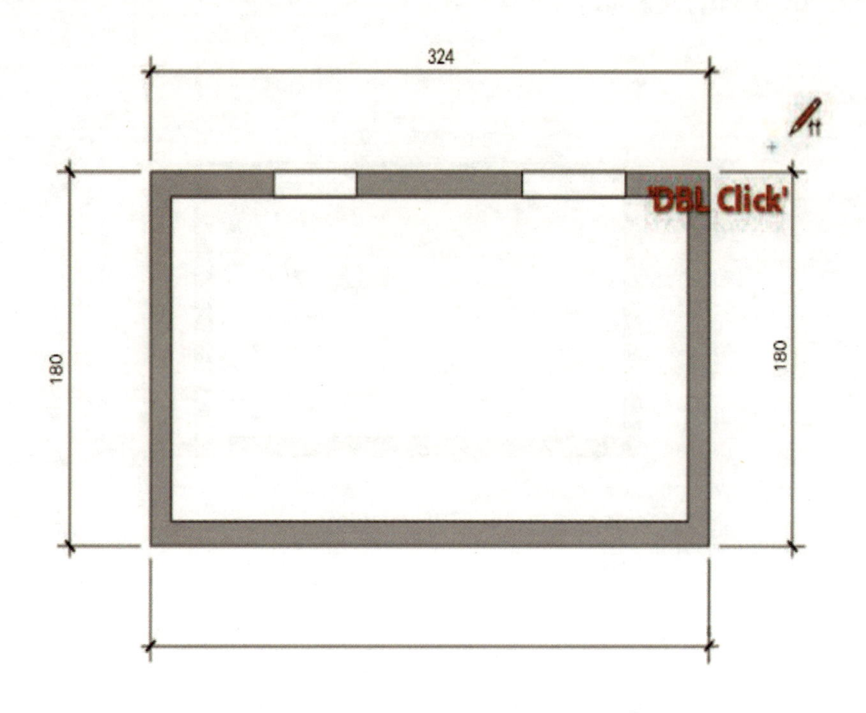

技巧提示

在进行“匹配标注偏移量”的操作时，如果出现标注偏移方面的“错误”，可以通过改变单击的方向来解决。即如果按“从左向右”的顺序单击出现偏移方向“错误”，那么可以尝试按从“从右向左”的顺序的单击来解决。

6.1.3 同图层标注

在进行标注的时候，很有必要进行分层标注，这样就可以根据图层控制那里的标注进行显示或不显示，这是一种模型管理方法。

同图层的标注方法是先创建一个新图层并命名。选择这个图层，然后进行标注，这些标注就会自动归纳到这个图层中。

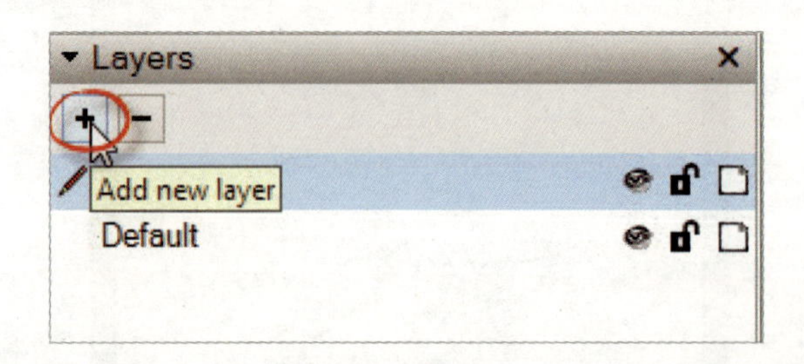

但有时候可能没有事先新建图层，那么这时又该如何操作呢？只要把创建好的尺寸标注选中，然后单击鼠标右键，在弹出的快捷菜单中选择“移至图层”命令，选择相对应的图层即可。

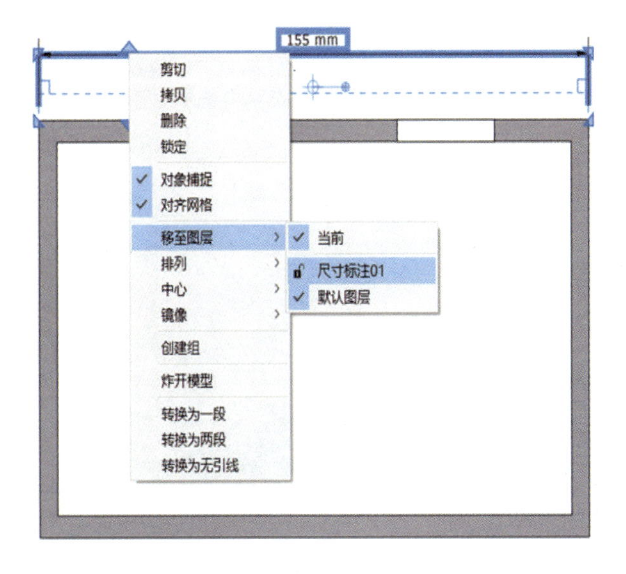

6.2 SketchUp剖切面填充和动态填充的要点

动态填充是一种利用风格样式把 SketchUp 与 LayOut 联系起来的一种方法，从某方面来说，它比剖切面填充更加实用、高效。它可以让 LayOut 的填充跟随 SketchUp 模型的变化而变化，实现“墙随心动”的操作。

6.2.1 剖切面填充（需要安装Dibac插件）

在 SketchUp 2018 中，把对象创建成一组，创建剖切面后，默认以黑色进行填充。

提示

在“风格”面板中的“编辑”选项卡→“建模”选项设置界面选中“剖切面填充”复选框，设置自己想要的填充颜色。

如果需要填充材质贴图，需要进入截图的编辑状态，然后赋予想填充的材质。

在“建模”设置界面取消选中“剖切面填充”复选框，即可显示赋予的填充材质。

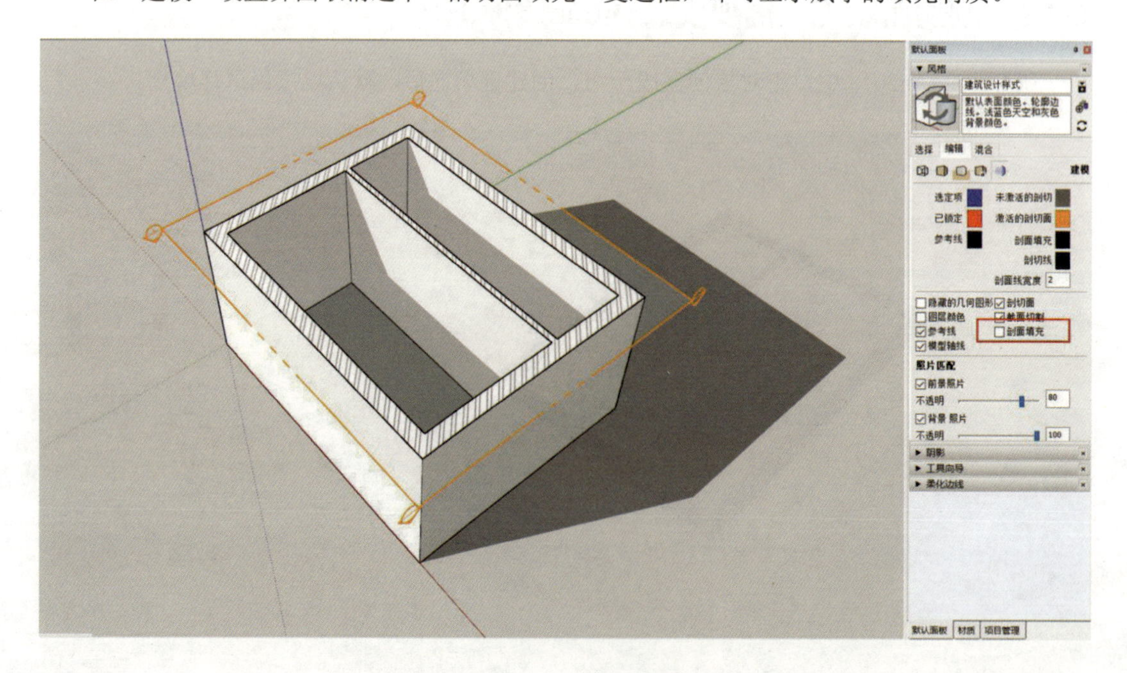

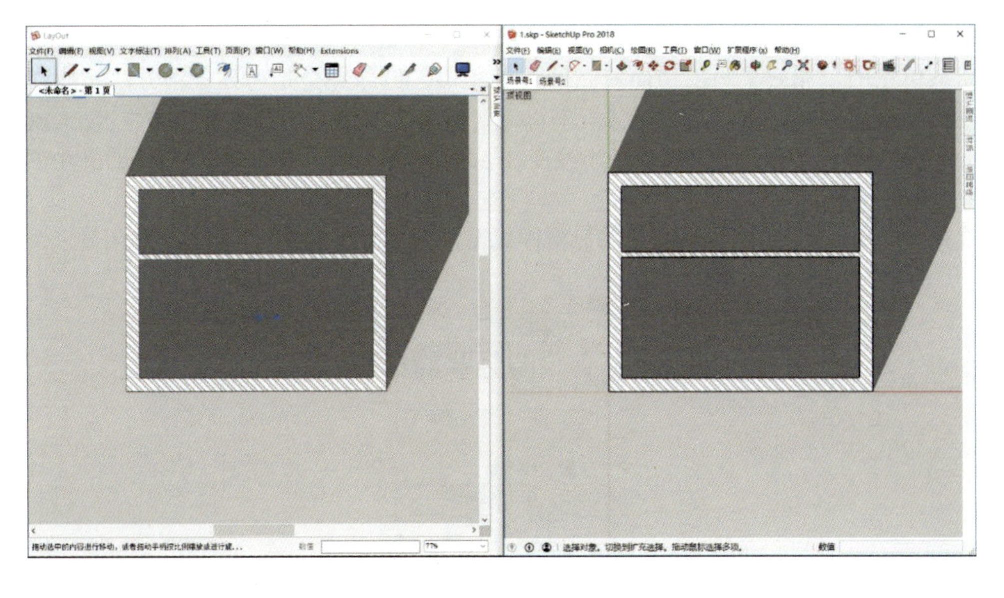

这种填充效果是非常不错的，可以直接在 LayOut 中显示，在 SketchUp 中改变填充材质并更新后，LayOut 也会识别。如果配合场景页面，甚至可以说解决了在 LayOut 中进行填充的操作，但弊端就是如果更改模型（如墙体），前面赋予的材质不会再显示，需要重要再赋予一次。

6.2.2　动态填充

动态填充的原理是一种错觉，是将多个风格样式叠加在一起的效果。

在 LayOut 与 SketchUp 的配合过程中，最有意思的莫过于“动态填充”。有了“动态填充”，可以随时随地改方案，不怕方案的多次修改。不管在 SketchUp 中怎么改方案，LayOut 都会自动更新。而且可以大大减少对“Skalp”插件的依赖，甚至不需要填充插件。

使用动态填充是非常简单的，难点在于制作系统的模板，现在可以在本书的配套资料包里找到模板，例如，“普通砖”“夯实黏土”“混凝土浇筑”“瓷砖”“混凝土土块”“碎石”“水磨石”等多种填充模板，在使用的时候可以很方便地实现“墙随心动”。

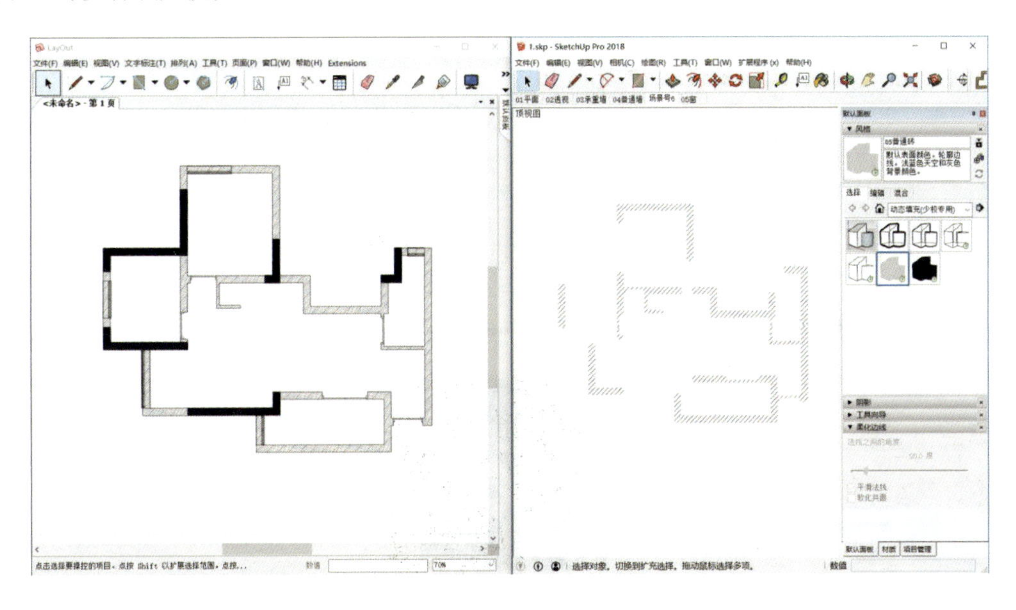

1. 动态填充的制作方法

动态填充的填充效果与剖切面填充的效果相似，但却完全是另外一种方法。剖切面填充需要借助截面工具，而动态填充甚至不再需要截面工具。它的最大优势是在 SketchUp 和 LayOut 之间创建一个连续的链接，每当改变 SketchUp 模型时，只需要单击 LayOut 中的“更新参考”按钮即可。

首先，打开“风格”样式面板，将风格样式设置为“预设风格”里面的“贴图显示”。

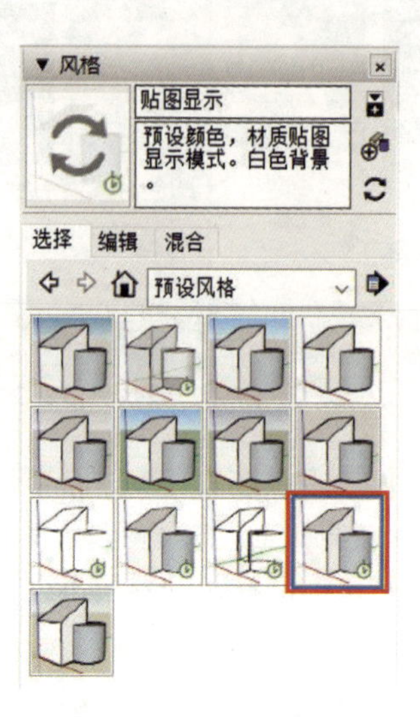

然后在“编辑”选项卡中的“边线”设置界面，取消选中所有复选框。

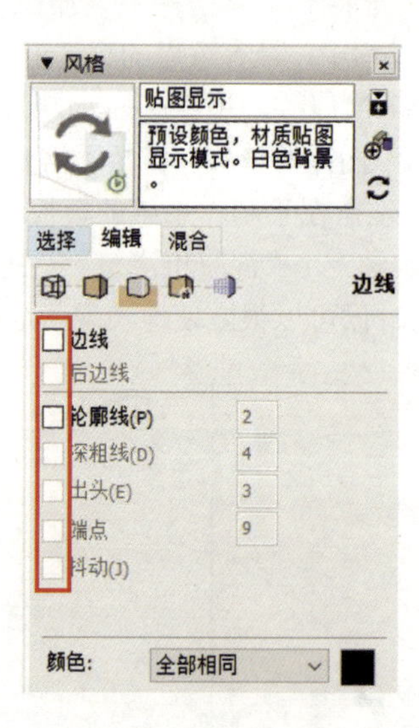

准备好一张材质贴图。

然后将这个贴图加载在“风格”样式面板的水印中，创建水印时将图片设置为“覆盖”，选中“创建蒙版”复选框，再选中“平铺在屏幕上”单选按钮，并调整比例。

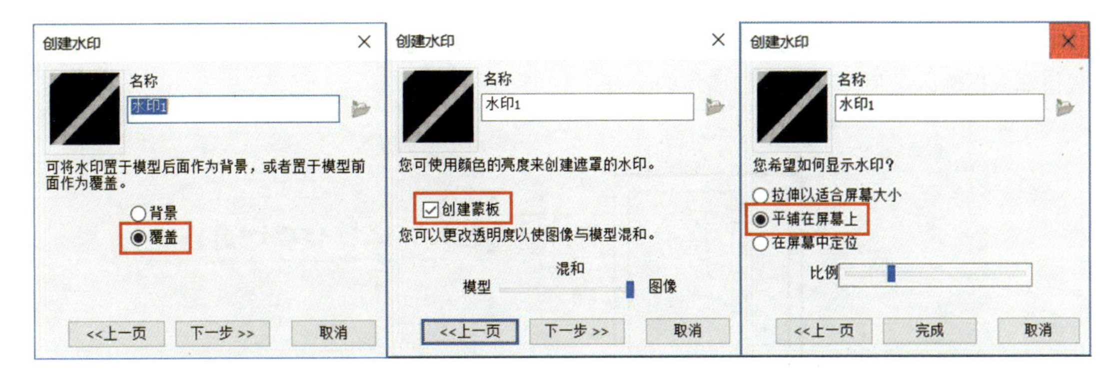

技巧提示

我们可以把制作好的动态填充模板保存下来，方便加载到其他计算机上使用。选择创建好的模板，单击鼠标右键，在弹出的快捷菜单中选择“另存为”命令，即可保存。

2. 动态填充的使用方法

动态填充的使用要配合场景页面，首先在“SketchUp 场景”面板中创建各个场景页面。然后给各个场景页面赋予相应的动态填充样式模板，并更新场景。比如，线稿场景就选择线稿的动态填充模板；承重墙场景就选择承重墙的动态填充模板。

然后把 SketchUp 发送到 LayOut 中，因为 LayOut 能识别 SketchUp 里面的场景页面，所以只要在 LayOut 中把 SketchUp 的场景页面叠加在一起，即可完成动态填充的应用操作。

6.3　室内工具（Dibac插件）操作说明

Dibac（建筑室内增强绘图工具）插件的出现，使建筑和室内绘图更加便捷。Dibac 应用简单，操作逻辑是先画二维图形，然后把这个二维的图形转换成三维图形。

安装 Dibac 插件后，会生成 12 个按钮。分别为：“墙体”“并联墙”“延伸墙”“门”“窗”“柜”“choose joinery”“component”“楼梯”“标注”“2D/3D 转换”“capture dibac”。

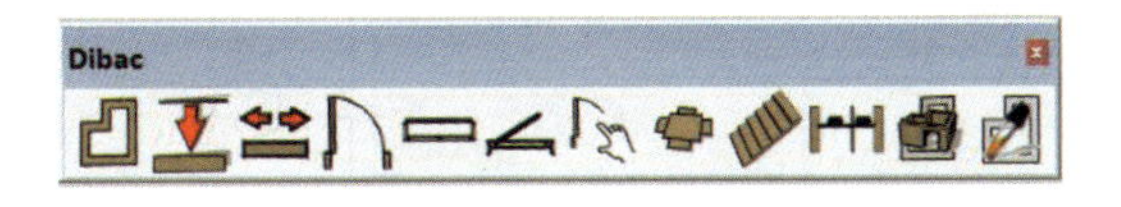

6.3.1 绘制墙体

“墙体工具”用来绘制各种墙体，首次单击可以在数值输入框中输入墙体的宽度，而且在绘制时可以结合 Shift 键来锁定“*X*”“*Y*”“*Z*”三个轴向来绘制墙体。在绘制时，也可以在数值输入框输入数值来精确绘制墙体的长度。

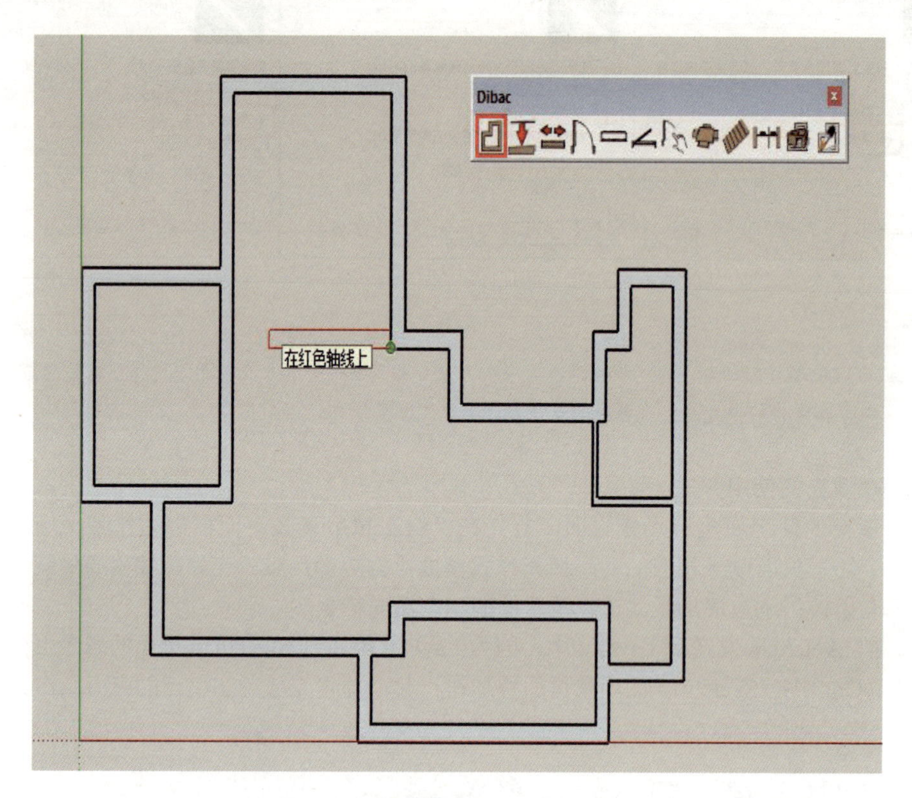

如果发现墙体的绘制方向不对，可以按键盘上的 Tab 键来切换绘制方向，当墙体绘制完成后会自动闭合。

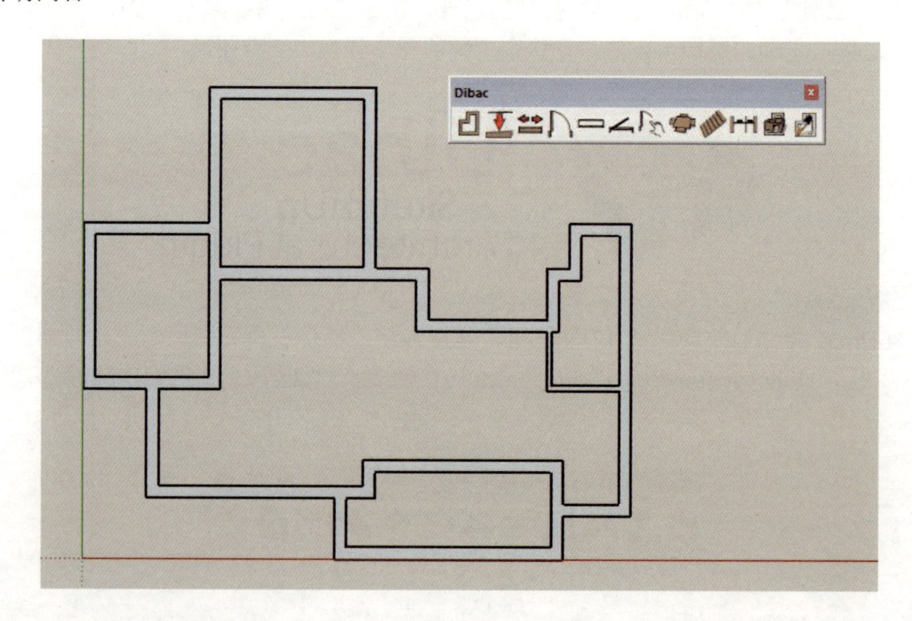

6.3.2　绘制并联墙

并联墙其实是绘制墙体功能的扩展，主要是解决如何对已经绘制好的墙进行复制。单击激活“并联墙”按钮后，将鼠标指针放在已绘制好的任意线上，这时线会变成紫红色（代表已被激活），然后移动鼠标就可以把这个墙复制出来一份。

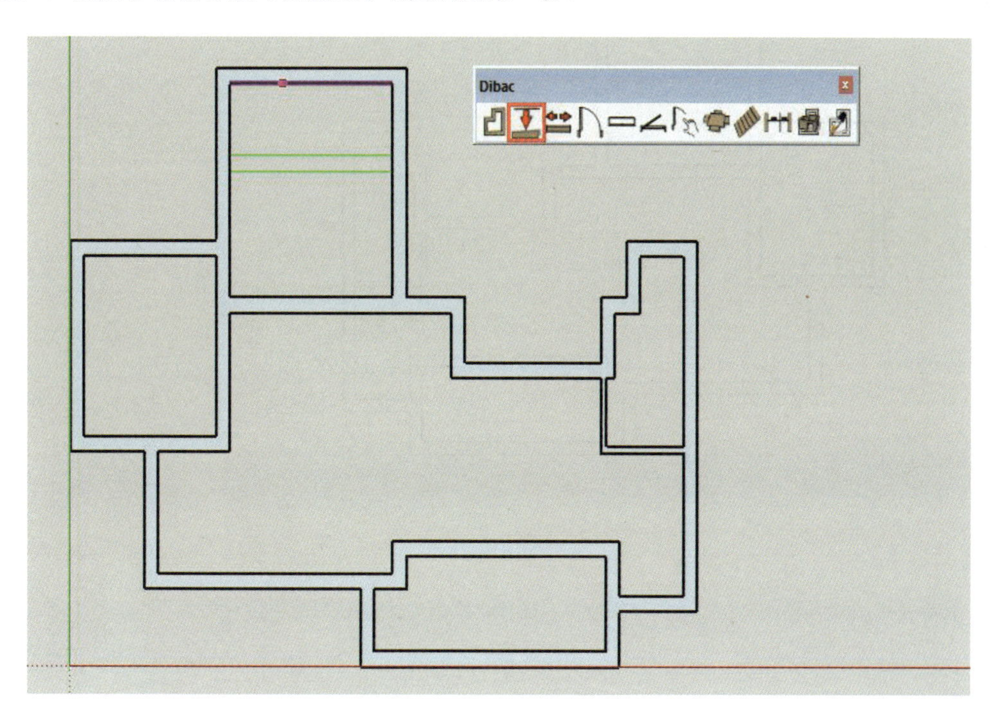

移动鼠标到自己想要的位置并单击，即可确定新墙的位置。如果需要精确绘制新的墙体，可以在数值输入框中输入距离数值。

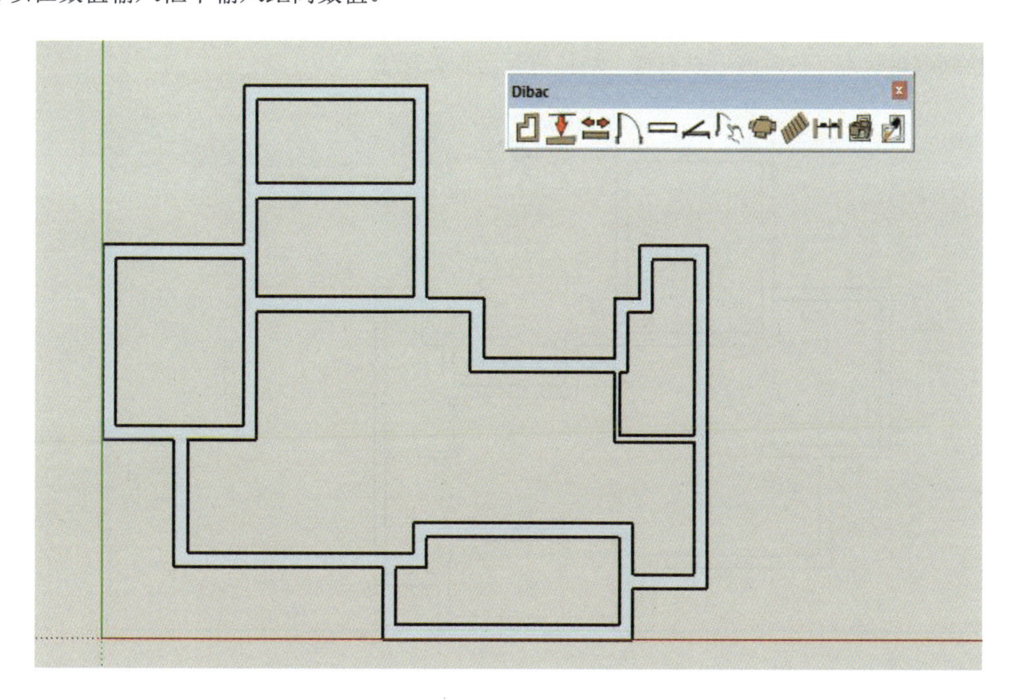

如果发现不再需要新绘制的墙体，那么可以按住 Alt 键不放，然后用 SketchUp 的“擦除工具”擦除新绘制的墙体。

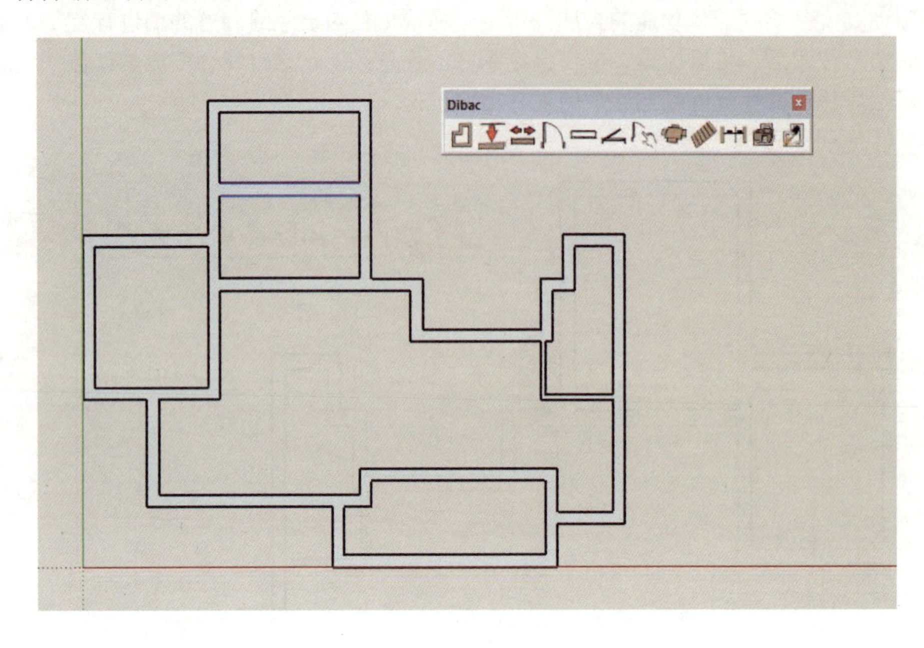

技巧提示

结合使用Alt键和擦除键除了可以擦除墙体，还可以擦除用Dibac绘制的任何对象。

6.3.3 绘制延伸墙

延伸墙也是绘制墙体的功能扩展，可以对未绘制好或者已经绘制好的墙体重新进行调整。将鼠标指针放在未绘制完或者已绘制好的墙体边线上，当出现紫红色的线时单击，可以把这个墙切换到编辑状态，这时就可以对这个墙体进行延伸处理了。

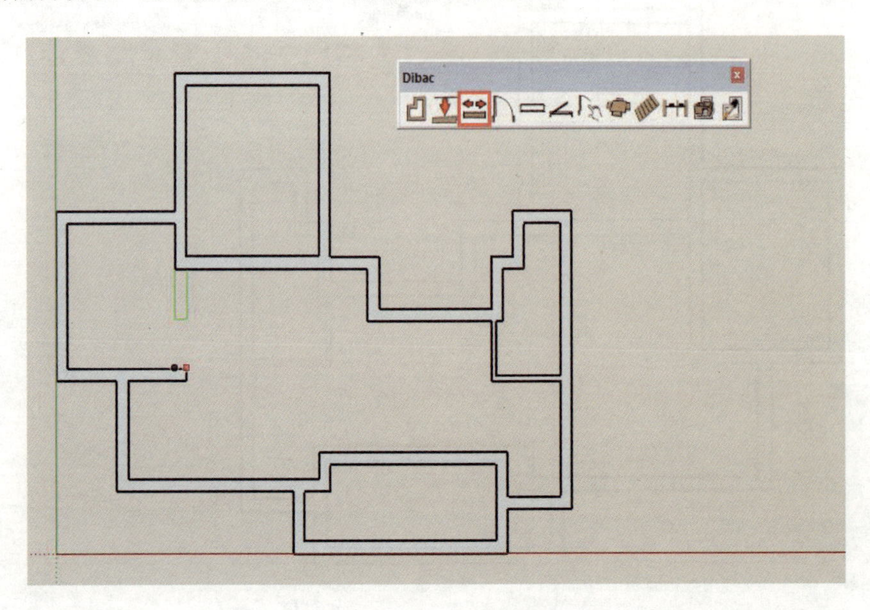

6.3.4　插入门

如果要在墙上插入一扇门，那么直接单击“门”按钮，即可插入一扇门。在插入门之前可以设置与门有关的参数，比如门板 1、门板 2、对齐、窗楣等。

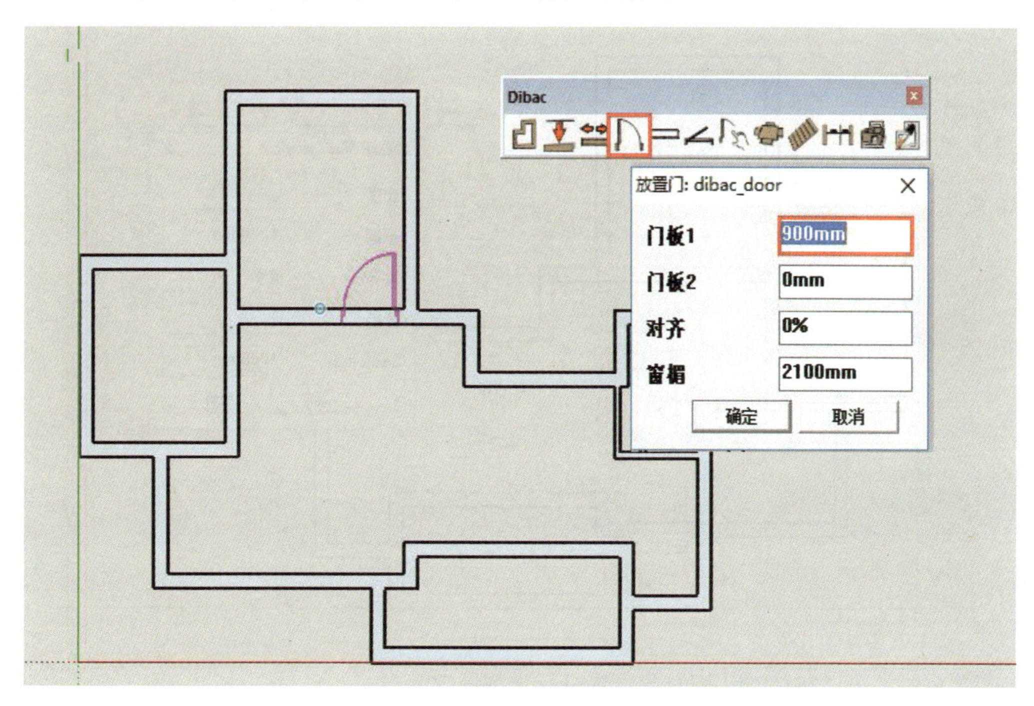

当将鼠标指针放在墙体上，门图标变成紫红色时，代表门已经被激活，这时单击可插入一扇门。

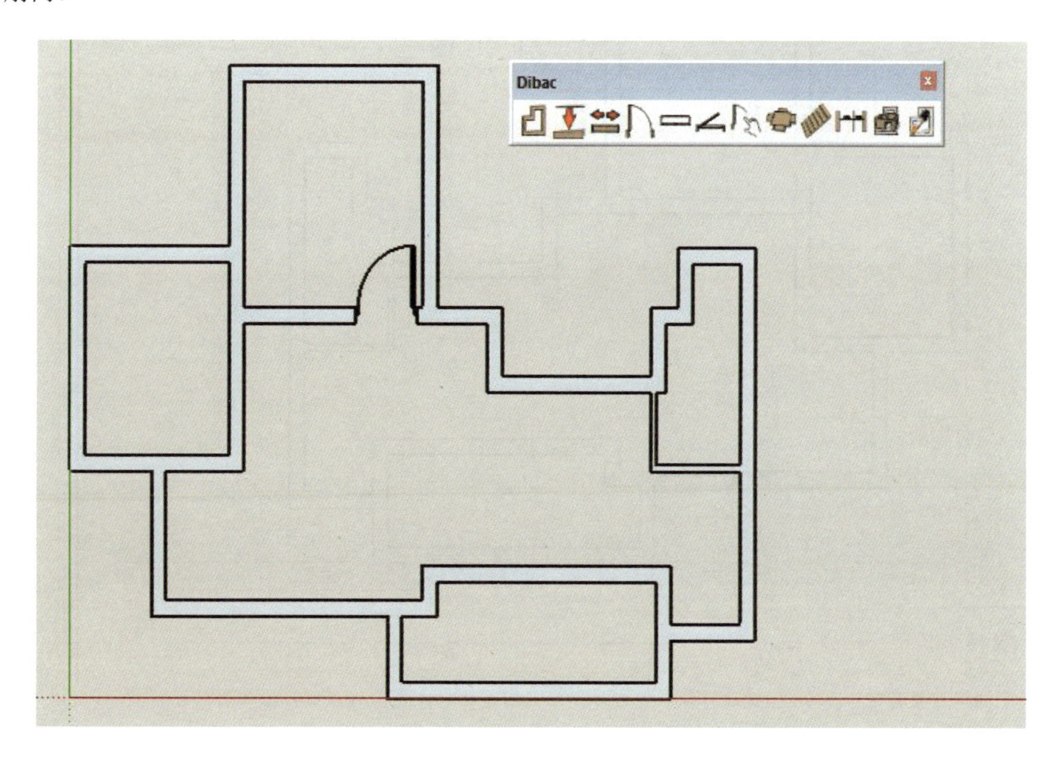

6.3.5 插入窗

插入窗的方法与插入门的方法一致，只要单击“窗”按钮，在弹出的对话框中设置好相应的参数，然后将鼠标指针放在墙体上，当窗图标变成紫红色时，单击即可插入窗。

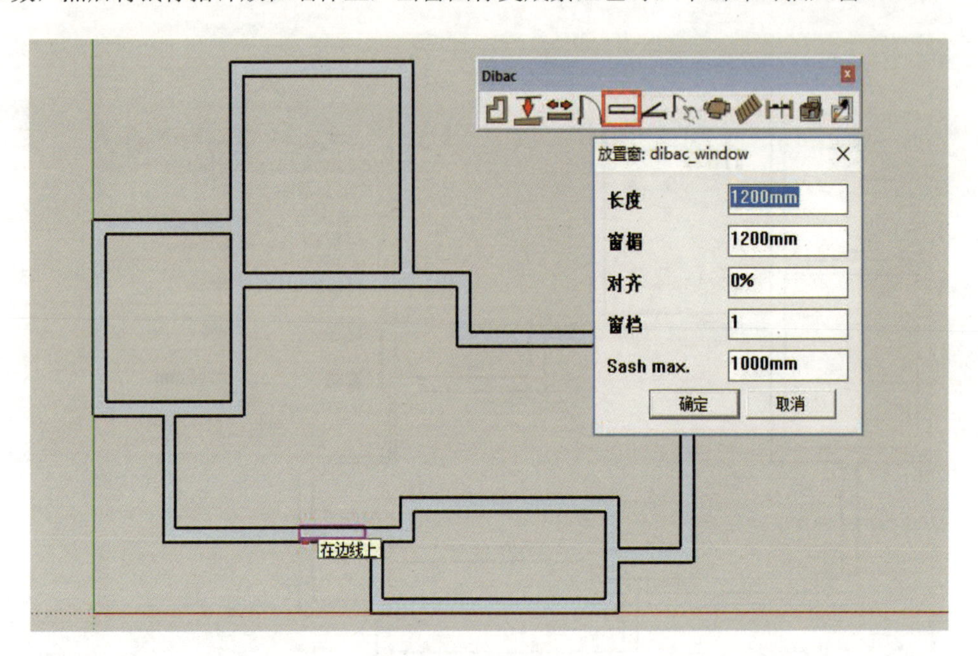

放置窗时，可以按住 Ctrl 键对窗位置进行强制锁定。

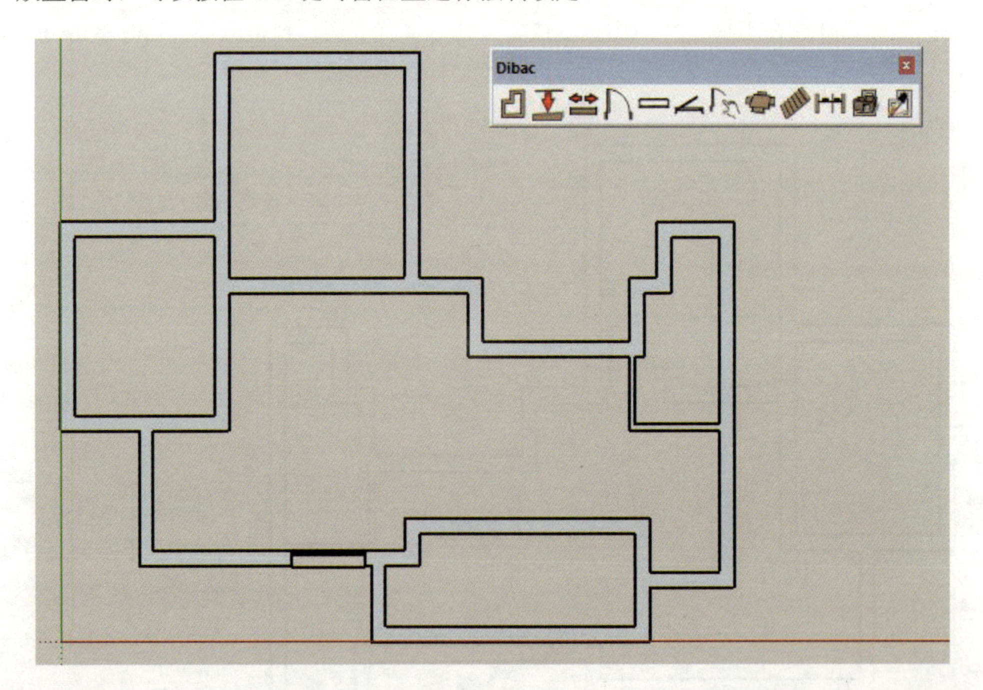

技巧提示

除了放置窗可以结合Ctrl键进行强制锁定外，比如门这些对象也是可以这样操作的。

6.3.6　插入柜

单击“柜”按钮，在弹出的对话框中设置与柜体有关的参数，当将鼠标指针放在墙体上，柜体图标变成紫红色时，单击即可插入一个柜体。

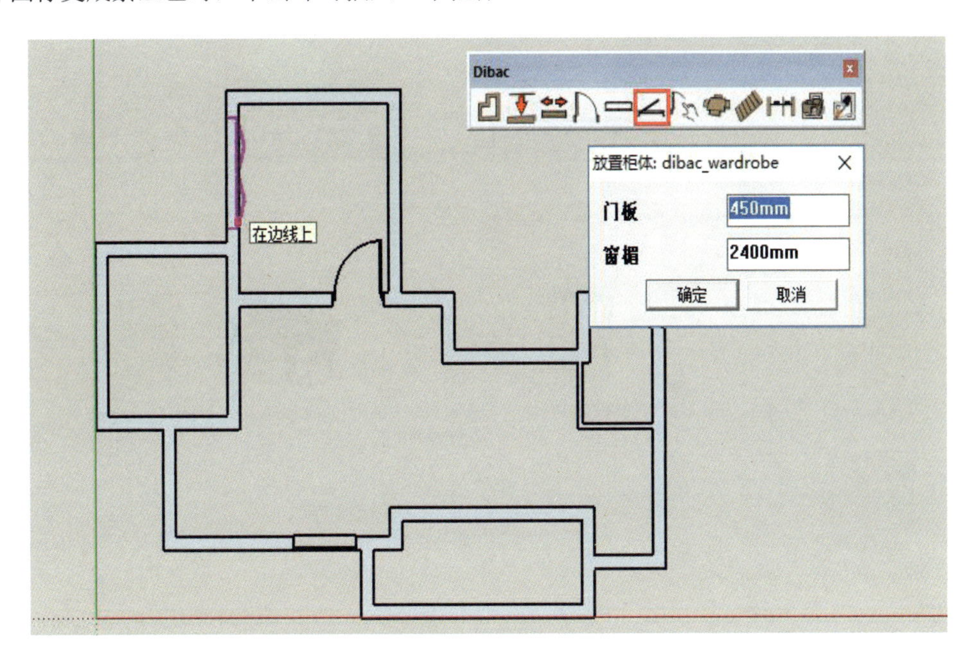

在放置柜体时，可以按住 Shift 键将柜体与墙体进行强制对齐。

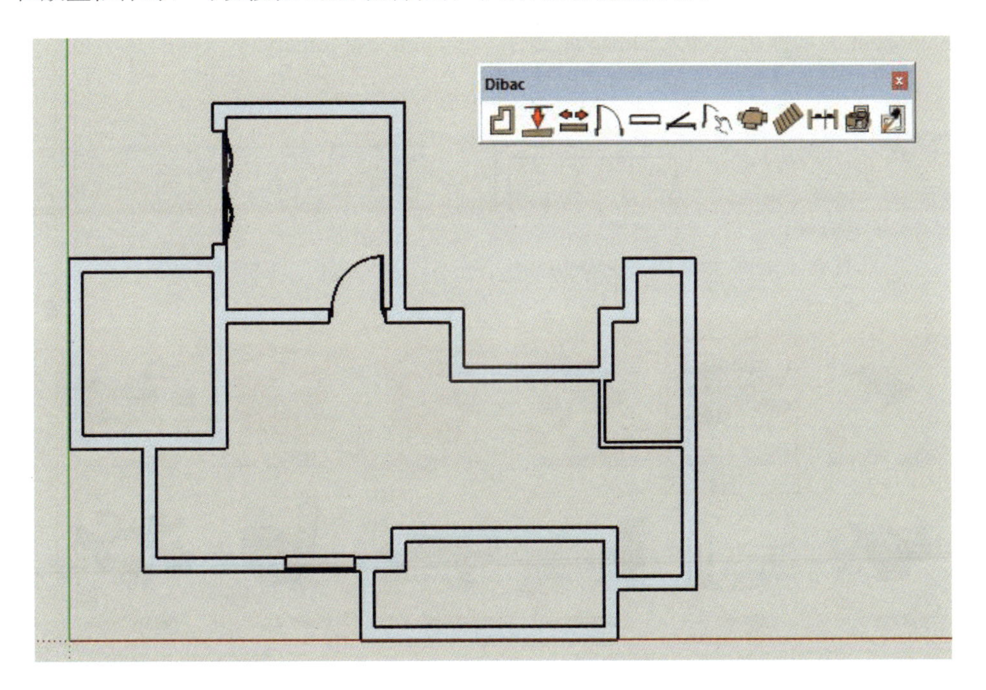

技巧提示

除了放置柜体可以结合Shift键进行强制对齐外，比如门、窗这些对象也是可以这样操作的。

6.3.7 Dibac库文件

choose joinery 其实是一个放置 Dibac 库文件的工具（任何 SketchUp 模型都能被 Dibac 加载进来充当库文件），这个工具有一个特点，就是可以把库文件插入墙体中，而且只能在墙体中，不能出现在其他位置。

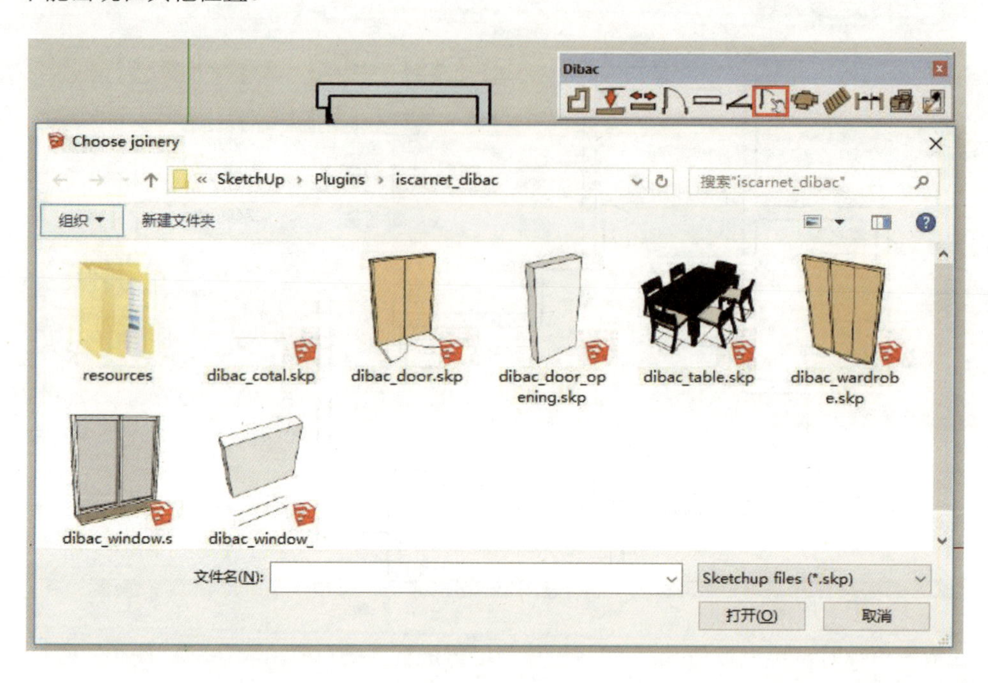

Component 的功能也是插入 Dibac 库文件，它与 choose joinery 不一样的是不需要限定在墙体中，可以在墙外插入库文件。

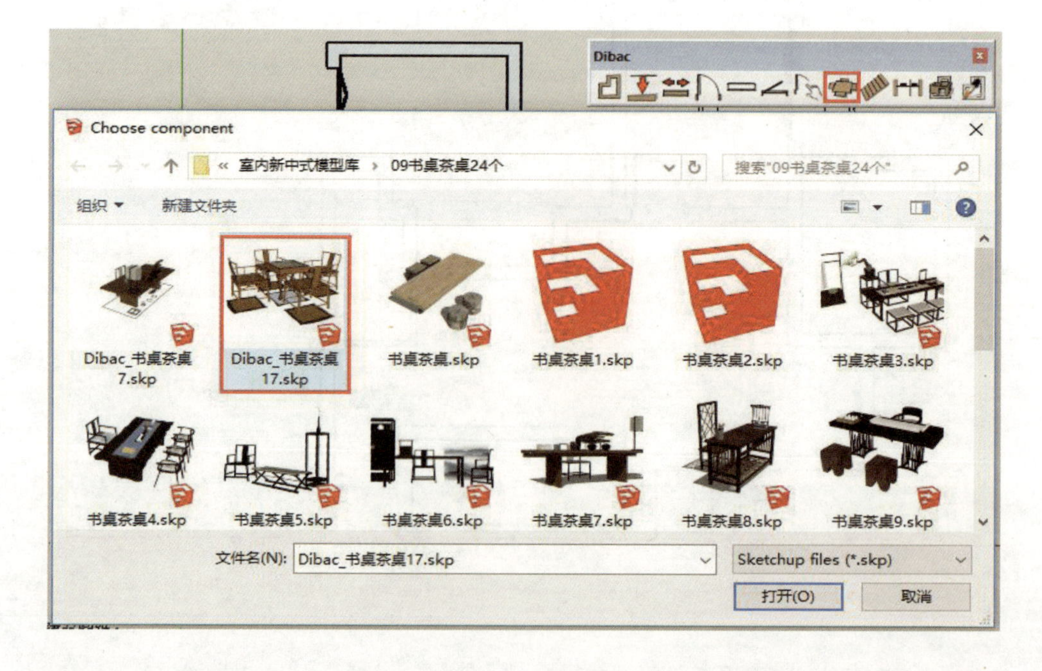

如下图所示，可以看到这里插入的库文件是一些自定义的模型，插入后 Dibac 会将这些模型自动转换成二维图形。

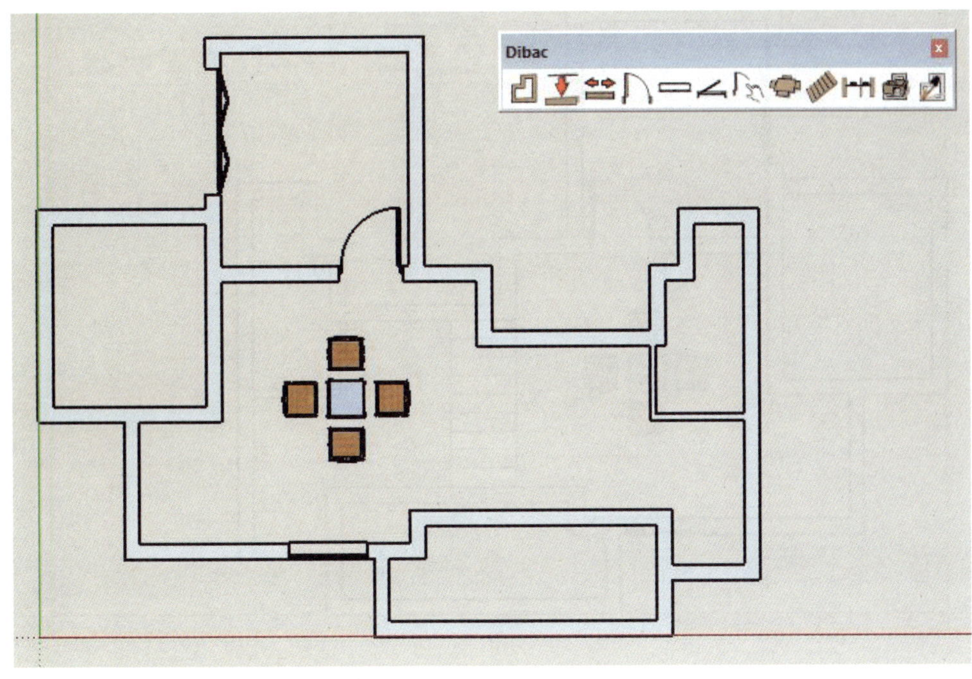

6.3.8　插入楼梯

单击“楼梯”按钮，然后在绘图区单击，确定楼梯的起始点，任意移动鼠标确定楼梯的终止点，然后双击完成绘制。

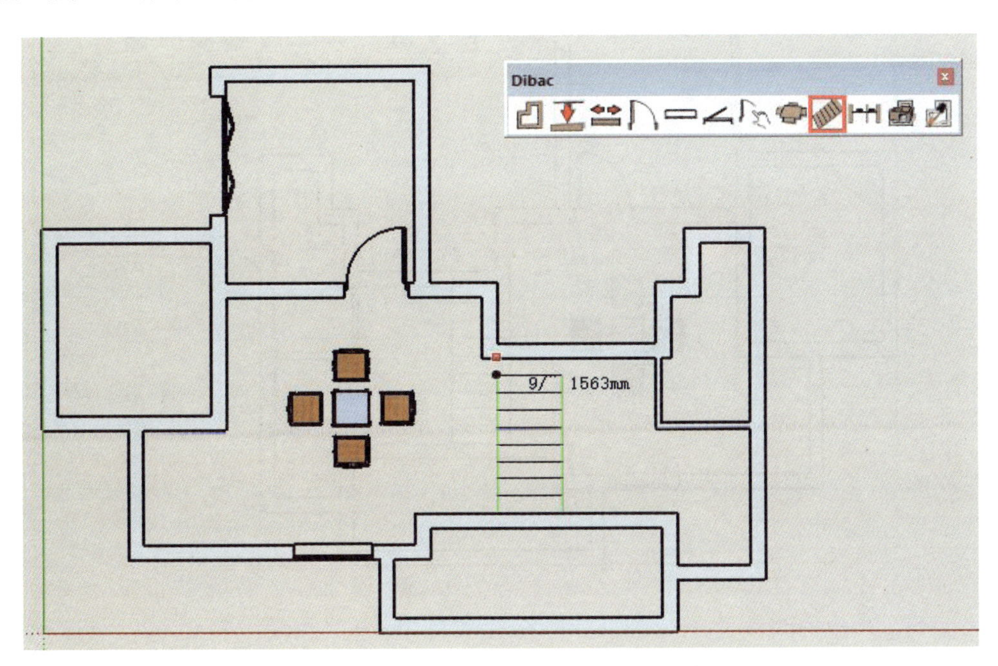

完成绘制后，楼梯会变成白色。利用它可以绘制单跑楼梯、双跑楼梯、旋转楼梯等。

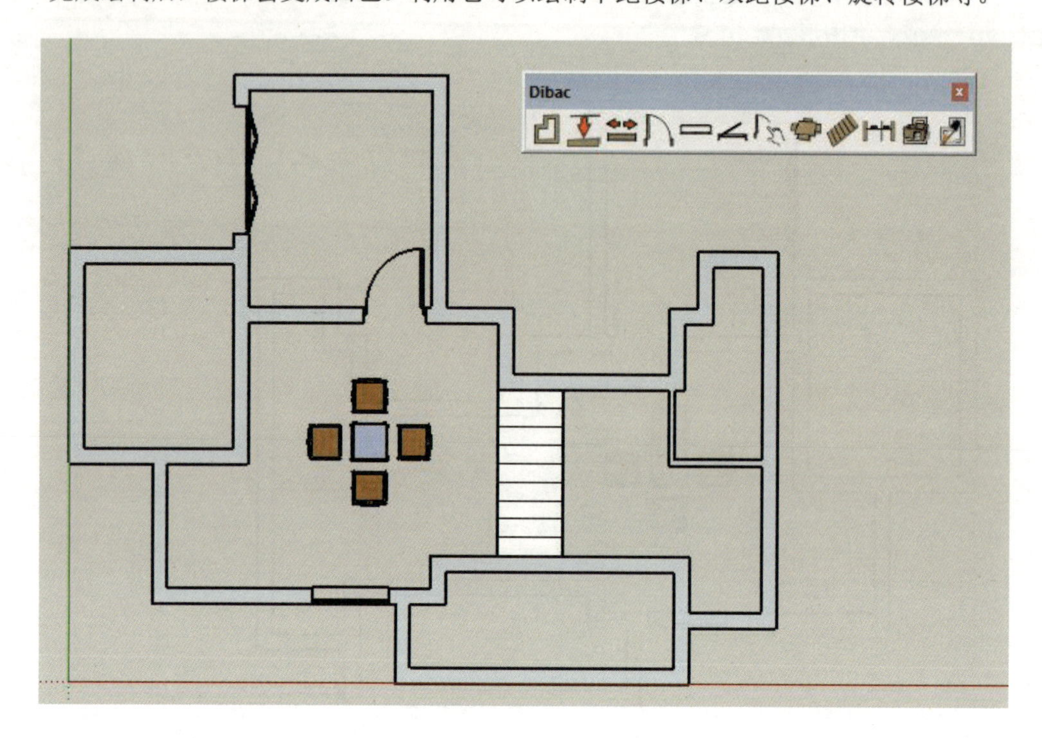

6.3.9 标注功能

SketchUp 自带的功能中也有标注功能，但是不能连续标注，但使用 Dibac 的工具可以连续标注。

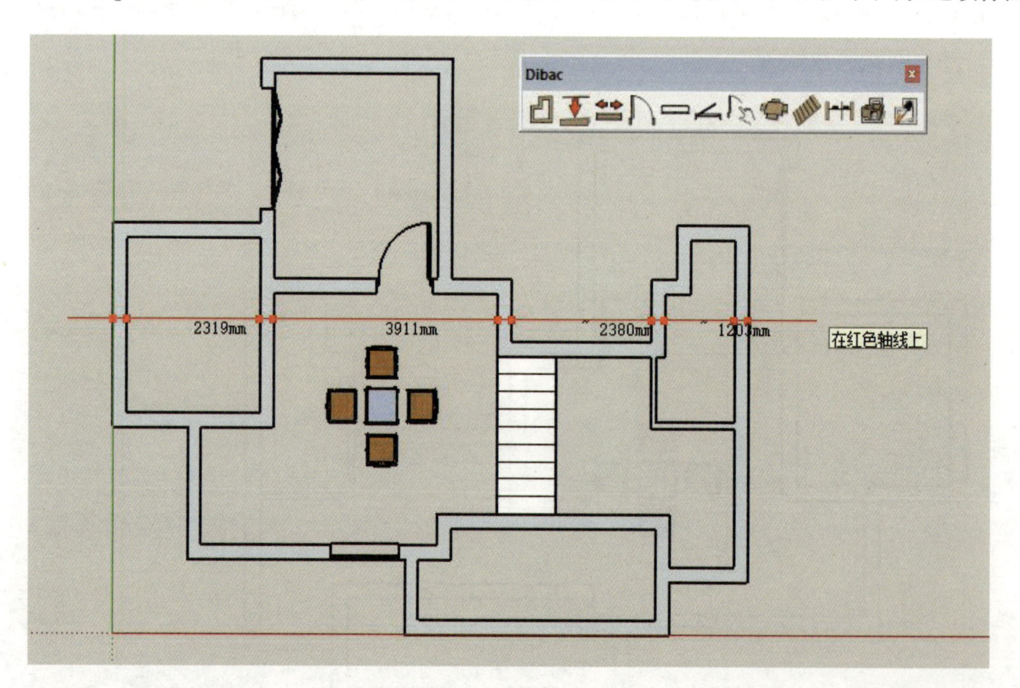

还可以在数值输入框中设置标注墙体的宽度，确定哪些对象“需要 / 不需要”标注。

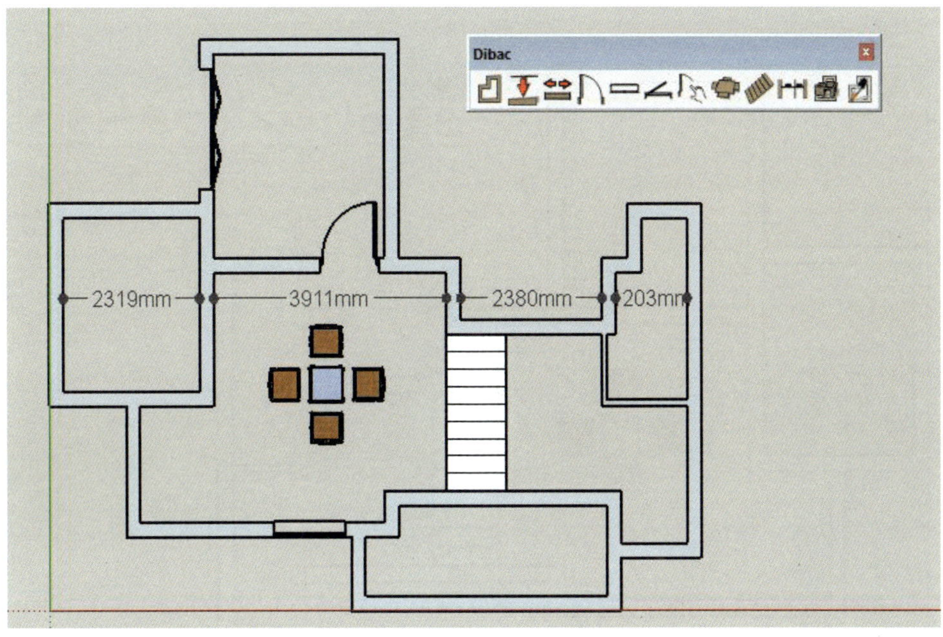

6.3.10　2D/3D转换

通过前面的讲解，相信大家已经把所有的模型都画好了，现在把绘制好的对象创建成一个群组。

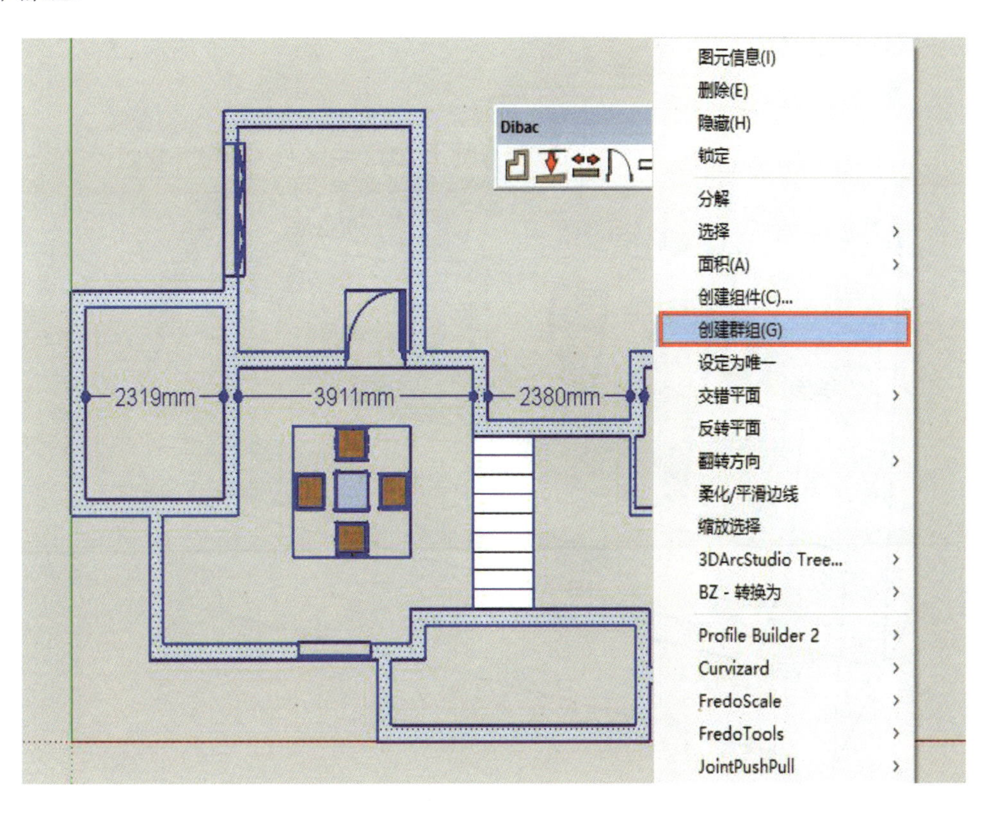

然后单击“2D/3D 提供”按钮，可以将二维图形转换为三维模型。

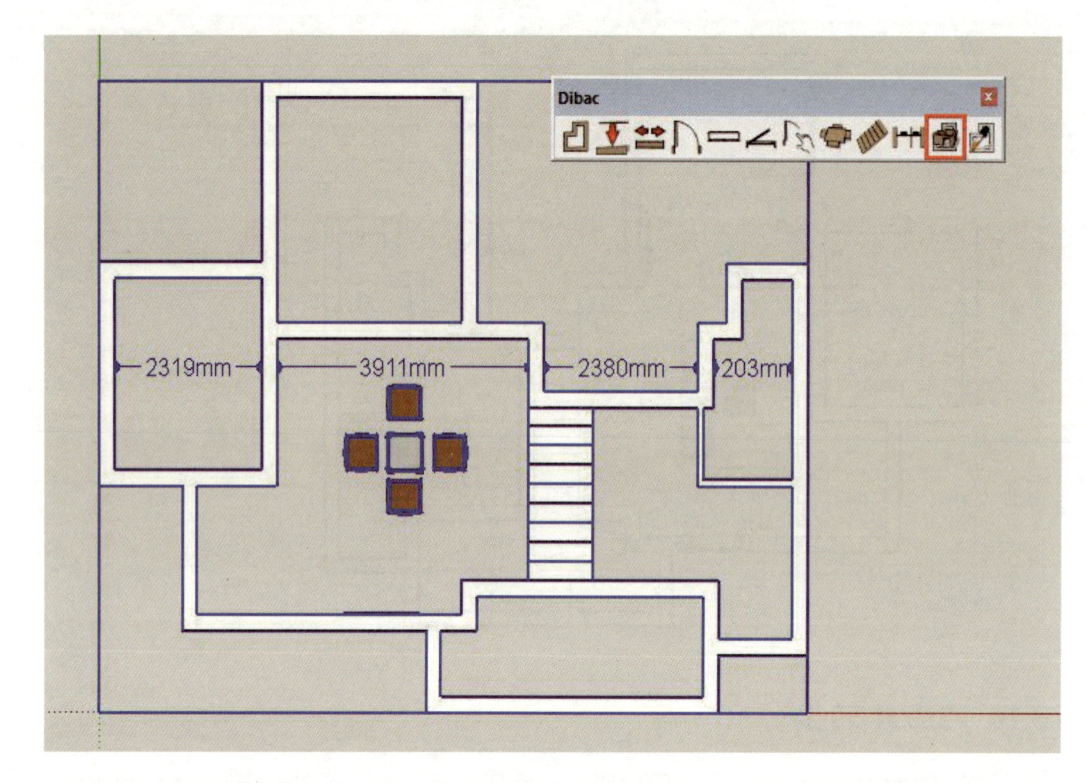

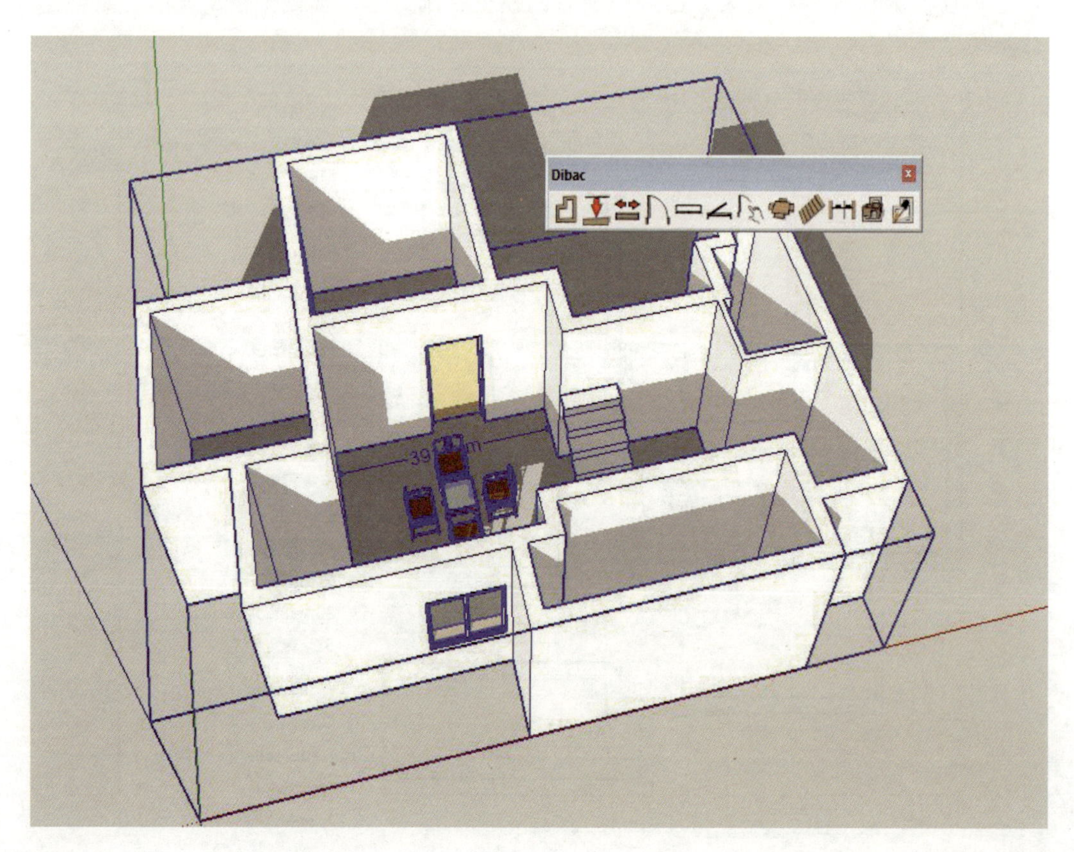

6.4 窗格工具（Lattice Maker插件）操作说明

窗格工具是TIG开发的Lattice Maker插件，这个ruby应用可以将面根据参数生成窗格。“参数设置”对话框中包括“宽度”“厚度”“镶嵌深度”“玻璃厚度”“框架材质”“玻璃材质”等参数，玻璃的厚度与材质它都可以直接生成。

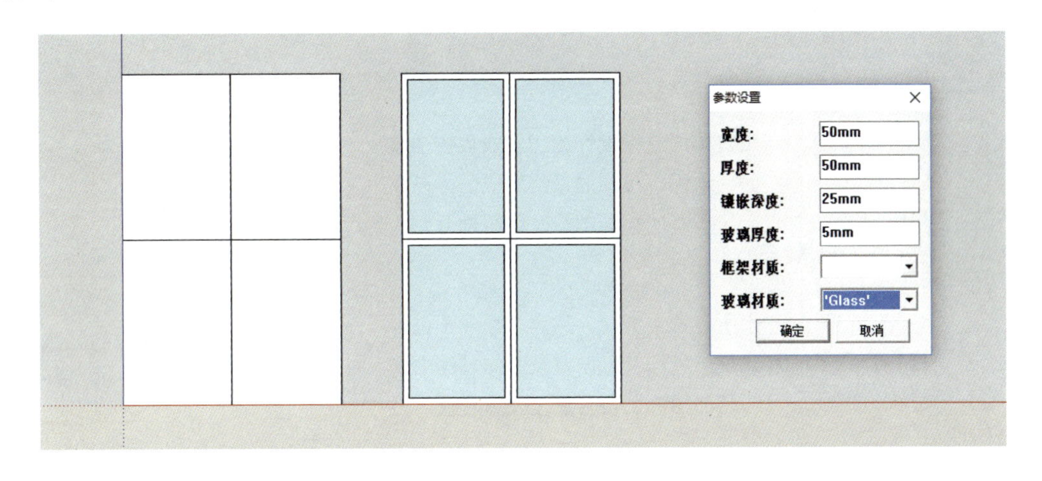

Lattice Maker 窗格工具的使用非常简单，首先画出平面，并选择要处理的面，然后在扩展程序菜单中选择“Lattice Make”，只要设置相应的参数，即可快速生成窗格。

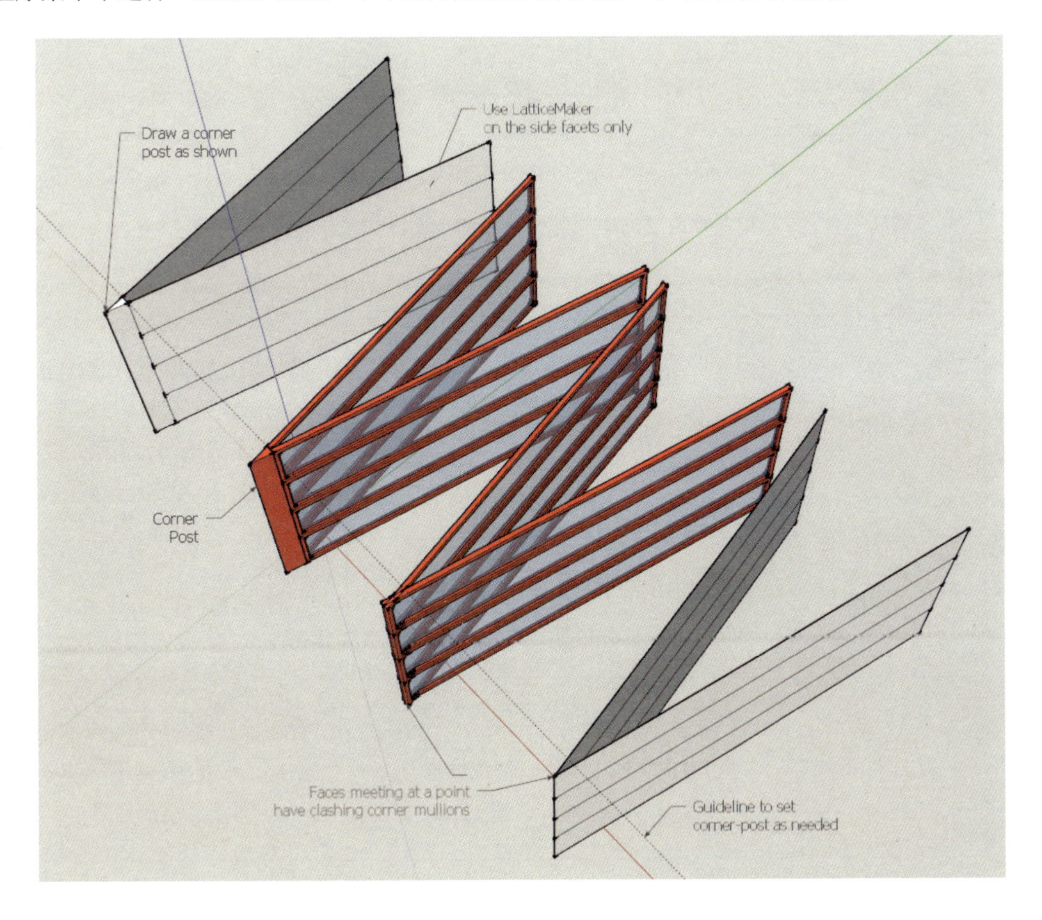

6.5 SketchUp图层系统说明

室内装饰类图层释义			
序号	图层名称	定义	举例（备注）
	A—室内	室内图层泛指设计施工完成后各个墙面、地面、吊顶的最终完成面，以及所有的软装部分及硬装部分	该图层是设计完成后的最终效果展现
01	门窗	指所有室内房门、门套造型（不包含入户门、门套），以及装修过程中安装的窗户、窗套造型及窗台板。	各功能空间房门、门套、阳台移门、室内装饰窗等
02	灯具	指固定于天花上的所有灯具	吊灯、射灯、筒灯、灯带、吸顶灯、壁灯、浴霸等
03	风口	中央空调的出风口及排风扇	
04	饰品	指在室内空间中起装饰作用的小物件	挂画、盆栽、装饰摆件、窗帘、块状地毯、台灯、落地灯、活动屏风隔断等
05	造型墙	室内空间中固定的墙体装饰造型	背景墙、踢脚线、在墙体上的石膏线条（墙体与吊顶间的压角线条归为顶面完成面图层）、固定屏风隔断等
06	扶手栏杆	指在室内空间中各类楼梯扶手及各类栏杆	楼梯栏杆、扶手等
07	厨卫洁具	指室内空间中洗浴、清洗设施	台盆、马桶、浴缸、整体淋浴房、水龙头、水槽及各类厨卫五金配件等

续表

室内装饰类图层释义			
序号	图层名称	定义	举例（备注）
08	固定家具	固定在完成面上的且不可移动的家具	各类定制家具、台盆柜、橱柜、集成衣柜、固定的并起隔断作用的柜体、大型衣柜及书柜、局部地台榻榻米等
09	移动家具	指室内空间中可移动的功能家具	床（及床上用品）、床头柜、沙发（沙发上的靠枕）、几类、桌椅类、各类可移动柜体、各类大型健身器材等
10	固定家具柜门	室内固定家具的柜门	
11	地面完成面	地面最终完成表面	整体地毯、瓷砖石材铺装、木地板、门槛石、挡水条等
12	顶面完成面	最终完成的天花吊顶造型表面	原吊顶刷白、吊顶造型、压角线条、吊顶造型石膏线条等
13	墙体完成面	最终完成的墙体表面	壁纸铺设、墙面瓷砖石材铺设、乳胶漆等
14	楼梯完成面	基于原始楼梯基层上的完成面，或者室内新增楼梯	各类楼梯踏步铺装、楼梯侧板、各类整体定制楼梯等
15	其他	室内不明确的物件	

建筑类图层释义			
序号	图层名称	定义	举例（备注）
	B—建筑	建筑原始基层	
01	门窗	各功能空间窗及入户门	
02	标注	建筑平面标注	
03	原始地面	原始楼地面基层	
04	原始顶面	指建筑原始顶面	
05	原始墙体	指建筑原始墙体，包括门窗洞内侧	
06	承重结构	指建筑梁柱结构及承重墙体	
07	楼梯基础	指建筑楼梯原始基层	
08	平面参考图	指各类格式的平面参考图	CAD、JPG 等
09	其他	指不明确的建筑结构。	

设备类图层释义			
序号	图层名称	定义	举例（备注）
	C—设备	指在室内空间中的各类家用电器设备及管线铺设	

续表

设备类图层释义			
序号	图层名称	定义	举例（备注）
01	家用电器	指室内空间中的各类家用电器	煤气灶、抽油烟机、冰箱、微波炉、烤箱、咖啡机、热水器、电视机、洗衣机、空调、计算机等
02	电气设备	室内空间中的各类设备设施	强弱电箱、空气开关、暖通设施等
03	开关插座面板	室内空间中的各类开关插座面板	
04	水电布线	室内空间中的水电管线铺设	
05	其他设备	指不明确的设备设施	

工艺类图层释义			
序号	图层名称	定义	举例（备注）
	D—建筑图层	基于建筑原始面与装修完成面之间的构件图层	
01	墙体基层	墙体完成面与墙体基础之间的施工工艺部分	厨卫墙面防水层、墙面找平层、胶粘剂层及其他墙面施工工艺
02	墙体龙骨	指固定墙体造型的建筑龙骨	轻钢龙骨、木龙骨、膨胀螺栓、连接件、自攻螺钉等
03	地面基层	地面完成面与地面基础之间的施工工艺部分	地面防水层、地面找平层、防潮棉等其他地面施工工艺

续表

工艺类图层释义			
序号	图层名称	定义	举例（备注）
04	地面龙骨	固定地面造型的建筑龙骨	木龙骨、辅材等连接件
05	吊顶基层	指顶面完成面与顶面基础之间的施工工艺部分	顶面上的木工板、石膏板
06	吊顶龙骨	固定顶面造型的建筑龙骨	轻钢龙骨、木龙骨、膨胀螺栓、吊筋、连接件、自攻螺钉
07	其他基层	指不明确的基层工艺构件